供 热 工 程

主　编　宋喜玲
副主编　尚伟红　李丽春
参　编　马广兴　高红艳
　　　　穆小丽　张青铁

北京理工大学出版社
BEIJING INSTITUTE OF TECHNOLOGY PRESS

内 容 提 要

本书共分为10个项目，主要内容包括：热水供暖系统、供暖系统的设计热负荷计算、供暖系统散热设备及附属设备选择、热水供暖系统的水力计算、辐射供暖系统设计、集中供热系统热负荷计算、集中供热系统分析、供热网路水力计算、集中供热系统热力站工艺流程图识读、供热管网施工图识读等。本书融入新规范、新标准、新技术，充分反映了供热领域的新发展。

本书可作为高等职业院校供热通风与空调工程技术专业的教材，也可供从事供热工程的技术人员参考使用，还可作为相关职业资格考试参考书。

版权专有　侵权必究

图书在版编目（CIP）数据

供热工程 / 宋喜玲主编. -- 北京：北京理工大学出版社，2024.12
ISBN 978-7-5763-3079-3

Ⅰ.①供… Ⅱ.①宋… Ⅲ.①供热工程－高等职业教育－教材 Ⅳ.①TU833

中国国家版本馆CIP数据核字（2023）第248247号

责任编辑：王梦春		文案编辑：闫小惠	
责任校对：周瑞红		责任印制：王美丽	

出版发行 / 北京理工大学出版社有限责任公司
社　　址 / 北京市丰台区四合庄路6号
邮　　编 / 100070
电　　话 / （010）68914026（教材售后服务热线）
　　　　　（010）63726648（课件资源服务热线）
网　　址 / http://www.bitpress.com.cn

版 印 次 / 2024年12月第1版第1次印刷
印　　刷 / 河北鑫彩博图印刷有限公司
开　　本 / 787 mm×1092 mm　1/16
印　　张 / 13
字　　数 / 300千字
定　　价 / 78.00元

图书出现印装质量问题，请拨打售后服务热线，负责调换

FOREWORD 前言

党的二十大报告指出"推动绿色发展，促进人与自然和谐共生""积极稳妥推进碳达峰碳中和""完善能源消耗总量和强度调控，重点控制化石能源消费，逐步转向碳排放总量和强度'双控'制度。推动能源清洁低碳高效利用，推进工业、建筑、交通等领域清洁低碳转型。深入推进能源革命，加强煤炭清洁高效利用，加大油气资源勘探开发和增储上产力度，加快规划建设新型能源体系，统筹水电开发和生态保护，积极安全有序发展核电，加强能源产供储销体系建设，确保能源安全。"随着双碳任务的推进，北方冬季供热节能降碳技术不断升级，供热领域新设备、新工艺、新材料接踵而来，新标准、新规范持续更新，对供热工程技术人员的职业能力要求提高。

本书以党的二十大报告为指引，本着以适应供热工程相关职业岗位要求为核心，以支持学习者有效学习为根本编写完成。教材具有以下特点：

（1）契合职业教育特点，本着"理论够用、技能培养为主"的原则编写。

（2）注重融入供热领域新标准、新工艺，保持内容与时俱进。

（3）符合职业教育学生的学习需求，重点内容加入线上视频讲解，提高学习效率。

（4）为推进线上线下混合式教学，本书在"智慧树"平台配套开设了"供热工程"在线开放课程，读者可通过扫描右侧二维码或访问链接（https://coursehome.zhihuishu.com/courseHome/1000102062 #teachTeam）进行学习，期望能对读者更好地使用本书及理解和掌握相关知识有所帮助。

本书由内蒙古建筑职业技术学院宋喜玲担任主编，辽宁建筑职业学院尚伟红、内蒙古建筑职业技术学院李丽春担任副主编，内蒙古工业大学马广兴、内蒙古工大建筑设计有限责任公司高红艳、内蒙古建筑职业技术学院穆小丽、呼和浩特市城发供热有限责任公司张青铁参与编写。具体编写分工为：项目一～项目四由宋喜玲、马广兴、高红艳编写，项目五由宋喜玲、穆小丽编写，项目六、项目八、项目九、项目十的任务六由尚伟红编写，项目七、项目十的任务一～任务五由李丽春、张青铁编写，附录由宋喜玲、尚伟红整理；全书由宋喜玲负责统稿。

在本书的编写过程中，编者查阅了大量公开或内部发行的技术资料和相关文献，引用了其中一些图表及内容，在此向原作者致以衷心的感谢。

感谢内蒙古建筑职业技术学院和相关企业对本书编写提供的支持。

由于编者水平有限，加之时间仓促，书中不妥之处在所难免，希望读者给予批评指正。

编　者

CONTENTS 目 录

绪论 ……………………………………… 1

项目一　热水供暖系统 ……………… 3
任务一　热水供暖系统的工作
　　　　原理 ……………………… 3
任务二　多层建筑热水供暖系统 …… 7
任务三　高层建筑热水供暖系统 …… 12
任务四　热水供暖系统管路布置
　　　　和敷设 …………………… 15
任务五　供暖系统施工图识读 ……… 18

项目二　供暖系统的设计热负荷
　　　　计算 ……………………… 24
任务一　供暖系统的设计热负荷 …… 24
任务二　围护结构的基本耗热量 …… 26
任务三　围护结构的附加耗热量 …… 32
任务四　冷风渗透耗热量 …………… 33
任务五　分户热计量供暖热负荷 …… 36
任务六　热负荷与建筑节能 ………… 38

项目三　供暖系统散热设备及附属
　　　　设备选择 ………………… 41
任务一　散热器 ……………………… 41
任务二　暖风机 ……………………… 51
任务三　热水供暖系统的附属
　　　　设备 ……………………… 54

项目四　热水供暖系统的水力计算 … 60
任务一　热水供暖系统管路水力
　　　　计算的基本原理 ………… 60
任务二　热水供暖系统水力计算
　　　　的任务和方法 …………… 63
任务三　自然循环双管热水供暖
　　　　系统管路的水力计算方法
　　　　和例题 …………………… 66
任务四　机械循环单管顺流式热水供暖
　　　　系统管路的水力计算方法
　　　　和例题 …………………… 72
任务五　机械循环同程式热水供暖
　　　　系统管路的水力计算方法
　　　　和例题 …………………… 76

项目五　辐射供暖系统设计 ………… 80
任务一　辐射供暖概述 ……………… 80
任务二　低温热水地板辐射供暖
　　　　系统 ……………………… 81
任务三　低温热水地板辐射供暖
　　　　系统的设计 ……………… 85
任务四　其他辐射供暖 ……………… 90

项目六　集中供热系统热负荷计算 … 92
任务一　集中供热系统热负荷
　　　　概算 ……………………… 92

任务二　热负荷图 …………… 95
　　任务三　集中供热系统年耗热量
　　　　　　计算 …………………… 99

项目七　集中供热系统分析 ………… 101
　　任务一　集中供热系统方案的
　　　　　　确定 …………………… 101
　　任务二　热水供热系统 ………… 103
　　任务三　蒸汽供热系统 ………… 109
　　任务四　热网形式与多热源联合
　　　　　　供热 …………………… 113

项目八　热水网路水力计算 ………… 119
　　任务一　热水网路水力计算原理 … 119
　　任务二　热水网路水力计算方法 … 122
　　任务三　热水网路水压图绘制 … 125
　　任务四　热水网路水泵的选择与
　　　　　　定压 …………………… 131
　　任务五　热水供热系统的水力
　　　　　　稳定性分析 …………… 137

项目九　集中供热系统热力站工艺
　　　　　流程图识读 ……………… 143
　　任务一　热力站的作用及设备
　　　　　　组成 …………………… 143
　　任务二　热力站内设备选择 …… 146

项目十　供热管网施工图识读 ……… 153
　　任务一　供热管道敷设 ………… 154
　　任务二　供热管道及其附件 …… 158
　　任务三　供热管道的热膨胀及
　　　　　　热补偿处理 …………… 162
　　任务四　供热管道支座（架）… 165
　　任务五　供热管道的保温与防腐 … 169
　　任务六　供热管网施工图分析 … 172

附录 ……………………………………… 179

参考文献 ………………………………… 202

绪 论

人们在日常生活和社会生产中都需要大量的热能，如保障生活所需的室内供暖、生活热水、医疗消毒等，生产中的烘干、蒸煮、锻压等的直接或间接加热。通过一定的技术手段，将自然界的能源直接或间接转化为热能的科学技术，即热能工程。在热能工程中，生产、输配和应用中、低品位热能的过程及相关技术统称为供热工程。

一、供热技术的发展

人类利用热能始于熟食、取暖的需求，而后又将热能应用于生产中，并经过长期的实践，丰富和发展了供热理论。

供热技术由最初的以炉灶为热源的局部供热发展而来。《古今图书集成》中记载，夏、商、周时期就有供暖火炉。火炉也是我国宫殿中常用的供暖工具，至今在北京故宫和颐和园中还完整地保存着火炉。利用烟气供暖的工具，如火墙和火炕等，目前在我国北方农村还在广泛使用。

19 世纪欧洲的产业革命使供热技术发展到以锅炉为热源、以蒸汽或热水为热媒的集中供热。1877 年，纽约建成了第一个区域锅炉房并向附近热用户供热。20 世纪初，由于社会发展的需求，供热技术有了新的发展，出现了热电联产，以热电厂为热源进行区域供热。1959 年，我国第一座城市热电站——北京东郊热电厂投入运行，自此以后供热技术发展迅速，供热面积持续增加，截至 2019 年年底，我国城镇供热面积已达 140 亿平方米。

二、供热系统的组成

随着经济的发展、人们生活水平的提高及科学技术的进步，目前集中供热已成为现代化城镇的重要基础设施之一，是城镇公共事业的重要组成部分。

集中供热系统由三大部分组成，分别为热源、热网和热用户。

1. 热源

在热能工程中，热源泛指能从中吸取热量的任何物质、装置或天然能源。供热系统的热源，是指热量的来源。现阶段广泛应用的是区域锅炉房和热电厂，此外也可以利用核能、电能、工业余热、可再生能源等作为集中供热系统的热源。

2. 热网

热网也称为热力网，是指由热源向热用户输送和分配供热介质的管道系统。

3. 热用户

集中供热系统中利用热能的用户称为热用户，如室内供暖、通风空调、生活热水供应、生产工艺等用热系统。

以区域锅炉房为热源的集中供热系统示意如图 0-1 所示。

由蒸汽锅炉1产生的蒸汽，通过蒸汽干管2输送到各热用户。各室内用热系统的凝结水经过疏水器3和凝结水干管4返回区域锅炉房的凝结水箱5，再由锅炉给水泵6将给水送进锅炉重新加热。

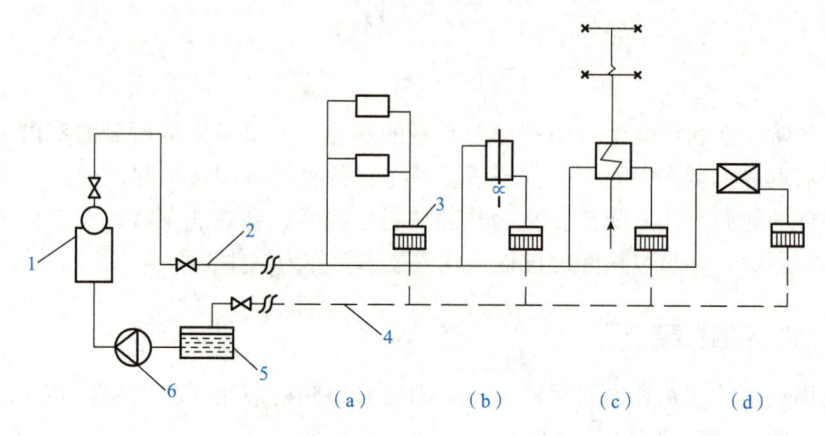

图 0-1　以区域锅炉房为热源的集中供热系统示意
(a)室内供暖；(b)通风空调；(c)生活热水供应；(d)生产工艺
1—蒸汽锅炉；2—蒸汽干管；3—疏水器；4—凝结水干管；5—凝结水箱；6—锅炉给水泵

三、供热工程面临的主要问题

进入21世纪，随着供热领域绿色发展的要求不断提高，供热工程也面临新的变革。一是节能减排：需要研发供热工程中的新工艺和新设备，同时加强新建建筑的保温和既有建筑节能改造，减小单位面积的能耗。二是应用绿色能源：将太阳能、风能、地热能、工业余热、热泵等技术应用于供热领域。三是加强供热系统的科学化、精细化管理：需要持续提升一线工作者的节能意识和技术水平，更好地服务于供热系统的节能降耗，实现供热领域的低碳环保、绿色可持续发展。

项目一　热水供暖系统

知识目标

1. 掌握热水供暖系统的工作原理；
2. 掌握常用热水供暖系统形式；
3. 熟悉室内热水供暖系统管路布置和敷设要求。

能力目标

能够识读室内热水供暖工程施工图。

素质目标

养成用理论指导实践的习惯。

任务一　热水供暖系统的工作原理

建筑供暖系统根据热媒的不同可分为热水供暖系统、蒸汽供暖系统和热风供暖系统。由于热水供暖系统的热能利用率较高，输送时无效热损失较小，散热设备不易腐蚀，使用周期长，且散热设备表面温度低，符合卫生要求，系统操作方便，运行安全，易于实现供水温度的集中调节，系统蓄热能力高，散热均衡，适于远距离输送，所以《民用建筑供暖通风与空气调节设计规范》(GB 50736—2012)(以下简称《民建暖通空调规范》)规定，民用建筑应采用热水供暖系统。

微课：热水供暖系统的原理

热水供暖系统按循环动力的不同，可分为自然循环热水供暖系统和机械循环热水供暖系统。目前应用最广泛的是机械循环热水供暖系统。

一、自然循环热水供暖系统

1. 自然循环热水供暖的工作原理及其循环作用压力

图 1-1 所示是自然循环热水供暖系统的工作原理。图中假设整个系统只有一个放热中心 1 (散热器)和一个加热中心 2(热水锅炉)，用供水管道 3 和回水管道 4 把热水锅炉与散热器连接起来。在系统的最高处连接一个膨胀水箱 5，用来容纳水在受热后膨胀而增加的体积。

在系统运行之前，先将系统内充满冷水。当水在锅炉中被加热后，密度减小，水向上浮升，经供水管道流入散热器。在散热器内水被冷却，密度增大，水再沿回水管道返回热水锅炉。

在水的循环流动过程中，供水和回水由于温度差的存在而产生了密度差，系统就是将供、回水的密度差作为循环动力。这种系统称为自然(重力)循环热水供暖系统。分析该系统的循环作用压力时，忽略水在管道中流动时管壁散热产生的水冷却，水温只在热水锅炉和散热器处发生变化。

假设图 1-1 所示循环环路最低点的断面 A—A 处有一阀门。若阀门突然关闭，则 A—A 断面两侧受到不同的水柱压力，两侧的水柱压力差就是推动水在系统内进行循环流动的循环作用压力。

设 P_1 和 P_2 分别表示 A—A 断面右侧和左侧的水柱压力，则 A—A 断面两侧的水柱压力分别为

$$P_1 = g(h_0\rho_h + h\rho_h + h_1\rho_g)$$
$$P_2 = g(h_0\rho_h + h\rho_g + h_1\rho_g)$$

断面 A—A 两侧的压力差，即系统的循环作用压力为

$$\Delta P = P_1 - P_2 = gh(\rho_h - \rho_g) \quad (1-1)$$

式中　ΔP——循环作用压力(Pa)；
　　　g——重力加速度(m/s^2)，取 9.81 m/s^2；
　　　h——放热中心至加热中心的垂直距离(m)；
　　　ρ_h——回水密度(kg/m^3)；
　　　ρ_g——供水密度(kg/m^3)。

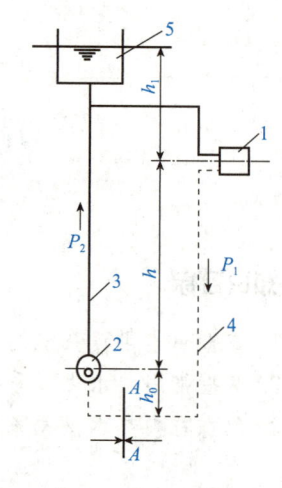

图 1-1　自然循环热水供暖系统的工作原理
1—散热器；2—热水锅炉；3—供水管道；4—回水管道；5—膨胀水箱

由式(1-1)可见，循环作用压力的大小与供、回水的密度差和热水锅炉中心与散热器中心的垂直距离有关。低温热水供暖系统供回水温度一定(95/70 ℃)时，为了提高系统的循环作用压力，应尽量增大热水锅炉与散热器之间的垂直距离，但自然循环热水供暖系统的作用压力都不高，作用半径一般不超过 50 m。

在热水供暖系统中，应考虑系统充水时，如果未能将空气完全排尽，则随着水温的升高或水在流动中压力的降低，水中溶解的空气会逐渐析出，空气会在管道的某些高点处形成气塞，阻碍水的循环流动。如果空气积存于散热器中，散热器就会不热。另外，氧气还会加剧管路系统的腐蚀。因此，热水供暖系统应考虑如何排除空气。

在自然循环热水供暖系统中，水的循环作用压力较低，流速较低，水平干管中水的流速低于 0.2 m/s，而干管中空气气泡的浮升速度为 0.1～0.2 m/s，立管中空气气泡的浮升速度约为 0.25 m/s，一般超过了水的流速，因此空气能够逆着水流方向向高处聚集，通过膨胀水箱排除。

自然循环上供下回式热水供暖系统的供水干管应顺水流方向设下降坡度，坡度值为 0.005～0.01。散热器支管也应沿水流方向设下降坡度，坡度值不小于 0.01，以便空气能逆着水流方向上升，聚集到供水干管最高处设置的膨胀水箱排除。

回水干管应该有向热水锅炉方向的下降坡度，以便在系统停止运行或检修时能通过回水干管顺利泄水。

2. 自然循环热水供暖双管上供下回式系统作用压力

在图 1-2 所示的自然循环热水供暖双管上供下回式系统中，各层散热器都并联在供、回水立管上，热水直接经供水干管、立管进入各层散热器，冷却后的回水，经回水立管、干管直接流回热水锅炉，如果不考虑水在管道中的冷却，则进入各层散热器的热水的水温相同。

图 1-2 中散热器 S_1 和 S_2 并联，热水在 a 点分配进入各层散热器，在散热器内放热冷却后，在 b 点汇合后返回热源。该系统形成了两个放热冷却中心 S_1 和 S_2，同时与热源、供回水干管形成了两个并联环路 aS_1b 和 aS_2b。

通过底层散热器的环路 aS_1b 的循环作用压力为
$$\Delta P_1 = gh(\rho_h - \rho_g) \quad (1\text{-}2)$$

通过上层散热器的环路 aS_2b 的循环作用压力为
$$\Delta P_2 = g(h_1 + h_2)(\rho_h - \rho_g) = \Delta P_1 + gh_2(\rho_h - \rho_g) \quad (1\text{-}3)$$

由式(1-3)可见，通过上层散热器环路的循环作用压力比通过下层散热器环路的大，其差值为 $gh_2(\rho_h - \rho_g)$ Pa。因此，在计算上层环路时，必须考虑这个差值。

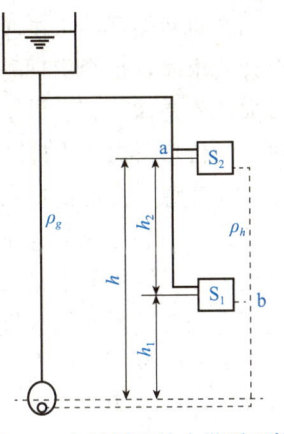

图 1-2 自然循环热水供暖双管上供下回式系统原理

在自然循环热水供暖双管上供下回式系统中，由于各层散热器与热水锅炉的高差不同，所以即使进入和流出各层散热器的供、回水温度相同(不考虑管路沿途冷却的影响)，也将形成上层循环作用压力高、下层循环作用压力低的现象。如选用不同管径仍不能使各层阻力损失达到平衡，则由于流量分配不均，必然会出现上热下冷的现象。

在供暖建筑物内，因同一竖向的各层房间的室温不符合设计要求而出现上、下层冷热不匀的现象，通常称为系统垂直失调。由此可见，自然循环热水供暖双管上供下回式系统的垂直失调是由于通过各层的循环作用压力不同而出现的，而且楼层数越多，上、下层的循环作用压力差值越大，垂直失调就会越严重。

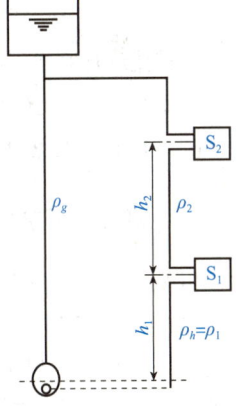

3. 自然循环热水供暖单管上供下回式系统的循环作用压力

在图 1-3 所示的自然循环热水供暖单管上供下回式系统中，热水进入立管后，由上向下顺序流过各层散热器，水温逐层降低，各层散热器串联在立管上。每根立管(包括立管上各层散热器)与热水锅炉、供回水干管形成一个循环环路，各立管环路是并联关系。

图中散热器 S_2 和 S_1 串联在立管上，引起自然(重力)循环作用压力的高差是 $(h_1 + h_2)$，冷却后水的密度分别为 ρ_2 和 $\rho_h(\rho_h = \rho_1)$，其循环作用压力为
$$\Delta P = gh_1(\rho_h - \rho_g) + gh_2(\rho_2 - \rho_g) \quad (1\text{-}4)$$

同理，若循环环路中有 N 组串联的放热中心(散热器)，则其循环作用压力可用下面的公式表示：
$$\Delta P = \sum_{i=1}^{N} gh_i(\rho_i - \rho_g) \quad (1\text{-}5)$$

式中 N——在循环环路中放热中心的总数；
g——重力加速度(m/s²)，取 9.81 m/s²；
ρ_g——供暖系统供水的密度(kg/m³)；
i——表示 N 个放热中心的顺序数，令沿水流方向最后一组散热器的 $i=1$；
h_i——放热中心 i 与放热中心 $i-1$ 之间的垂直距离(m)，当 $i=1$(沿水流方向最后一组散热器)时，h_1 表示放热中心与热水锅炉的垂直距离(m)；
ρ_i——流出所计算的放热中心的水的密度(kg/m³)。

图 1-3 自然循环热水供暖单管上供下回式系统原理

在自然循环热水供暖单管上供下回式系统运行期间，当立管的供水温度或流量不符合设计要求时，也会出现垂直失调现象。但在自然循环热水供暖单管上供下回式系统中，垂直失调不是像双管上供下回式系统那样由各层的循环作用压力不同造成的，而是由各层散热器的传热系数 K 随各层散热器平均计算温度差的变化程度不同引起的。

应注意，前面讲述自然循环热水供暖系统的循环作用压力时，只考虑水温在热水锅炉和散热器中的变化，忽略了水在管路中的沿途冷却。实际上，水的温度和密度沿途是不断变化的，在散热器中，实际进水温度比上述假设情况下的水温低，这会提高系统的循环作用压力。自然循环热水供暖系统的循环作用压力一般不高，因此水在管路内冷却产生的附加压力不应忽略，计算自然循环热水供暖系统的综合循环作用压力时，应首先在假设条件下确定该系统的循环作用压力，再增加一个考虑水沿途冷却产生的附加作用压力，即

$$\Delta P_{zh}=\Delta P+\Delta P_f \tag{1-6}$$

式中　ΔP——自然循环热水供暖系统中，水在散热器内冷却所产生的循环作用压力(Pa)；
　　　ΔP_f——水在管路中冷却的附加作用压力(Pa)。

【例 1-1】　如图 1-2 所示，设 $h_1=3.2\text{ m}$，$h_2=3.0\text{ m}$，供水温度 $t_g=95\text{ ℃}$，回水温度 $t_h=70\text{ ℃}$。求：自然循环热水供暖双管上供下回式系统的循环作用压力。计算循环作用压力时，不考虑水在管路中冷却的因素。

【解】　该系统的供回水温度分别为 $t_g=95\text{ ℃}$，$t_h=70\text{ ℃}$。$\rho_g=961.92\text{ kg/m}^3$，$\rho_h=977.81\text{ kg/m}^3$。根据式(1-2)和式(1-3)的计算方法，通过各层散热器管路的循环作用压力分别如下。

第一层：$\Delta P_1=gh_1(\rho_h-\rho_g)=9.81\times3.2\times(977.81-961.92)=498.8(\text{Pa})$。

第二层：$\Delta P_2=g(h_1+h_2)(\rho_h-\rho_g)=9.81\times(3.2+3.0)\times(977.81-961.92)=966.5(\text{Pa})$。

第二层与底层循环环路的循环作用压力差值为

$$\Delta P=\Delta P_2-\Delta P_1=966.5-498.8=467.7(\text{Pa})$$

自然循环热水供暖系统是最早采用的一种热水供暖方式，已有约 200 年的历史，至今仍在应用。它装置简单，运行时无噪声，也不消耗电能。但由于其循环作用压力低，管径大，作用范围受到限制，自然循环热水供暖系统通常只能在单幢建筑物中应用，其作用半径不宜超过 50 m。

二、机械循环热水供暖系统

机械循环热水供暖系统设置了循环水泵为水循环提供动力。这虽然增加了运行管理费用和电耗，但系统循环作用压力大，管径较小，系统的作用半径会显著增大。

图 1-4 所示为机械循环热水供暖系统。该系统中设置了循环水泵、膨胀水箱、集气罐、采暖供水管和采暖回水管等设备。现比较机械循环热水供暖系统与自然循环热水供暖系统的主要区别如下。

1. 循环动力不同

机械循环热水供暖系统靠循环水泵提供动力，强制水在系统中循环流动。循环水泵一般设在锅炉入口前的回水干管上，该处水温最低，可避免水泵出现气蚀现象。

2. 膨胀水箱的连接点和作用不同

机械循环热水供暖系统膨胀水箱设置在系统的最高处，水箱下部接出的膨胀管连接在

循环水泵入口前的回水干管上。其作用除了容纳水受热膨胀而增加的体积外，还能恒定水泵入口压力，保证供暖系统压力稳定。

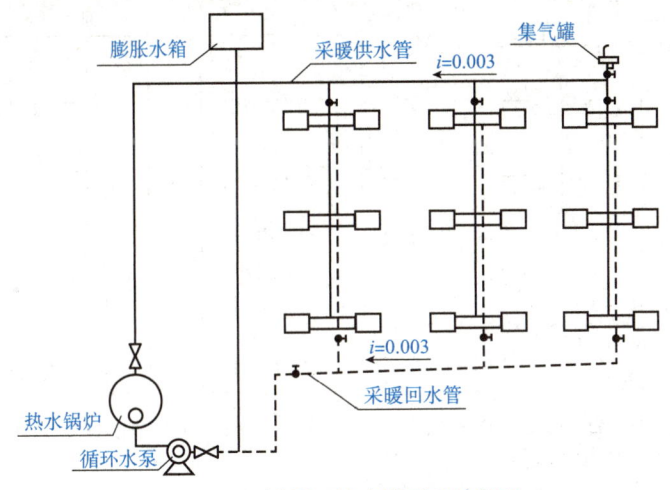

图 1-4　机械循环热水供暖系统原理

如图 1-4 所示，系统定压点设在循环水泵入口处，这既能限制水泵吸水管路的压力降，避免水泵出现气蚀现象，又能使循环水泵的扬程作用在循环管路和散热设备中，保证系统有足够的压力克服流动阻力，使水在系统中循环流动。这可以保证系统中各点的压力稳定，使系统压力分布更合理。膨胀水箱是一种最简单的定压设备。

3. 系统排气方式不同

机械循环热水供暖系统中水流速度较高，一般超过水中分离出的空气气泡的浮升速度，易将空气气泡带入立管引起气塞。在供水干管末端最高点设置集气罐，以便空气能顺利地和水流同方向流动，集中到集气罐处排除。

回水干管也应采用沿水流方向下降的坡度，坡度宜采用 0.003，不得小于 0.002，以便于泄水。

任务二　多层建筑热水供暖系统

多层建筑是指建筑物层数为 6 层及 6 层以下，从散热器的承压能力看，对于绝大多数的散热器均适用。因此，多层建筑多采用热水作为供暖系统的热媒。

一、垂直式系统

微课：多层建筑热水供暖系统的形式

垂直式系统，按供、回水干管布置位置不同，有下列几种形式。

1. 热水供暖双管和单管上供下回式系统

如图 1-5 和图 1-6 所示，上供下回式系统的供水干管设置于系统最上面，回水干管设置于系统最下面。管道布置方便，排气顺畅。而机械循环热水供暖系统除膨胀水箱的连接位置与自然循环热水供暖系统不同外,还增加了循环水泵和排气装置。

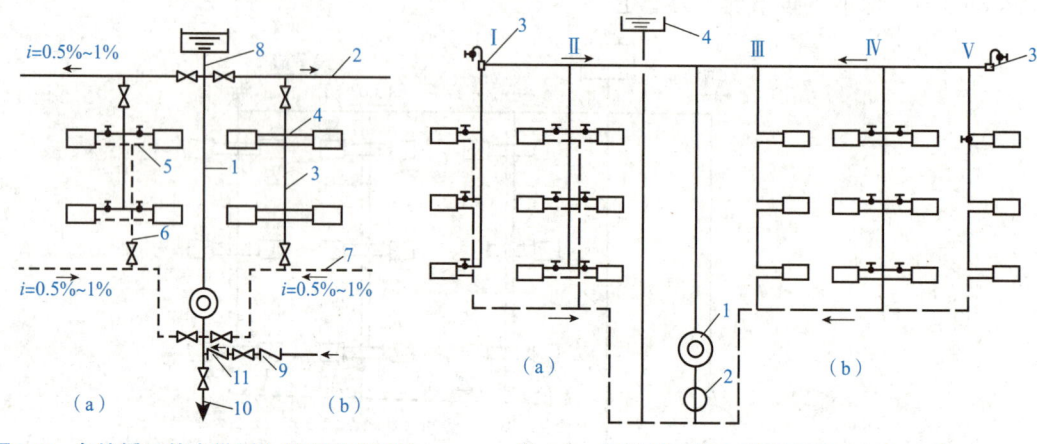

图 1-5 自然循环热水供暖上供下回式系统
(a)双管系统;(b)单管系统
1—总立管;2—供水干管;3—供水立管;
4—散热器供水支管;5—散热器回水支管;
6—回水立管;7—回水干管;8—膨胀水箱连接管;
9—充水管(接上水管);10—泄水管(接下水道);
11—止回阀

图 1-6 机械循环热水供暖上供下回式系统
(a)双管系统;(b)单管系统
1—锅炉;2—循环水泵;3—集气罐;4—膨胀水箱

2. 机械循环热水供暖双管上供上回式系统

如图 1-7 所示,机械循环热水供暖双管上供上回式系统的供、回水干管均位于系统最上面。供暖干管不与地面设备及其他管道发生占地矛盾,但立管管材消耗量增加,立管下面均要设防水阀。该系统主要用于沿地面布置干管困难的工厂车间,也较多地用于设备和工艺管道。

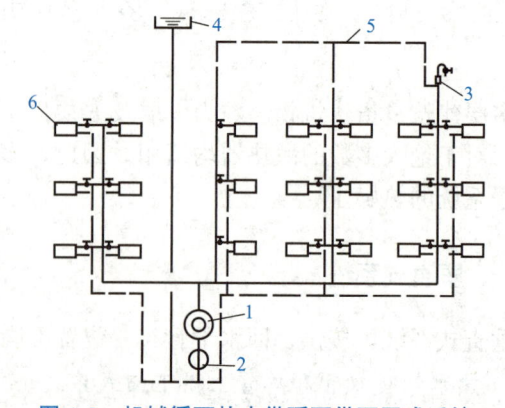

3. 机械循环热水供暖下供下回式系统

如图 1-8 所示,机械循环热水供暖下供下回式系统的供回水干管均位于系统最下面。底层需要设管沟或有地下室以便于布置两个干管,要在顶层散热器设放气阀或设空气管来排除系统中的空气。与机械循环热水供暖上供上回式系统相比,供水干管无效热损失小,可减轻系统的垂直失调。

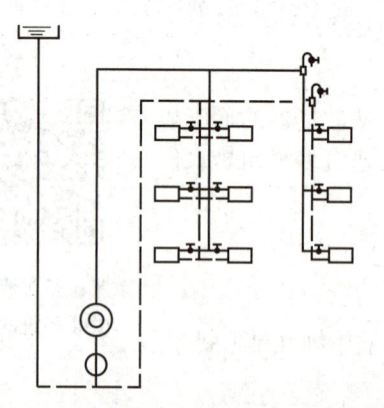

图 1-7 机械循环热水供暖上供上回式系统

图 1-8 机械循环热水供暖下供下回式系统
1—锅炉;2—循环水泵;3—集气罐;
4—膨胀水箱;5—空气管;6—冷风阀

· 8 ·

4. 机械循环热水供暖下供上回式(倒流式)系统

如图1-9所示,机械循环热水供暖下供上回式系统的供水干管均位于系统最下面,回水干管在系统最上面。立管中水流方向与空气浮升方向一致,有利于排气。与上供下回式热水供暖系统相比,底层散热器平均温度高,可减少底层散热器面积,有利于解决某些建筑物中一层散热器面积过大,难以布置的问题。

5. 机械循环中供式热水供暖系统

如图1-10所示,机械循环中供式热水供暖系统是供水干管位于建筑物中间某楼层的系统形式。供水干管将系统垂直方向分为两部分。上半部分系统为下供下回式系统,下半部分为上供下回式系统。机械循环中供式热水供暖系统可缓解垂直失调的问题,但计算和调节较麻烦。

6. 异程式热水供暖系统与同程式热水供暖系统

上述介绍的各种热水供暖系统,在供、回水干管走向布置方面都有如下特点:通过各立管的循环环路的总长度并不相等。如图1-6右侧所示,通过立管Ⅲ循环环路的总长度就比通过立管Ⅴ循环环路的总长度短,这种布置形式称为异程式热水供暖系统。

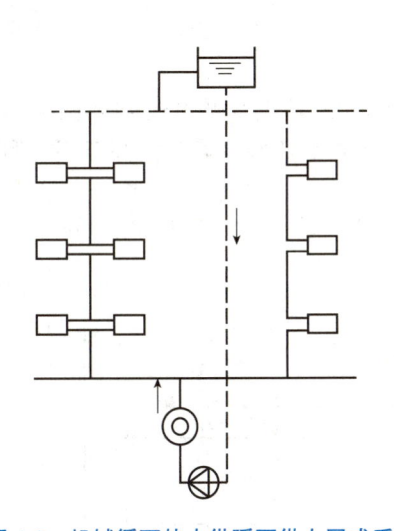

图1-9 机械循环热水供暖下供上回式系统

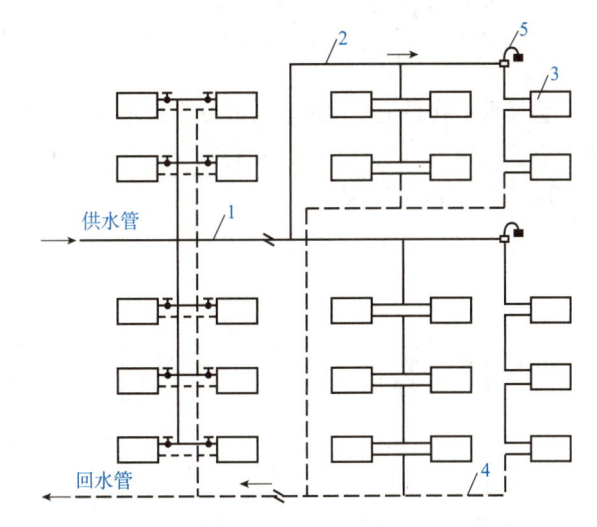

图1-10 机械循环中供式热水供暖系统
1—中部供水管;2—上部供水管;3—散热器;
4—回水干管;5—集气罐

异程式热水供暖系统的供、回水干管的总长度短,但在机械循环热水供暖系统中,由于作用半径较大,连接立管较多,所以通过各立管环路的压力损失较难平衡。有时靠近总立管最近的立管,即使选用了最小的管径 $\phi15$ mm,仍有很多的剩余压力。初调节不当时,就会出现近处立管流量超过要求,而远处立管流量不足。在远近立管处出现流量失调引起在水平方向冷热不均的现象,称为热水供暖系统的水平失调。

为了消除或缓解热水供暖系统的水平失调问题,环路的总长度都相等。如图1-11所示,通过最近立管Ⅰ的循环环路与通过最远处立管Ⅳ的循环环路,在供、回水干管走向布置方面,可采用同程式热水供暖系统。同程式热水供暖系统的特点是通过各立管的循环的总长度都相等，因此系统阻力易于平衡。由于同程式热水供暖系统具有上述优点，所以在较大的建筑物中，常采用这种系统，但同程式热水供暖系统管道的金属消耗量要多于异程式热水供暖系统。

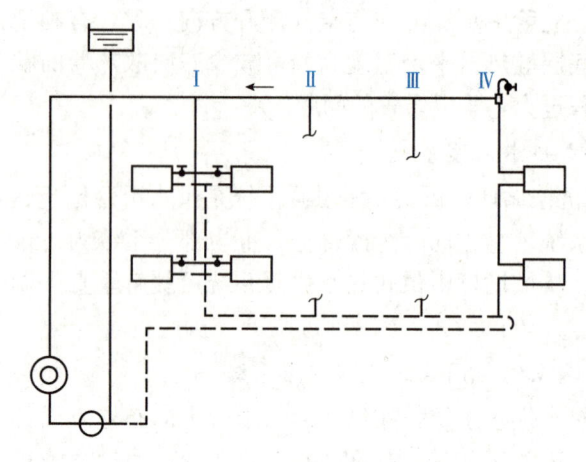

图 1-11　同程式热水供暖系统

二、水平式系统

1. 普通水平式系统

普通水平式系统按供水管与散热器的连接方式不同，可分为水平单管顺流式系统（图 1-12）和水平单管跨越式系统（图 1-13）两类。这些连接方式在机械循环热水供暖系统和自然循环热水供暖系统中都可应用。

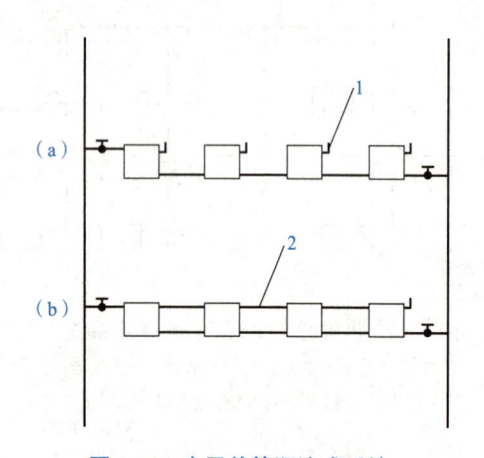

图 1-12　水平单管顺流式系统
(a)冷风阀排气；(b)空气管排气
1—冷风阀；2—空气管

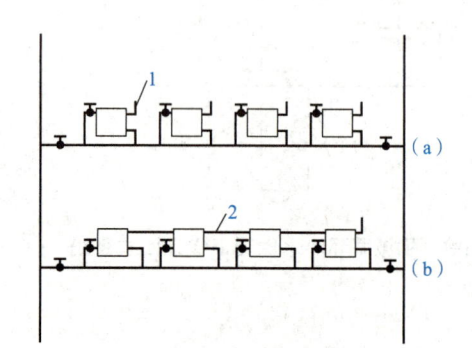

图 1-13　水平单管跨越式系统
(a)冷风阀排气；(b)空气管排气
1—冷风阀；2—空气管

水平式系统的排气方式要比垂直式上供下回系统复杂。它需要在散热器上设置冷风阀分散排气[图 1-12(a)和图 1-13(a)]，或在同一层散热器上部串联一根空气管集中排气[图 1-12(b)和图 1-13(b)]。对散热器较少的系统，可采用分散排气方式。对散热器较多的系统，宜采用集中排气方式。

水平式系统与垂直式系统相比，具有如下优点。

(1)水平式系统的总造价一般要比垂直式系统低。

(2)管路简单,无穿过各层楼板的立管,施工方便。

(3)有可能利用最高层的辅助空间(如楼梯间、厕所等),架设膨胀水箱,不必在顶棚上专设安装膨胀水箱的房间。这样不仅降低了建筑造价,还不影响建筑物外形美观。

因此,水平式系统也是在国内应用较多的一种形式。此外,对各层有不同使用功能要求或不同温度要求的建筑物,采用水平式系统更便于分层管理和调节。但单管水平式系统串联散热器很多时,运行时易出现水平失调,即前端过热而末端过冷现象。

2. 分户热计量供暖系统

为了便于分户按实际耗热量计费、节约能源和满足用户对供暖系统多方面的要求,现代建筑采用分户热计量供暖系统。户内供暖系统形式有分户热计量水平单管供暖系统、分户热计量水平双管供暖系统和分户水平放射式供暖系统。

(1)分户热计量水平单管供暖系统。如图1-14所示,分户热计量水平单管供暖系统与普通水平单管供暖系统的主要区别如下。

1)水平支路长度限于一个住户之内。

2)能够分户计量和调节供热量。

3)可分室控制,满足不同室温要求。

分户热计量水平单管供暖系统可采用水平顺流式[图1-14(a)]、散热器同侧接管跨越式[图1-14(b)]和散热器异侧接管跨越式[图1-14(c)]。如图1-14(a)所示,在水平支路上设关闭阀、调节阀和热表,可实现

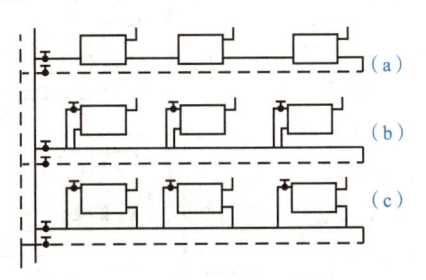

图1-14 分户热计量水平单管供暖系统
(a)水平顺流式;(b)散热器同侧接管跨越式;
(c)散热器异侧接管跨越式

分户调节和计量,不能分室改变供热量,只能在对分户热计量水平单管供暖系统的供热性能和质量要求不高的情况下采用。如图1-14(b)和图1-14(c)所示,除了可在水平支路上设关闭阀、调节阀和热表之外,还可在各散热器支管上安装调节阀或温控阀,实现分室控制和调节。

(2)分户热计量水平双管供暖系统。如图1-15所示,分户热计量水平双管供暖系统中一个住户内的各散热器并联,在每组散热器上安装调节阀或温控阀,以便分室控制和调节室内空气温度。水平供水管和回水管可采用图1-15所示的三种方案布置。

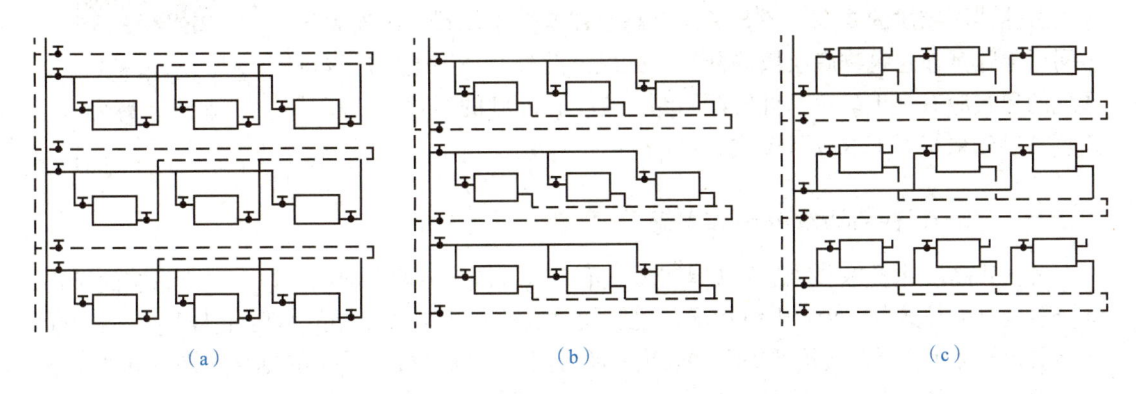

图1-15 分户热计量水平双管供暖系统
(a)上供上回式双管系统;(b)上供下回式双管系统;(c)下供下回式双管系统

（3）分户水平放射式供暖系统。如图1-16所示，分户水平放射式供暖系统在每户的供热管道入口设小型分水器和集水器4，各散热器并联，散热量可单体调节。为了计量各用户实际耗热量，在入户管上设有热量表1。为了方便调节各室用热量，在通往各散热器2的支管上设有调节阀5，每组散热器入口处也可装温控阀。为了排气，在散热器上方安装放气阀3。

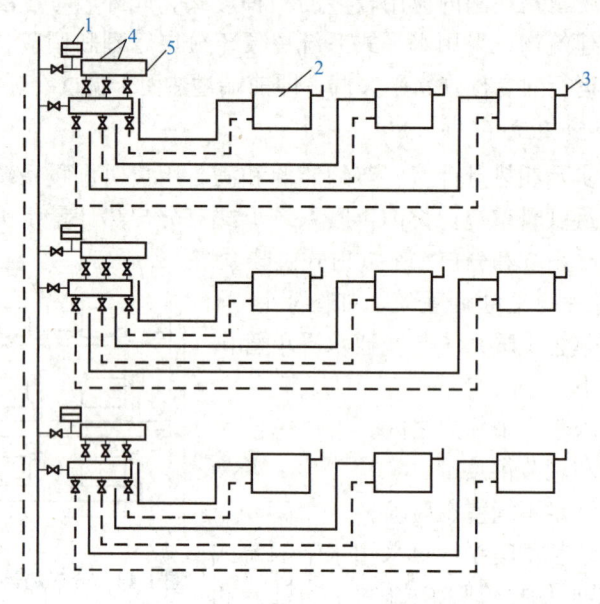

图1-16 分户水平放射式供暖系统
1—热量表；2—散热器；3—放气阀；4—分、集水器；5—调节阀

任务三　高层建筑热水供暖系统

高层建筑楼层多，供暖系统底层散热器承受的压力升高，供暖系统的高度增加，更容易产生垂直失调。在确定高层建筑热水供暖系统与室外热水网路的连接方式时，不仅要满足本系统最高点不倒空、不气化，底层散热器不超压的要求，还要考虑该高层建筑热水供暖系统连到集中热网后导致其他建筑物底层散热器超压问题。此外，高层建筑热水供暖系统的形式应有利于缓解垂直失调问题。在上述原则的指导下，高层建筑热水供暖系统可采取以下形式。

微课：高层建筑热水供暖系统形式

一、分区式高层建筑热水供暖系统

分区式高层建筑热水供暖系统是将系统沿垂直方向分成两个或两个以上独立系统的形式，其分界线取决于集中热网的压力状况、建筑物总层数和所选散热器的承压能力等条件。分区式高层建筑热水供暖系统可解决下部散热器超压问题，同时缓解系统的垂直失调度问题。

低区部分通常与室外网路直接连接。它的高度主要取决于室外网路的压力工况和散热器的承压能力。高区部分可根据外网的压力选择下述连接形式。

1. 高区采用间接连接的系统

高层建筑分区式供暖系统如图 1-17 所示，高区系统换热站可设在建筑物的底层、地下室或中间技术层内，还可设在室外的集中热力站内。室外热网在用户处提供的资用压力较大，供水温度较高时可采用高区间接连接的系统。

2. 高区采用双水箱或单水箱系统

当外网在用户处提供的资用压力较低、供水温度较低时，使用热交换器所需加热面过大而不经济合理时，可采用图 1-18 所示的高区双水箱或单水箱高层建筑热水供暖系统。

在高区设两个水箱，用加压水泵 1 将供水注入供水箱 3，将供水箱 3 与回水箱 2 之间的水位高差[图 1-18(a)中的 h]或系统最高点的压力[图 1-18(b)]作为高区供暖的循环动力。系统停止运行时，利于水泵出口止回阀使高区与外网供水管断开，高区静水压力传递不到底层散热器及外网的其他用户。由于回水箱溢流管 6 内水高度取决于外网回水管压力的大小，回水箱高度超过了用户所在的外网回水管的压力，所以回水箱溢流管 6 上部为非满管流，起到了将系统高区与外网分离的作用。该系统中的水箱为开式，系统容易进空气，增大了氧化腐蚀的可能。

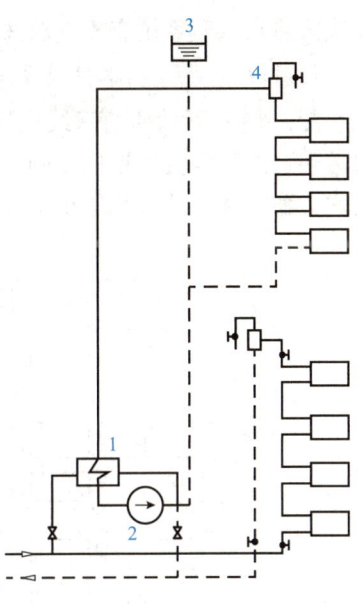

图 1-17　高层建筑分区式供暖系统
1—换热器；2—循环水泵；3—膨胀水箱；
4—集气罐

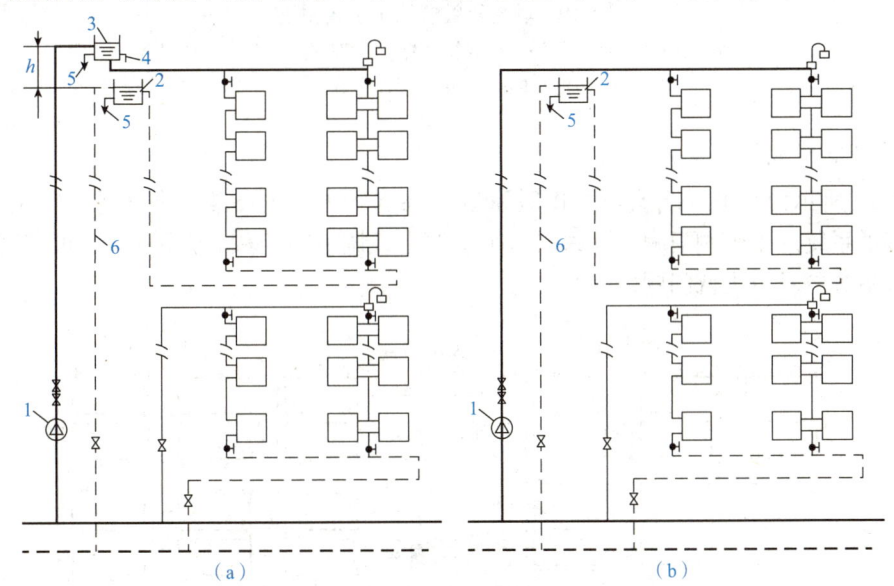

图 1-18　高区双水箱或单水箱高层建筑热水供暖系统
(a)高区双水箱；(b)高区单水箱
1—加压水泵；2—回水箱；3—供水箱；4—供水箱溢流管；5—信号管；6—回水箱溢流管

二、双线式热水供暖系统

双线式热水供暖系统只能缓解系统失调的问题，不能解决系统下部散热器超压的问题。

双线式热水供暖系统有垂直双线式热水供暖系统和水平双线式热水供暖系统两种。

1. 垂直双线式热水供暖系统

图 1-19 所示为垂直双线式热水供暖系统，散热器立管由上升立管和下降立管组成，各层散热器的平均温度近似相同，缓解了系统的垂直失调问题。立管阻力增加，提高了系统的水力稳定性。此系统适用于公用建筑物的一个房间设置两组散热器或两块辐射板的情形。

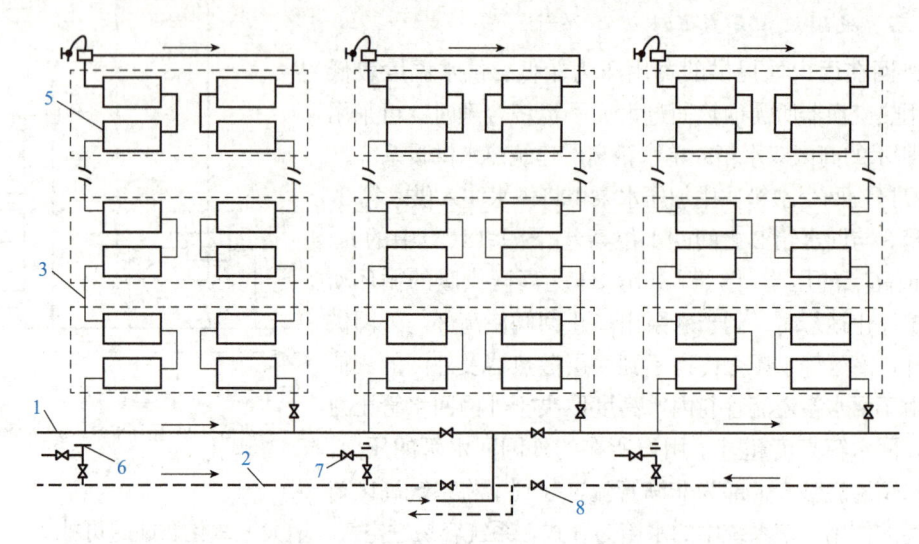

图 1-19　垂直双线式热水供暖系统

1—供水干管；2—回水干管；3—双线立管；4—双线水平管；5—散热器；
6—节流孔板；6—排水阀；7—截止阀

2. 水平双线式热水供暖系统

图 1-20 所示为水平双线式热水供暖系统，在水平方向的各组散热器平均温度近似相同，缓解了系统水平失调问题，在每层水平支线上设调节阀 7 和节流孔板 6，可实现分层调节和缓解系统的垂直失调问题。

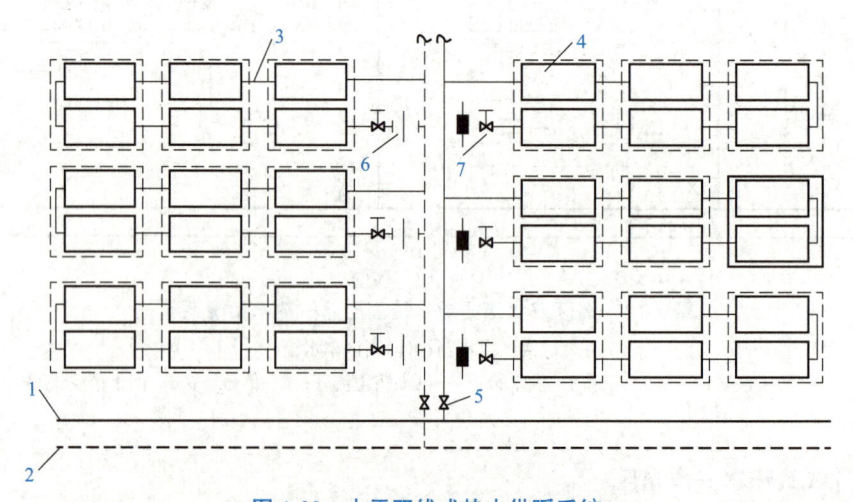

图 1-20　水平双线式热水供暖系统

1—供水干管；2—回水干管；3—水平管；4—散热器；5—截止阀；6—节流孔板；7—调节阀

三、单双管混合式热水供暖系统

图 1-21 所示为单双管混合式热水供暖系统。该系统中将散热器沿垂直方向分成组,每组为双管系统,组与组之间采用单管连接。利用双管系统散热器可局部调节和单管系统可提高系统水力稳定性的优点,减少了双管系统在层数多时,重力作用压头引起的垂直失调严重的现象。但该系统不能解决下部散热器超压的问题。

四、热水和蒸汽混合式热水供暖系统

对特高层建筑(高度大于 160 m 的建筑),最高层的水静压力已超过一般管路附件和设备的承压能力(一般为 1.6 MPa),可将建筑物沿垂直方向分成若干个区,高区利于蒸汽作为热媒向位于最高区的汽水换热器供蒸汽。低区采用热水作为热媒,根据集中热网的压力和温度决定采用直接连接或间接连接。如图 1-22 所示,低区采用间接连接。这种系统既可解决系统下部散热器超压问题,又可缓解系统垂直失调问题。

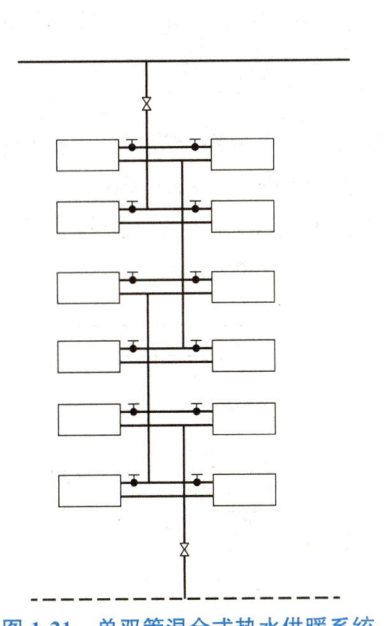

图 1-21 单双管混合式热水供暖系统

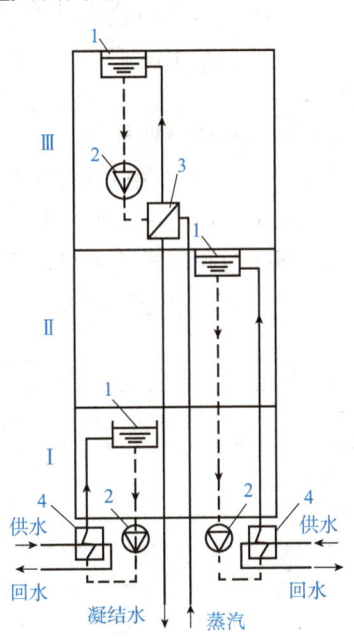

图 1-22 热水和蒸汽混合式热水供暖系统
1—膨胀水箱;2—循环水泵;3—汽水换热器;4—水-水换热器

任务四 热水供暖系统管路布置和敷设

一、热水供暖系统管路布置及环路划分

热水供暖系统管路布置的基本原则是使系统构造简单,节省管材,各并联环路压力损

失易于平衡,便于调节热媒流量,便于排气、放水,便于系统安装和检修,以提高系统使用质量,改善系统运行功能,保证系统正常工作。

1. 热水供暖系统管路的布置

布置热水供暖系统管路时,必须考虑建筑物的具体条件(如平面形状和构造尺寸等)、系统连接形式、管道水力计算方法、室外管道位置或运行等情况,恰当地确定散热设备的位置、管道的位置和走向、支架的布置、伸缩器和阀门的设置、排气和泄水措施等。

设计热水供暖系统时一般先布置散热设备,然后布置干管,最后布置立支管。对于系统各组成部分的布置,既要逐一进行,又要全面考虑,即布置散热设备时要考虑到干管、立支管、膨胀水箱、排气装置、泄水装置、伸缩器、阀门和支架等的布置,同时,布置干管和立支管时也要考虑散热设备等附件的布置。

2. 环路划分

为了合理分配热量,便于运行控制、调节和维修,应根据实际需要把整个供暖系统划分为若干个分支环路,构成几个相对独立的小系统。划分时,尽量使热量分配均衡,各并联环路阻力易于平衡,便于控制和调节系统。条件许可时,建筑物供暖系统南北向房间宜分环设置。

下面是几种常见的环路划分方法。

图 1-23 所示为无分支环路的同程式热水供暖系统,它适用于小型系统或引入口的位置不易平分成对称热负荷的系统中;图 1-24 所示为两个分支环路的异程式热水供暖系统;图 1-25 所示为两个分支环路的同程式热水供暖系统。与异程式热水供暖系统相比,同程式热水供暖系统中间增设了一条回水管和地沟,两个分支环路的阻力容易平衡。

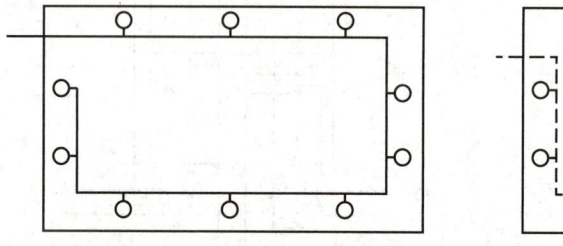

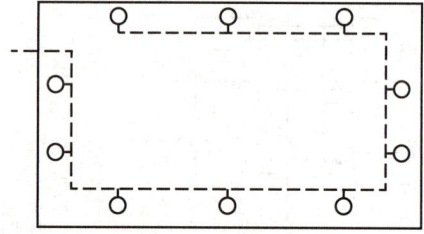

图 1-23　无分支环路的同程式热水供暖系统

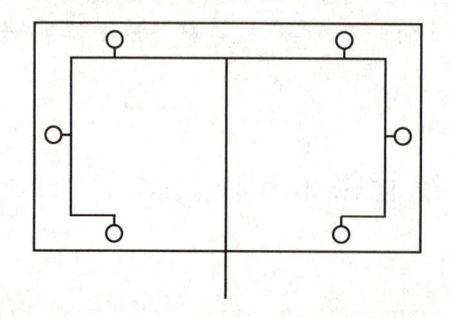

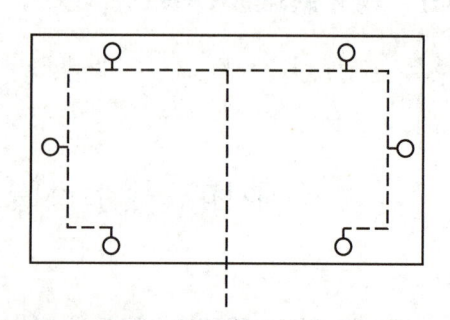

图 1-24　两个分支环路的异程式热水供暖系统

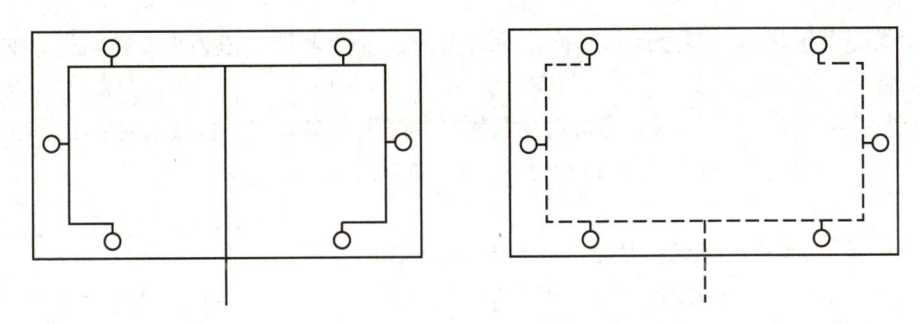

图 1-25 两个分支环路的同程式热水供暖系统

二、管路敷设要求

室内热水供暖系统管路应尽量明设，便于维护管理并节约造价，有特殊要求或影响室内整洁美观时，考虑暗设。敷设时应考虑以下问题。

(1) 上供下回式系统的顶层梁下和窗顶之间的距离应满足供水干管的坡度和集气罐的设置要求。集气罐应尽量设在有排水设施的房间，以便于排气。

若回水干管敷设在地面上，则底层散热器下部和地面之间的距离也应满足回水干管坡度的要求。当地面上不允许敷设或净空高度不够时，管路应敷设在半通行地沟或不通行地沟内。

供、回水干管的敷设坡度应满足《民建暖通空调规范》的要求。

(2) 敷设管路时，应尽量避免出现局部向上凹凸现象，以免形成气塞。在局部高点处，应考虑设置排气装置。在局部最低点处，应考虑设置排水阀。

(3) 回水干管过门时，如果在下部设过门地沟或上部设空气管，则应设置泄水和排空装置。具体做法如图 1-26 和图 1-27 所示。两种做法中均设置了一段反坡向的管道，目的是顺利排除系统中的空气。

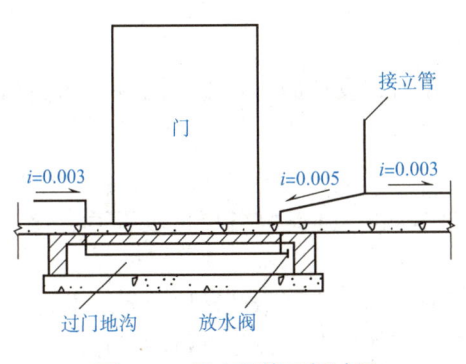

图 1-26 回水干管下部过门

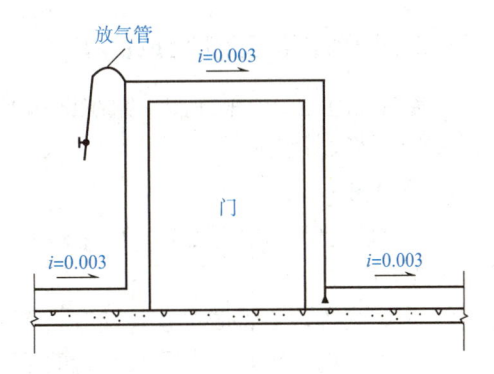

图 1-27 回水干管上部过门

(4) 立管应尽量敷设在外墙角处，以补偿该处过多的热损失，放在该处结露。在楼梯间或其他有冻结危险的场所，应单独设置立管，该立管上各组散热器支管均不得安装阀门。

(5) 室内热水供暖系统的供水、回水管上应设阀门；划分环路后，在各并联环路的起、末端应各设一个阀门，在立管的上、下端应各设一个阀门，以便于检修、关闭。

热水供暖系统热力入口处的供、回水总管上应设置温度计、压力表及除污器，必要时，应装设流量计。

(6)散热器的供、回水支管应考虑避免散热器上部积存空气或下部放水时放不干净，应沿水流方向设下降坡度，且坡度不得小于0.01，如图1-28所示。

(7)当供暖管道穿过建筑物基础、变形缝，以及立管埋设在建筑结构里时，应采取防止由于建筑物下沉而损坏管道的措施。当供暖管道必须穿过防火墙时，在管道穿过处应采取防火封堵措施，并在管道穿过处采取固定措施，使管道可向墙的两侧伸缩。供暖管道穿过隔墙或楼板时，宜装设套管。供暖管道不得同输送蒸汽燃点低于或等于120 ℃的可燃液体或可燃且具有腐蚀性的气体管道在同一管沟内平行或交叉敷设。

图1-28 散热器支管坡向

(8)供暖管道在管沟或沿墙、柱、楼板敷设时，应根据设计、施工与验收规范的要求，每隔一定间距设置管卡或支、吊架。为了消除管道受热变形产生的热应力，应尽量利用管道上的自然转角进行热伸长的补偿，当管线很长时，应设补偿器，在适当位置设固定支架。

(9)供暖管道多采用水、煤气钢管，可采用螺纹连接、焊接或法兰连接。管道应按施工与验收规范要求做防腐处理。敷设在管沟、技术夹层、闷顶、管道竖井或易冻结地方的管道，应采取保温措施。

(10)供暖系统供水干管的末端和回水干管始端的管径不宜小于20 mm。

任务五 供暖系统施工图识读

一、供暖系统施工图的组成及内容

供暖系统施工图由平面图、系统图(轴测图)、详图、设计施工说明、目录、图例和设备、材料明细表等组成。

1. 平面图

平面图是利用正投影原理，采用水平全剖的方法，表示建筑物各层供暖管道与设备的平面布置。内容如下。

(1)房间名称，立管的位置及编号，散热器的位置、类型、片数(长度)及安装方式。

(2)引入口的位置，供、回水总管的走向、位置及采用的表中图号(或详图号)。

(3)干、立、支管的位置、走向、管径。

(4)膨胀水箱、集气罐等设备的位置、型号及其与管道的连接情况。

(5)补偿器型号、位置，固定支架的安装位置与型号。

(6)室内管沟(包括过门地沟)的位置和主要尺寸、活动盖板的设置位置等。

平面图一般包括标准层平面图、顶层平面图、底层平面图。平面图常用的比例有1∶50，1∶100，1∶200等。

2. 系统图

系统图是表示供暖系统的空间布置情况、散热器与管道空间连接形式、设备管道附件等空间关系的立体图。系统图中标有立管编号、管道标高、各管段管径、水平干管的坡度、散热器片数（长度）及集气罐、膨胀水箱、阀件的位置、型号规格等，可了解供暖系统的全貌。其比例与平面图相同。

3. 详图

详图表示供暖系统节点与设备的详细构造及安装尺寸要求。平面图和系统图中表示不清楚，又无法用文字说明的地方，如引入口装置，膨胀水箱的构造与管、管沟断面，保温结构等可用详图表示。如果选用国家标准图集，则可给出标准图号，不出详图。详图常用的比例是 1∶10，1∶50。

4. 设计施工说明

设计施工说明用来说明设计图纸无法表示的问题，如热源情况、供暖系统设计热负荷、设计意图及系统形式，进、出口压力差，散热器的种类、形式及安装要求，管道的敷设方式、防腐保温、水压试验要求，施工中需要参照的有关专业施工图号或采用的标准图号等。

二、供暖系统施工图实例

为更好地了解施工图的组成及主要内容，掌握施工图识读、绘制的方法与技巧，现举例加以说明。

该供暖系统施工图包括一层供暖平面图（图1-29），二、三层供暖平面图（图1-30）和供暖系统图（图1-31）。该供暖系统采用机械循环热水供暖双管上供下回式系统，供水温度为95℃/70℃。供暖引入口设于建筑物西侧管沟内，供水干管沿管沟进入西面外墙内侧（管沟尺寸为1.0 m×1.2 m），向上升至9.6 m处，布置在顶层楼板下面，末端设一个集气罐。该供暖系统中每根立管上、下端各安装一个闸阀。散热器片数已标注在各层平面图中。整个系统布置成同程式热水供暖系统，热媒沿各立管通过散热器散热，流入位于管沟内的回水干管，最后汇集在一起，通过引出管流出。

识图时，平面图与系统图要对照来看，从供水管入口开始，沿水流方向，按供水干管、立管、支管顺序到散热器，再由散热器开始，按回水支管、立管、干管顺序到出口。

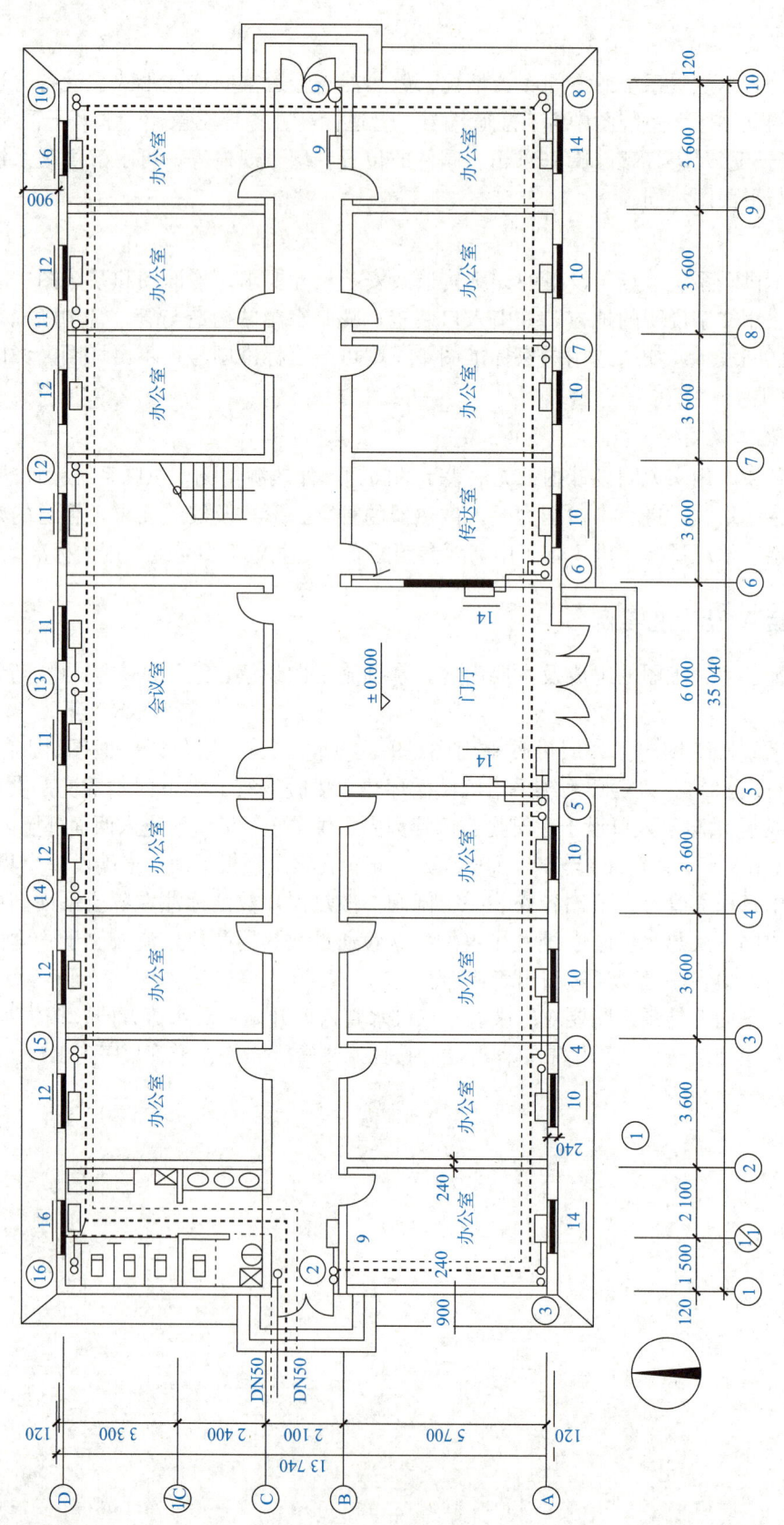

图 1-29 一层供暖平面图

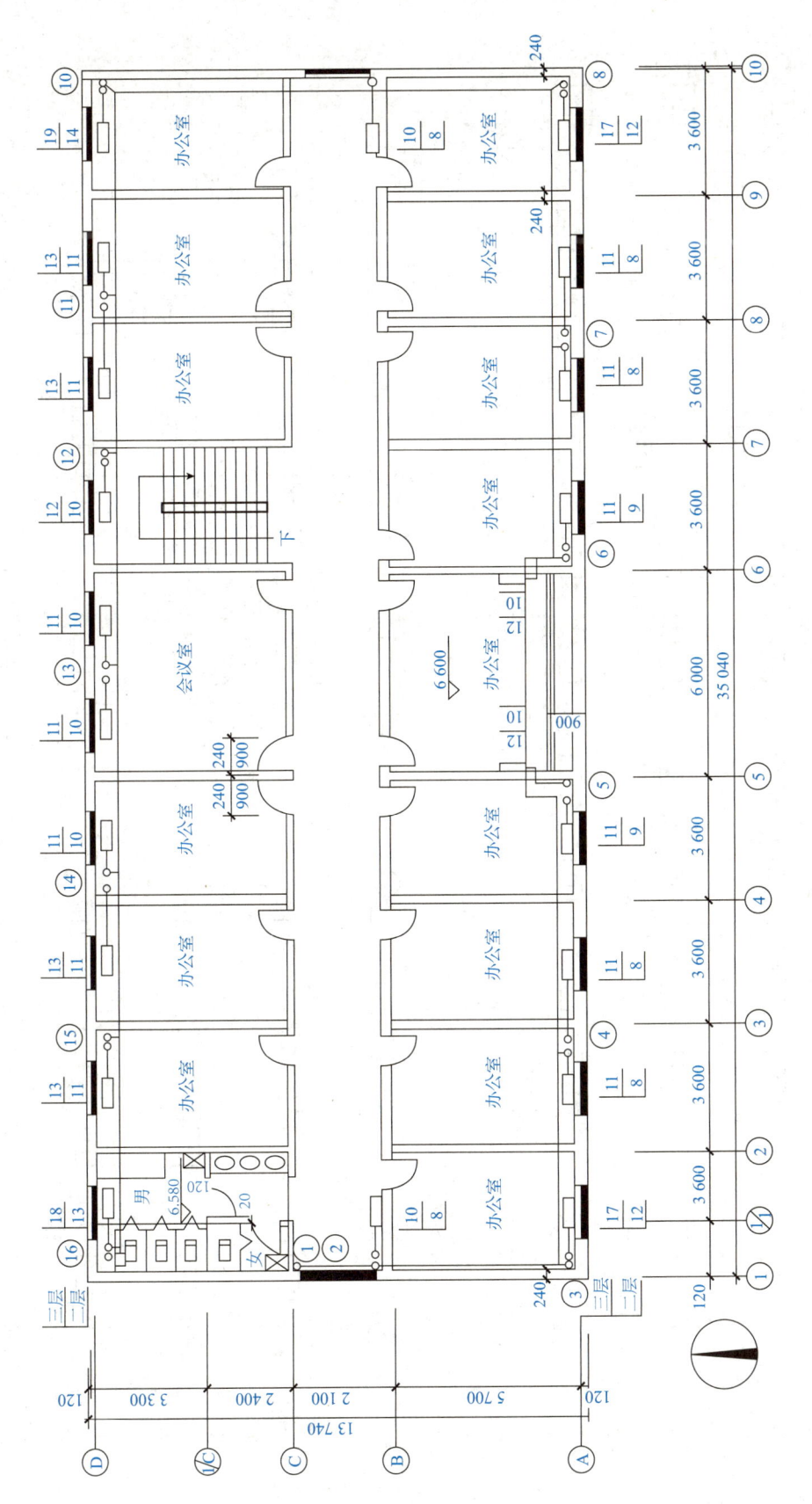

图 1-30 二、三层供暖平面图

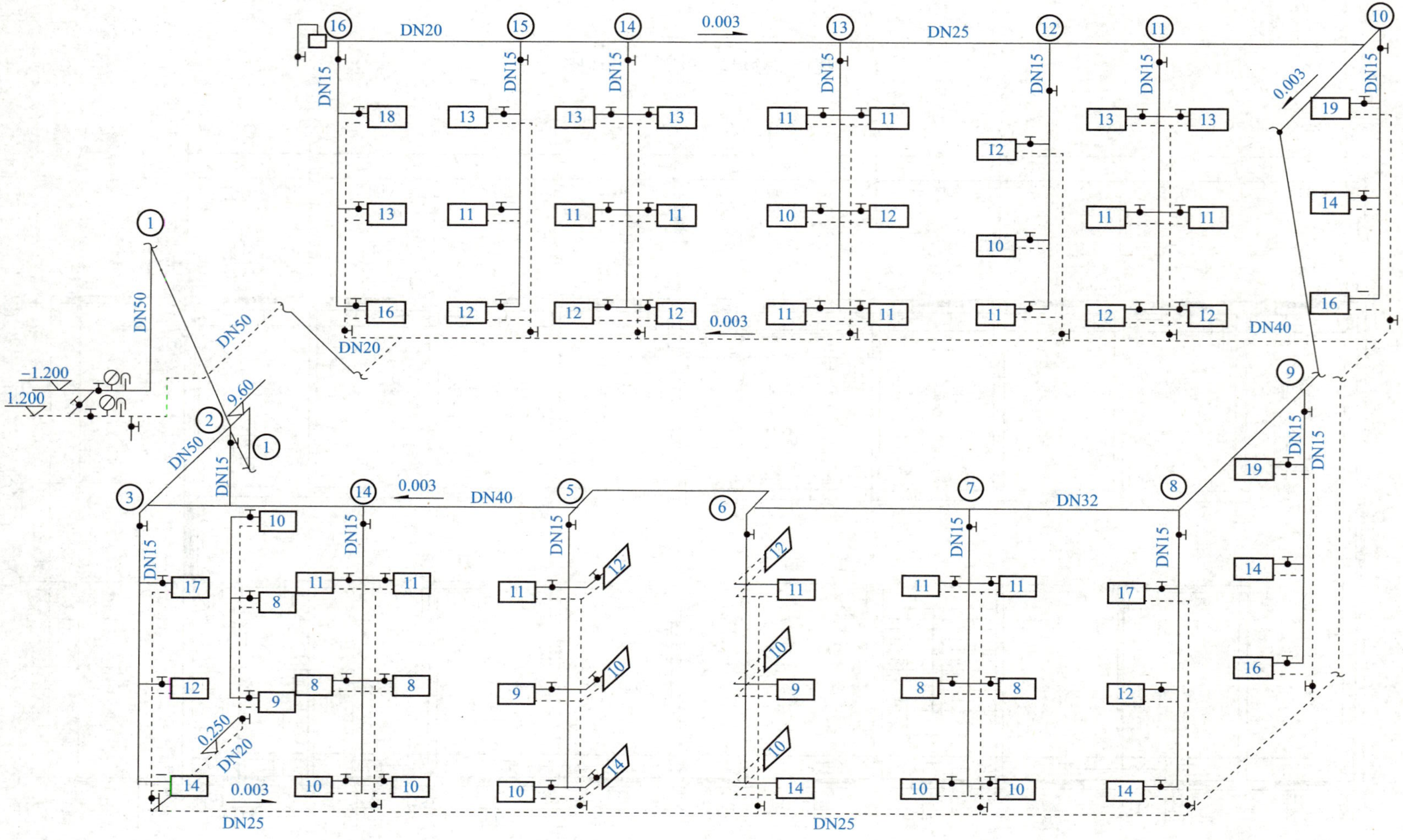

图 1-31 供暖系统图

思考题与实训练习题

1. 思考题

(1)什么是自然循环热水供暖系统?什么是机械循环热水供暖系统?

(2)简述自然循环热水供暖系统与机械循环热水供暖系统的原理,比较两者的不同之处。

(3)不同的供暖系统中膨胀水箱的作用分别是什么?其配管有哪些?

(4)排气装置的作用是什么?

(5)垂直式系统形式有哪些?各有什么特点?

(6)水平式系统形式有哪些?各有什么特点?

(7)什么是分户热计量供暖系统?

(8)高层建筑供暖系统与多层建筑供暖系统有哪些不同?

(9)高层建筑常用的供暖形式有哪些?各有什么特点?

(10)供暖系统施工图包括哪些内容?

2. 实训练习题

(1)参观某建筑物的室内供暖系统,识读该系统的供暖施工图。

(2)给定供暖系统施工图,分析该供暖系统的特点。

项目二　供暖系统的设计热负荷计算

◎ **知识目标**

1. 熟悉建筑失热量与得热量；
2. 掌握设计热负荷的形成机理；
3. 理解热负荷的影响因素。

◎ **能力目标**

能够计算建筑的热负荷。

◎ **素质目标**

树立建筑节能意识。

任务一　供暖系统的设计热负荷

供暖系统的设计热负荷是供暖设计中最基本的数据。它直接影响供暖系统方案的选择、管道管径和散热器等设备的确定，关系到供暖系统的使用和经济效果。

一、供暖系统设计热负荷

人们为了生产和生活，要求室内保证一定的温度。一个建筑物或房间可有各种获得热量和散失热量的途径。当建筑物或房间的失热量大于得热量时，为了保持室内在要求温度下的热平衡，需要由供暖通风系统补进热量，以保证室内要求的温度。供暖系统通常利用散热器向房间散热，通风系统送入高于室内要求温度的空气，一方面向房间不断地补充新鲜空气，另一方面也为房间提供热量。

微课：供暖系统的设计热负荷

供暖系统的热负荷是指在某一室外温度下，为了达到要求的室内温度，供暖系统在单位时间内向建筑物供给的热量。它随着建筑物得失热量的变化而变化。

供暖系统的设计热负荷是指在设计室外温度下，为了达到要求的室内温度，供暖系统在单位时间内向建筑物供给的热量。它是设计供暖系统的最基本依据。

二、建筑物得热量和失热量

冬季供暖通风系统的热负荷，应根据建筑物或房间的得失热量确定。

(1) 得热量。

1) 生产车间最小负荷班的工艺设备散热量 Q_7。
2) 非采暖通风系统的其他管道和热表面的散热量 Q_8。
3) 热物料的散热量 Q_9。
4) 太阳辐射进入室内的热量 Q_{10}。

(2) 失热量。

1) 围护结构传热耗热量 Q_1。
2) 加热由门、窗缝隙渗入室内的冷空气的耗热量 Q_2，称为冷风渗透耗热量。
3) 加热由门、孔洞及相邻房间侵入的冷空气的耗热量 Q_3，称为冷风侵入耗热量。
4) 水分蒸发的耗热量 Q_4。
5) 加热由外部运入的冷物料和运输工具的耗热量 Q_5。
6) 通风耗热量，通风系统将空气从室内排到室外所带走的热量 Q_6。

此外，还会有通过其他途径散失或获得的热量。

三、确定热负荷的基本原则

冬季供暖通风系统的热负荷，应根据建筑物或房间的得失热量确定。

对于没有由于生产工艺所带来得失热量而需设置通风系统的建筑物或房间（如一般的民用住宅建筑、办公楼等），失热量只考虑上述的前三项。得热量只考虑太阳辐射进入室内的热量。至于住宅中其他途径的得热量，如人体散热量、炊事和照明散热量（统称为自由热），一般散热量不大，且不稳定，通常可不予计入。

对于没有设置机械通风系统的建筑物，供暖系统的设计热负荷可表示为

$$Q = Q_{sh} - Q_d = Q_1 + Q_2 + Q_3 - Q_{10} \tag{2-1}$$

式中　Q_{sh}——建筑物失热量（W）；

Q_d——建筑物得热量（W）。

围护结构的耗热量是指当室内温度高于室外温度时，通过围护结构向外传递的热量。在工程设计中，计算供暖系统的设计热负荷时，常把它分成围护结构的基本耗热量和附加（修正）耗热量两部分进行计算。基本耗热量是指在设计条件下，通过房间各部分围护结构（门、窗、墙体、地板、屋顶等）从室内传到室外的稳定传热量的总和。附加（修正）耗热量是指围护结构的传热状况发生变化对基本耗热量进行修正的耗热量。附加（修正）耗热量包括朝向附加、风力附加、高度附加和外门附加等耗热量。

因此，在工程设计中，供暖系统的设计热负荷，一般可分几部分进行计算：

$$Q = Q_{1j} + Q_{1x} + Q_2 \tag{2-2}$$

式中　Q_{1j}——围护结构的基本耗热量（W）；

Q_{1x}——围护结构的附加耗热量（W）。

任务二　围护结构的基本耗热量

在工程设计中,围护结构的基本耗热量是按一维稳定传热过程进行计算的,即假设在计算时间内,室内外空气温度和其他传热过程参数都不随时间变化,这实际上是一个不稳定传热过程。但不稳定传热计算复杂,因此对室内温度容许有一定波动幅度的一般建筑物来说,采用稳定传热计算可以简化计算方法并能基本满足要求。但对于室内温度要求严格,温度波动幅度要求很小的建筑物或房间,就需采用不稳定传热原理进行围护结构耗热量计算。

微课:围护结构基本耗热量

围护结构的基本耗热量可按下式计算:

$$q = KF(t_n - t_{wn})\alpha \tag{2-3}$$

式中　q——围护结构的基本耗热量(W);
　　　K——围护结构的传热系数[W/(m²·℃)];
　　　F——围护结构的传热面积(m²);
　　　t_n——供暖室内计算温度(℃);
　　　t_{wn}——供暖室外计算温度(℃);
　　　α——围护结构的温差修正系数。

整个建筑物或房间的基本耗热量等于它的围护结构各部分基本耗热量的总和。

$$Q_{1j} = \sum q = \sum KF(t_n - t_{wn})\alpha \tag{2-4}$$

下面对上式中的各项分别讨论。

一、供暖室内计算温度 t_n

供暖室内计算温度是指距离地面 2 m 以内人们活动地区的平均空气温度。供暖室内计算温度的选定应满足人们生活和生产工艺的要求。生产要求的供暖室内计算温度一般由工艺设计人员提出。生活用房间的供暖室内计算温度主要取决于人体的生理热平衡。它和许多因素有关,如房间的用途,室内的潮湿状况和散热强度,人们的劳动强度及生活习惯、生活水平等。

许多国家所规定的冬季供暖室内计算温度标准为 16~22 ℃。国内有关卫生部门的研究结果认为:当人体衣着适宜,保暖量充分且处于安静状况时,供暖室内计算温度为 20 ℃ 时比较舒适,为 18 ℃ 时无冷感,15 ℃ 是产生明显冷感的温度界限。

《民建暖通空调规范》规定:设计集中供暖时,冬季供暖室内计算温度应根据建筑物的用途,按下列规定采用。

(1)民用建筑的主要房间宜采用 16~24 ℃。

(2)工业建筑的工作地点,宜采用轻作业 18~21 ℃、中作业 16 ℃~18 ℃、重作业 14~16 ℃、过重作业 12~14 ℃。

作业种类的划分应按《工业企业设计卫生标准》(GBZ 1—2010)执行。当每名工人占用较大面积(50~100 m²)时,轻作业可低至 10 ℃,中作业可低至 7 ℃,重作业可低至 5 ℃。

(3)辅助建筑物及辅助用室的供暖室内计算温度不应低于下列数值:浴室 25 ℃,更衣室25 ℃，办公室、休息室18 ℃，食堂18 ℃，盥洗室、厕所12 ℃。

对于高度较大的生产厂房，由于对流作用，上部空气温度高于工作地区温度，通过上部围护结构的传热量增加。因此，对于层高超过4 m的建筑物或房间，冬季供暖室内计算温度应按下列规定采用。

(1)计算地面的耗热量时，应采用工作地点的温度。

(2)计算屋顶和天窗耗热量时，应采用屋顶下的温度，屋顶下的温度可按下式计算：

$$t_d = t_g + (H-2)\Delta t \tag{2-5}$$

式中　t_d——屋顶下的温度(℃)；

　　　t_g——工作地点的温度(℃)；

　　　H——房间高度(m)；

　　　Δt——温度梯度(℃/m)。

(3)计算门、窗和墙的耗热量时，应采用室内平均温度。室内平均温度可按下式计算：

$$t_{np} = \frac{t_d + t_g}{2} \tag{2-6}$$

式中　t_{np}——室内平均温度(℃)。

对于散热量小于23 W/m² 的生产厂房，当其温度梯度值不能确定时，可用工作地点温度计算围护结构耗热量，但应按后面讲述的高度附加的方法进行修正，增大计算耗热量。

二、供暖室外计算温度 t_{wn}

供暖室外计算温度的确定对供暖系统设计有很关键性的影响。采用过低的t_{wn}值，会使供暖系统的造价增加；采用过高的t_{wn}值，则不能保证供暖效果。

目前国内外选定供暖室外计算温度的方法可以归纳为两种：一种是根据围护结构的热惰性原理确定；另一种是根据不保证天数的原则确定。苏联的《建筑法规》规定各城市的供暖室外计算温度按围护结构热惰性原理确定。采用不保证天数方法的原则：人为允许有几天时间可以低于规定的供暖室外计算温度值，也即容许这几天室内温度可能稍低于供暖室内计算温度。不保证天数根据各国规定而有所不同，有1天、3天、5天等。

我国结合国情和气候特点及建筑物的热工情况等，制定了以日平均温度为统计基础，按照历年室外实际出现较低的日平均温度低于供暖室外计算温度的时间，平均每年不超过5天的原则，确定供暖室外计算温度。

《民建暖通空调规范》采用不保证天数方法确定北方城市的供暖室外计算温度，规定："供暖室外计算温度应采用历年平均不保证5天的日平均温度"。对大多数城市来说，这是指1951—1980年共30年的气象统计资料里不得有多于150天的实际日平均温度低于所选定的供暖室外计算温度。

我国一些城市的供暖室外计算温度见附表2-1。

三、围护结构的温差修正系数 α

对供暖房间围护结构外侧不是与室外空气直接接触，而中间隔着不供暖房间或空间的场合(图2-1)，通过该围护结构的传热量应为$Q=KF(t_n-t_h)$，式中，t_h是传热达到热平衡时非供暖房间或空间的温度。

计算与大气不直接接触的外围护结构的基本耗热量时，为了统一计算公式，采用围护结构的温差修正系数 α：

$$Q=\alpha KF(t_n-t_{wn})=KF(t_n-t_h)$$

$$\alpha=\frac{t_n-t_h}{t_n-t_{wn}} \tag{2-7}$$

式中　F——供暖房间所计算的围护结构表面面积(m^2)；
　　　K——供暖房间所计算的围护结构的传热系数[W/($m^2 \cdot ℃$)]；
　　　t_h——不供暖房间或空间的空气温度(℃)；
　　　α——围护结构的温差修正系数(℃)。

围护结构的温差修正系数取决于非供暖房间或空间的保温性能和透气状况。对于保温性能差和易与室外空气流通的情况，不供暖房间或空间的空气温度更接近室外空气温度，则 α 值更接近 1。各种不同情况的围护结构的温差修正系数见表 2-1。

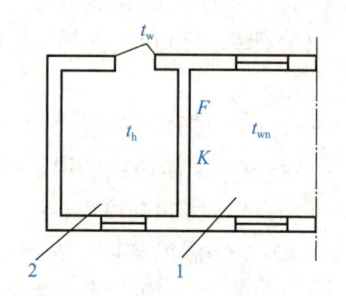

图 2-1　计算围护结构的温差修正系数示意
1—供暖房间；2—非供暖房间

表 2-1　围护结构的温差修正系数(α)

围护结构特征	α
外墙、屋顶、地面以及与室外相通的楼板等	1.00
闷顶和与室外空气相通的非供暖地下室上面的楼板等	0.90
与有外门窗的不供暖楼梯间相邻的隔墙(1~6层建筑)	0.60
与有外门窗的不供暖楼梯间相邻的隔墙(7~30层建筑)	0.50
非供暖地下室上面的楼板，外墙上有窗时	0.75
非供暖地下室上面的楼板，外墙上无窗且位于室外地坪以上时	0.60
非供暖地下室上面的楼板，外墙上无窗且位于室外地坪以下时	0.40
与有外门窗的非供暖房间相邻的隔墙	0.70
与无外门窗的非供暖房间相邻的隔墙	0.40
伸缩缝墙、沉降缝墙	0.30
防震缝墙	0.70

此外，当两个相邻房间的温差大于或等于 5 ℃时，应计算通过隔墙或楼板的传热量。与相邻房间的温差小于 5 ℃时，且通过隔墙或楼板等的传热量大于该房间热负荷的 10% 时，还应计算其传热量。

四、围护结构的传热系数 K

1. 一般建筑物的外墙传热

一般建筑物的外墙传热过程如图 2-2 所示。传热系数 K 值可用下式计算：

$$K=\frac{1}{R_0}=\frac{1}{\frac{1}{\alpha_n}+\sum\frac{\delta}{\alpha_\lambda\cdot\lambda}+R_k+\frac{1}{\alpha_w}} \quad (2-8)$$

式中 R_0——围护结构的传热热阻$[(m^2\cdot℃)/W]$；

α_n，α_w——围护结构内、外表面的换热系数$[W/(m^2\cdot℃)]$，见表2-2、表2-3；

α_λ——材料导热系数修正系数，见表2-4；

R_k——封闭空气间层的热阻$[(m^2\cdot℃)/W]$，见表2-5；

δ——围护结构各层的厚度(m)；

λ——围护结构各层材料的导热系数$[W/(m\cdot℃)]$。

一些常用建筑材料的导热系数 λ 见附表2-2。

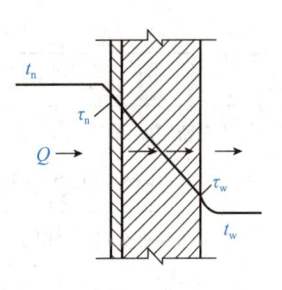

图2-2 一般建筑物的外墙传热过程

围护结构表面换热过程是对流和辐射的综合过程。围护结构内表面换热是壁面与邻近空气及其他壁面由于温差引起的自然对流和辐射换热的共同作用，而在围护结构外表面主要是由于风力作用产生的强迫对流换热，辐射换热占的比例较小，工程计算中采用的换热系数和换热热阻分别列于表2-2和表2-3。

常用围护结构的传热系数 K 值可直接从有关手册中查得，附表2-3给出一些常用围护结构的传热系数 K 值。

表2-2 围护结构内表面换热系数 α_n 与换热热阻 R_n

围护结构内表面特征	α_n /$[W\cdot(m^2\cdot℃)^{-1}]$	R_n $[(m^2\cdot℃)\cdot W^{-1}]$
墙、地面、表面平整或有肋状突出物的顶棚，当 $h/s\leq0.3$ 时	8.7	0.115
有肋状突出物的顶棚，当 $h/s>0.3$ 时	7.6	0.132

注：表中 h 为肋高(m)；s 为肋间净距(m)

表2-3 围护结构外表面换热系数 α_w 与换热热阻 R_w

围护结构外表面特征	α_w /$[W\cdot(m^2\cdot℃)^{-1}]$	R_w $[(m^2\cdot℃)\cdot W^{-1}]$
外墙和屋顶	23	0.04
与室外空气相通的非供暖地下室上面的楼板	17	0.06
闷顶和外墙上有窗的非供暖地下室上面的楼板	12	0.08
外墙上无窗的非供暖地下室上面的楼板	6	0.17

表2-4 材料导热系数修正系数 α_λ

材料、构造、施工、地区及说明	α_λ
作为夹心层浇筑在混凝土墙体及屋面构件中的块状多孔保温材料(如加气混凝土、泡沫混凝土及水泥膨胀珍珠岩)，因干燥缓慢及灰缝影响	1.60
铺设在密闭屋面中多孔保温材料(如加气混凝土、泡沫混凝土及水泥膨胀珍珠岩、石灰炉渣等)，因干燥缓慢	1.50

续表

材料、构造、施工、地区及说明	α_λ
铺设在密闭屋面中及作为夹心层浇筑在混凝土构件中的半硬质矿棉、岩棉、玻璃棉板等，因压缩及吸湿	1.20
作为夹心层浇筑在混凝土构件中的泡沫塑料等，因压缩	1.20
开孔型保温材料（如水泥刨花板、木丝板、稻草板等），表面抹灰或混凝土浇筑在一起，因灰浆渗入	1.30
加气混凝土、泡沫混凝土砌块墙体及加气混凝土条板墙体、屋面，因灰缝影响	1.25
填充在空心墙体及屋面构件中的松散保温材料（如稻壳、木、矿棉、岩棉等），因下沉	1.20
矿渣混凝土、炉渣混凝土、浮石混凝土、粉煤灰陶粒混凝土、加气混凝土等实心墙体及屋面构件，在严寒地区，且在室内平均相对湿度超过65%的供暖房间内使用，因干燥缓慢	1.15

表2-5 封闭空气间层热阻 R_k (m²·℃)/W

位置、热流状态及材料特性		间层厚度为5 mm	间层厚度为10 mm	间层厚度为20 mm	间层厚度为30 mm	间层厚度为40 mm	间层厚度为50 mm	间层厚度为60 mm
一般空气间层	热流向下（水平、倾斜）	0.10	0.14	0.17	0.18	0.19	0.20	0.20
	热流向上（水平、倾斜）	0.10	0.14	0.15	0.16	0.17	0.17	0.17
	垂直空气间层	0.10	0.14	0.16	0.17	0.18	0.18	0.18
单面铝箔空气间层	热流向下（水平、倾斜）	0.16	0.28	0.43	0.51	0.57	0.60	0.64
	热流向上（水平、倾斜）	0.16	0.26	0.35	0.40	0.42	0.42	0.43
	垂直空气间层	0.16	0.26	0.39	0.44	0.47	0.49	0.50
双面铝箔空气间层	热流向下（水平、倾斜）	0.18	0.34	0.56	0.71	0.84	0.94	1.01
	热流向上（水平、倾斜）	0.17	0.29	0.45	0.52	0.55	0.56	0.57
	垂直空气间层	0.18	0.31	0.49	0.59	0.65	0.69	0.71

2. 地面的传热系数

在冬季，室内热量通过靠近外墙地面传到室外的路程较短，热阻较小，而通过远离外墙地面传到室外的路径较长，热阻增大。因此，室内地面的传热系数（热阻）随着距离外墙的远近而有变化，但在离外墙约8 m远的地面，传热量基本不变。基于上述情况，在工程上一般采用近似方法计算，把地面沿外墙平行的方向分成4个计算地带，如图2-3所示。

(1)贴土非保温地面[组成地面的各层材料导热系数 λ 都大于1.16 W/(m·℃)]的传热系数和换热热阻见表2-6。第一地带靠近墙角的地面面积需要计算两次。在工程计算中，也有采用对整个建筑物或房间地面以平均传热系数进行计算的简易方法，详见《供暖通风设计手册》。

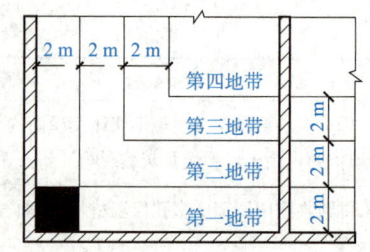

图2-3 地面传热地带的划分

表 2-6　贴土非保温地面的传热系数和换热热阻

地带	$R_0/[(m^2 \cdot ℃) \cdot W^{-1}]$	$K_0/[W \cdot (m^2 \cdot ℃)^{-1}]$
第一地带	2.15	0.47
第二地带	4.30	0.23
第三地带	8.60	0.12
第四地带	14.2	0.07

(2)贴土保温地面[组成地面的各层材料中,有导热系数 λ 小于 1.16 W/(m²·℃)的保温层]各地带的换热热阻值可按下式计算:

$$R_0' = R_0 + \sum_{i=1}^{n} \frac{\delta_i}{\lambda_i} \tag{2-9}$$

式中　R_0'——贴土保温地面的换热热阻[(m²·℃)/W];

R_0——非保温地面的换热热阻[(m²·℃)/W];

λ_i——保温材料的导热系数[W/(m·℃)];

δ_i——保温层的厚度(m)。

(3)铺设在地垄墙上的保温地面各地带的换热热阻值可按下式计算:

$$R_0'' = 1.18 R_0' \tag{2-10}$$

3. 顶棚的传热系数

对于有顶棚的坡屋面,当用顶棚面积计算其传热量时,屋面和顶棚的综合传热系数可按下式计算:

$$K = \frac{K_1 \times K_2}{K_1 \times \cos\alpha + K_2} \tag{2-11}$$

五、围护结构传热面积的丈量

围护结构传热面积的丈量规则如图 2-4 所示。

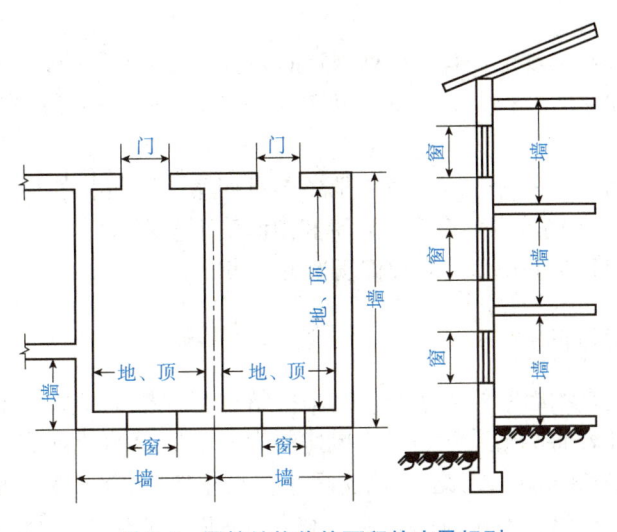

图 2-4　围护结构传热面积的丈量规则

在外墙面积的丈量中,高度从本层地面算到上层的地面。对平屋顶的建筑物,在最顶层的丈量中,高度从最顶层的地面算到平屋顶的外表面;而对有闷顶的斜屋面,高度算到闷顶内的保温层表面。外墙的平面尺寸,应按建筑物外廓尺寸计算。两相邻房间以内墙中线为分界线。

门、窗的面积按外墙外面上的净空尺寸计算。

闷顶和地面的面积,应按建筑物外墙以内的内廓尺寸计算。对平屋顶,顶棚面积按建筑物轮廓尺寸计算。

在地下室面积的丈量中,位于室外地面以下的外墙,其耗热量计算方法与地面的计算方法相同,但传热地带的划分应从与室外地面相平的墙面算起,以及把地下室外墙在室外地面以下的部分看作地下室地面的延伸,如图 2-5 所示。

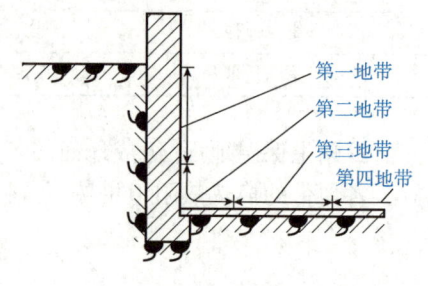

图 2-5 地下室面积的丈量

任务三 围护结构的附加耗热量

围护结构的实际耗热量会受到气象条件及建筑物情况等各种因素影响而有所增减。由于这些因素影响,需要对围护结构的基本耗热量进行修正,这些修正耗热量称为围护结构的附加耗热量。通常按基本耗热量的百分率进行修正。围护结构的附加耗热量有朝向附加耗热量、风力附加耗热量、高度附加耗热量和外门附加耗热量。

微课:围护结构附加耗热量

一、朝向附加耗热量

朝向附加耗热量是考虑建筑物受太阳照射影响而对围护结构基本耗热量的修正。需要修正的耗热量等于垂直的外围护结构(门、窗、外墙及屋顶的垂直部分)的基本耗热量乘以相应的朝向修正率。

《民建暖通空调规范》规定:宜按下列规定的数值,选用不同的朝向修正率。

北、东北、西北:0~10%;东南、西南:-10%~-15%;东、西:-5%;南:-15%~-30%。

选用上面的朝向修正率时,应考虑当地冬季日照率、建筑物使用和被遮挡等情况。对于冬季日照率低于 35%的地区,东南、西南和南向修正率宜采用-10%~0%,东、西向可不修正。适用于全国各主要城市的朝向修正率见附表 2-4。

二、风力附加耗热量

风力附加耗热量是考虑室外风速变化对围护结构基本耗热量的修正。在计算围护结构的基本耗热量时,外表面换热系数是对应风速约为 4 m/s 时的计算值。我国大部分地区冬季平均风速一般为 2~3 m/s。因此,《民建暖通空调规范》规定:在一般情况下,不必考虑风力附加耗热量。只对建在不避风的高地、河边、海岸、旷野上的建筑物,以及城镇中明显高出周围其他建筑物,其垂直外围护结构宜附加 5%~10%。

三、高度附加耗热量

高度附加耗热量是考虑房屋高度对围护结构耗热量的影响而附加的耗热量。

《民建暖通空调规范》规定：民用建筑和工业辅助建筑物（楼梯间除外）的高度附加率，当房间高度大于 4 m 时，高出 1 m 应附加 2%，但总附加率不应高于 15%。应注意：高度附加耗热量应附加于围护结构基本耗热量和其他附加（修正）耗热量之和的基础上。

综合上述，建筑物或房间在室外供暖计算温度下，通过围护结构的总耗热量可用下式表示：

$$Q_1 = Q_{1j} + Q_{1x} = (1 + x_g) \sum \alpha KF(t_n - t_{wn})(1 + x_{ch} + x_f) \tag{2-12}$$

式中 x_{ch}——朝向修正率（%）；

x_f——风力附加率（%），$x_f \geq 0$；

x_g——高度附加率（%），$0 \leq x_g \leq 15\%$。

其他符号同前。

四、外门附加耗热量

外门附加耗热量是考虑建筑物外门开启时侵入冷空气导致耗热量增大，而对外门基本耗热量的修正。对于短时间开启无热风幕的外门，可以用外门的基本耗热量乘以表 2-7 中相应的附加率。阳台门不应考虑外门附加。

$$Q'_m = NQ'_{1 \cdot j \cdot m} \tag{2-13}$$

式中 $Q'_{1 \cdot j \cdot m}$——外门的基本耗热量（W）；

N——冷风侵入的外门附加率，按表 2-7 采用。

表 2-7 外门附加率   %

外门布置状况	附加率
一道门	65n
两道门	80n
三道门（有两个门斗）	60n
公共建筑和工业建筑的主要出入口	500

注：n 为建筑物的楼层数

任务四　冷风渗透耗热量

在冬季，在室外空气与建筑物内部的竖直贯通通道（楼梯间、电梯井等）中空气之间的密度差形成的热压以及风吹过建筑物时在门窗两侧形成的风压的作用下，室外的冷空气通过门、窗等缝隙渗入室内，被加热后逸出，这部分冷空气从室外温度加热到室内温度所消耗的热量称为冷风渗透耗热量 Q_2。

影响冷风渗透耗热量的因素很多，如建筑物内部隔断、门窗构造、门窗朝向、室外风向和风速、室内外空气温差、建筑物高度及建筑物内部通道状况等。总的来说，对于多层(六层及六层以下)建筑物，由于房屋高度不大，所以在工程设计中，冷风渗透耗热量主要考虑风压的作用，可忽略热压的影响。对于高层建筑，则应考虑风压与热压的综合作用。

计算冷风渗透耗热量的常用方法有缝隙法、换气次数法和百分数法。

一、缝隙法

(1)对于多层和高层民用建筑，加热时由门窗缝隙渗入室内的冷风渗透耗热量可按下式计算：

$$Q_2 = 0.28 c_p \rho_{wn} L (t_n - t_{wn}) \tag{2-14}$$

式中 Q_2——由门窗缝隙渗入室内的冷风渗透耗热量(W)；

c_p——空气的定压比热容，$c_p = 1.00$ kJ/(kg·℃)；

ρ_{wn}——供暖室外计算温度下的空气密度(kg/m³)；

L——渗透空气量(m³/h)；

t_n——供暖室内计算温度(℃)；

t_{wn}——供暖室外计算温度(℃)；

0.28——单位换算系数，1 kJ/h=0.28 W。

(2)渗透冷空气量可根据不同的朝向，按下式计算：

$$L = L_0 \cdot l \cdot m^b \tag{2-15}$$

式中 L_0——在单纯风压作用下，不考虑朝向修正和建筑物内部隔断情况时，通过每米门窗缝隙进入室内的理论渗透冷空气量[m³/(m·h)]；

l——外门窗缝隙的长度(m)；

m——风压与热压共同作用下，考虑建筑体型、内部隔断和空气流通等因素后，不同朝向、不同高度的门窗冷风渗透压差综合修正系数；

b——门窗缝隙渗风指数，当无实测数据时，可取 $b=0.67$。

1)通过每米门窗缝隙进入室内的理论渗透空气量可按下式计算：

$$L_0 = \alpha_1 \left(\frac{\rho_{wn}}{2} v_0^2 \right)^b \tag{2-16}$$

式中 α_1——外门窗缝隙渗风系数[m³/(m·h·Pa^b)]，当无实测数据时，可根据建筑外窗空气渗透性能分级的相关标准(表2-8)采用；

v_0——冬季室外最多风向的平均风速(m/s)。

表2-8　外门窗缝隙渗风系数下限值　　　　　m³/(m·h·Pa^b)

建筑外窗空气渗透性能分级	Ⅰ	Ⅱ	Ⅲ	Ⅳ	Ⅴ
α_1	0.1	0.3	0.5	0.8	1.2

2)冷风渗透压差综合修正系数可按下式计算：

$$m = C_r \cdot \Delta C_f \cdot (n^{1/b} + C) \cdot C_h \tag{2-17}$$

式中 C_r——热压系数，当无法精确计算时，可按表2-9取值；

ΔC_f——风压差系数,当无实测数据时,可取 $\Delta C_f=0.7$;
n——在单纯风压作用下,渗透冷空气量的朝向修正系数,见附表2-5;
C——作用于门窗上的有效热压差与有效风压差之比;
C_h——高度修正系数,按下式计算:

$$C_h = 0.3h^{0.4} \tag{2-18}$$

式中 h——计算门窗的中心线标高(当 $h<10$ m 时,风速均为 v_0,渗入的冷空气量不变,因此 $h<10$ m 时应按基准高度 $h=10$ m 计算)(m)。

表 2-9 热压系数

内部隔断情况	开敞空间	内有门或房门		有前室门、楼梯间门或走廊两端设门	
		密闭性差	密闭性好	密闭性差	密闭性好
C_r	1.0	1.0~0.8	0.8~0.6	0.6~0.4	0.4~0.2

3)有效热压差与有效风压差之比,可按下式计算:

$$C = 70 \cdot \frac{h_z - h}{\Delta C_f \cdot v_0^2 \cdot h^{0.4}} \cdot \frac{t'_n - t_{wn}}{273 + t'_n} \tag{2-19}$$

式中 h_z——在单纯热压作用下,建筑物中和面的标高(m),可取建筑物总高度的 1/2;
t'_n——建筑物内形成热压作用的竖井计算温度(℃)。

(3)对于多层建筑的渗透冷空气量,当无相关数据时,可按以下近似公式计算:

$$L = L'_0 \cdot l \cdot n \tag{2-20}$$

式中 L'_0——不同类型门窗、不同风速下每米缝隙渗入的空气量[m³/(m·h)],可根据当地冬季室外平均风速,按表2-10的试验数据采用;
l——门、窗缝隙的计算长度(m);
n——渗透空气量的朝向修正系数,见附表2-5。

表 2-10 每米门、窗缝隙渗入的空气量 L'_0 m³/(m·h)

门窗类型	冬季室外平均风速为1 m/s	冬季室外平均风速为2 m/s	冬季室外平均风速为3 m/s	冬季室外平均风速为4 m/s	冬季室外平均风速为5 m/s	冬季室外平均风速为6 m/s
单层木窗	1.0	2.0	3.1	4.3	5.5	6.7
双层木窗	0.7	1.4	2.2	3.0	3.9	4.7
单层钢窗	0.6	1.5	2.6	3.9	5.2	6.7
双层钢窗	0.4	1.1	1.8	2.7	3.6	4.7
推拉铝窗	0.2	0.5	1.0	1.6	2.3	2.9
平开铝窗	0.0	0.1	0.3	0.4	0.6	0.8

注:1. 每米外门缝隙渗入的空气量为表中同类型外窗的2倍。
2. 当有密封条时,表中数据可乘以 0.5~0.6。

二、换气次数法

对于多层建筑的渗透空气量，当无相关数据时，渗入的空气量可按下式计算：

$$L = kV \tag{2-21}$$

式中　k——换气次数(次/h)，当无实测数据时，可按表2-11取值；

　　　V——房间体积(m^3)。

表 2-11　换气次数 k　　　　　　　　　　　　　　　　　　　　　　次/h

房间类型	一面有外窗房间	两面有外窗房间	三面有外窗房间	门厅
k	0.5	0.5~1.0	1.0~1.5	2

三、百分数法

工业建筑房屋较高，加热时由门窗缝隙渗入室内的冷空气的耗热量可按表2-12估算。

表 2-12　渗透耗热量占围护结构总耗热量的百分比　　　　　　　　　　　%

玻璃窗层数	建筑物高度< 4.5 m	建筑物高度为 4.5~10.0 m	建筑物高度> 10.0 m
单层	25	35	40
单、双层均有	20	30	35
双层	15	25	30

任务五　分户热计量供暖热负荷

实际上，设置分户计量供暖系统的建筑物，其热负荷的计算方法与常规供暖系统基本相同。考虑到提高热舒适性是计量供暖系统设计的主要目的，供暖系统允许各用户根据自己的生活习惯、经济能力等在一定范围内自主选择室内供暖温度，这就会出现在运行过程中由于人为节能造成的邻户、邻室传热问题。对于某用户而言，当其相邻用户室温较低时，热传递有可能使该用户室温达不到设计室内温度值。为了避免随机的邻户传热影响房间的温度，房间热负荷必须考虑在分室调温下出现的温度差所引起的向邻户的传热量，即户间热负荷。因此，在确定户内供暖设备容量时，选用的房间热负荷应为常规供暖房间热负荷与户间热负荷之和。

目前，《民建暖通空调规范》并未给出户间传热的统一计算方法。根据实测数据，某些地方规程中对此做了较具体的规定，如天津市的《集中供热住宅计量供热设计规程》对邻户传热给出了明确的计算方法。该规程规定户间热负荷只计算通过不同户之间的楼板和隔墙的传热量，而同一户内不计算该项热传递，典型房间与周围房间的计算温差宜取5~8℃，另外，考虑到户间各方向的热传递不是同时发生，计算房间各方向热负荷之和后，应将其乘以一个概率系数。户间热负荷的产生本身存在许多不确定因素，而针对各类型房间，即使供暖计算热负荷相同,由于相同外墙对应的户内面积不完全相同,计算出的户间热负荷相差也很大。为了避免户内供暖设备选型过大造成不必要的浪费,同时尽量减小户间热负荷的变化对供暖系统的影响,规定户间热负荷不应超过供暖计算热负荷的50%。相关规程还给出了户间热负荷的具体计算公式。

一、按面积传热计算的户间热负荷公式

按面积传热计算的户间热负荷公式如下:

$$Q = N \sum_{i=1}^{n} K_i F_i \Delta t \tag{2-22}$$

式中 Q——户间热负荷(W);
K——户间楼板及隔墙传热系数[W/(m²·℃)];
F——户间楼板或隔墙面积(m²);
Δt——户间热负荷计算温差(℃),按面积传热计算时宜为5℃;
N——户间楼板及隔墙同时发生传热的概率系数。

上式中 N 的取值如下。

当有一面可能发生传热的楼板或隔墙时,$N=0.8$。
当有两面可能发生传热的楼板或隔墙,或一面楼板与一面隔墙时,$N=0.7$。
当有两面可能发生传热的楼板及一面隔墙,或两面隔墙与一面楼板时,$N=0.6$。
当有两面可能发生传热的楼板及两面隔墙时,$N=0.5$。

二、按体积热指标计算的户间热负荷公式

按体积热指标计算的户间热负荷公式如下:

$$Q = \alpha \cdot q_n \cdot V \cdot \Delta t \cdot N \cdot M \tag{2-23}$$

式中 Q——户间热负荷(W);
α——房间温度修正系数,一般为3.3;
q_n——房间供暖体积热指标系数[W/(m³·℃)],一般为0.5 W/(m³·℃);
V——房间轴线体积(m³);
Δt——户间热负荷计算温差(℃),按体积传热计算时宜为8℃;
N——户间楼板及隔墙同时发生传热的概率系数(取法同上);
M——户间楼板及隔墙数量修正率系数。

上式中 M 的取值如下。

当有一面可能发生传热的楼板或隔墙时,$M=0.25$。
当有两面可能发生传热的楼板或隔墙,或一面楼板与一面隔墙时,$M=0.5$。
当有两面可能发生传热的楼板及一面隔墙,或两面隔墙与一面楼板时,$M=0.75$。
当有两面可能发生传热的楼板及两面隔墙时,$M=1.0$。

式(2-23)可简化如下。

当有一面可能发生传热的楼板或隔墙时,$Q=2.64V$。
当有两面可能发生传热的楼板或隔墙,或一面楼板与一面隔墙时,$Q=4.62V$。
当有两面可能发生传热的楼板及一面隔墙,或两面隔墙与一面楼板时,$Q=5.94V$。

当有两面可能发生传热的楼板及两面隔墙时，$Q=6.6V$。

任务六　热负荷与建筑节能

供暖能耗是指在供暖期内用于建筑物供暖消耗的能量，具体包括用于产生热量的锅炉及锅炉附属设备、用于热媒输送的管网消耗的热能与电能。在民用建筑节能设计标准中判定建筑是否节能，主要以建筑的耗热量指标与供暖的耗煤量指标作为依据。不同地区供暖住宅建筑耗热量指标和耗煤量指标不应超过节能标准规定的数值。

一、建筑节能的相关指标

1. 建筑物耗热量指标与供暖设计热负荷指标

建筑物耗热量指标是指在供暖期内室外平均温度条件下，为了保持室内计算温度，单位建筑面积在单位时间内消耗的热量，也是供暖设备应供给的热量，单位为 W/m^2。该指标用来评价建筑能耗水平。节能标准给出了不同地区供暖住宅的耗热量指标。

供暖设计热负荷指标是指在供暖室外计算温度条件下，为了保持室内计算温度，在单位时间内需由锅炉或其他供热设施供给单位建筑面积的热量，单位为 W/m^2。该指标用来确定供热设备容量、进行供热管网计算。通常，供暖设计热负荷指标在数值上大于建筑物耗热量指标。

2. 建筑供暖能耗指标

建筑供暖能耗指标是指在一个完整的供暖期内，供暖系统所消耗的一次能源量与该系统所负担的总建筑面积的比值。该指标包括建筑供暖热源和输配管网所消耗的能源，单位为标煤 $kgce/(m^2 \cdot a)$ 或天然气 $Nm^3/(m^2 \cdot a)$。该指标用来评价建筑物和供暖系统组成的综合体的能耗水平。《民用建筑能耗标准》(GB/T 51161—2016)给出了严寒和寒冷地区建筑供暖能耗的约束值。

二、建筑节能的措施与实施

(一)建筑节能的影响因素

1. 建筑体形系数

建筑体形系数是指建筑物与室外大气接触的外表面积与其所包围的体积的比值。外表面积不包括地面和不供暖楼梯间等公共空间内墙及户门的面积。

严寒和寒冷地区建筑体形的变化直接影响建筑供暖能耗的大小。建筑体形系数越大，单位建筑面积对应的外表面积越大，热损失越多。《严寒和寒冷地区居住建筑节能设计标准》(JGJ 26—2018)规定了居住建筑的体形系数限值(表 2-13)。如果体形系数超过规定限值，则要求提高建筑围护结构的保温性能，并按照标准的规定进行围护结构热工性能的权衡判断。

表 2-13　居住建筑的体形系数限值

气候区	居住建筑的体形系数限值	
	建筑层数≤3层	建筑层数≥4层
严寒地区(1区)	0.55	0.30
严寒地区(2区)	0.57	0.33

2. 建筑窗墙面积比

建筑窗墙面积比是指窗户洞口与房间立面单元面积（建筑层高与开间定位线围成的面积）之比。建筑窗墙面积比要综合考虑多方面的因素，其中最主要的是不同地区冬、夏季日照情况（日照时间长短、太阳总辐射强度、阳光入射角大小）、季风影响、室外空气温度、室内采光设计以及外窗开窗面积与建筑能耗等因素。通常普通窗户（包括阳台透光部分）的保温隔热都比外墙差，窗墙面积比越大，供暖能耗也越大。因此，从减小建筑能耗的角度，需限制窗墙面积比。严寒和寒冷地区居住建筑窗墙面积比限值见表 2-14。

表 2-14　严寒和寒冷地区居住建筑窗墙面积比限值

朝向	窗墙面积比	
	严寒地区(1区)	严寒地区(2区)
北	0.25	0.30
东、西	0.30	0.35
南	0.45	0.50

注：1. 敞开式阳台的阳台门上部透光部分应计入窗户面积，下部不透光部分不应计入窗户面积。
2. 表中的窗墙面积比应按开间计算。其中"北"代表从北偏东小于 60°至北偏西小于 60°的范围；"东、西"代表从东或西偏北小于等于 30°至偏南小于 60°的范围；"南"代表从南偏东小于等于 30°至偏西小于 30°的范围。

3. 建筑围护结构的热工性能

建筑围护结构的热工性能直接影响建筑物设计热负荷与运行能耗。我国各地气候差异较大，为了使建筑物适应各地不同的气候条件，满足节能要求，《严寒和寒冷地区居住建筑节能设计标准》(JGJ 26—2018)给出了不同气候区域的建筑外围护结构的热工性能限值，《公共建筑节能设计标准》(GB 50189—2015)给出了不同气候分区中公共建筑的围护结构热工性能限值。

(二)建筑节能的措施

由供暖系统设计热负荷的计算可知，减小供热热负荷的方法是最大限度地减小建筑失热量，最大限度地利用建筑得热量。因此，改进墙体、门窗、屋面等围护结构，减小其基本耗热量，并减小冷风渗透耗热量，可实现一定程度的节能。

1. 墙体降耗

在建筑耗热量组成中，墙体的耗热量在其中占有很高比例，改善墙体的传热耗热将明显提高建筑的节能效果。节能标准不仅提高了对围护结构的保温要求，还考虑了抗震性、圈梁等周边热桥部位对外传热的影响。外墙按其保温层所在的位置分类，目前主要有单一保温外墙、外保温外墙、内保温外墙和夹心保温外墙。

2. 门窗降耗

在建筑外围护结构中，门窗的保温隔热能力较差，门窗缝隙是冷风渗透的主要通道。改善门窗的保温隔热性能是建筑节能的一个重点。

(1) 采用适当的窗墙面积比。在建筑中，增大窗户的面积可增加朝阳房间白天的太阳辐射热量，但由于窗户的传热系数大于同朝向的外墙传热系数，故建筑耗热量会随窗墙面积比的增大而增大。在采光允许的条件下，控制窗墙面积比或夜间设置保温窗帘、窗板是减小建筑能耗的重要措施。

(2) 改善窗户的保温性能。增加窗玻璃的层数，使用双层或三层窗，利用玻璃之间的密闭空气间层，提高热绝缘性，减小窗户的传热系数，可有效减小其传热量。通常，双层玻璃比单层玻璃的传热系数减小一半，而三层玻璃比双层玻璃的传热系数减小 1/3。窗上贴透明聚酯膜或采用节能玻璃窗效果明显，如中空玻璃、吸热和热反射玻璃、太阳能玻璃等。

(3) 提高门窗的气密性。由于风压和热压的作用，冬季室外冷空气通过门窗缝隙进入室内，使建筑供暖能耗增加。改进门窗设计，提高制作安装质量，或采用密封条，可提高门窗的气密性。

(4) 提高户门、阳台门的保温性能。在建筑中，采用夹层内填充保温材料的户门、选用在门芯板上加贴保温材料的阳台门，均可有效减小该位置的传热量。

3. 屋顶和地面降耗

(1) 屋顶保温。对于平屋顶，可采用厚度为 50～100 mm 的加气混凝土块或架空设置的加气混凝土块，或采用散铺浮石砂做保温层，或在架空层填充膨胀珍珠岩、岩棉或矿棉等，均可提高屋顶的保温性能。坡屋面可顺坡顶内铺设玻璃棉毡或岩棉毡，也可在顶棚上铺设玻璃棉毡或岩棉毡等，增强其保温效果。

(2) 地面。建筑下部土壤温度常年变化不大，但与室内空气相邻的边缘地下温度变化较大。冬季有较多热量由此散失，故应沿首层地面外墙周围边缘设置一定宽度的炉渣带，这有利于保温。

思考题与实训练习题

1. 思考题

(1) 热量传递的方式有哪些？原理是什么？
(2) 复合换热与复合传热有什么不同？
(3) 什么是供暖设计热负荷？如何确定？
(4) 围护结构基本耗热量如何计算？
(5) 围护结构附加耗热量有哪些？如何确定？
(6) 什么是冷风渗透耗热量？如何计算？
(7) 什么是户间热负荷？常用计算方法有哪些？
(8) 什么是围护结构最小传热热阻？

2. 实训练习题

按照某市气象条件，根据给定数据，参照图 1-29～图 1-31，计算某几个房间的采暖设计热负荷。

项目三　供暖系统散热设备及附属设备选择

◉ 知识目标

1. 了解散热设备的类型及特点；
2. 熟悉散热设备的传热原理；
3. 理解散热设备散热效果的影响因素。

◉ 能力目标

1. 能够进行散热设备的选择计算；
2. 能够分析供暖系统的特点，选择附属设备。

◉ 素质目标

查阅资料，了解最新散热设备的特点，拓宽知识面。

任务一　散热器

一、对散热器的要求

散热器是供暖系统中重要的组成部件，热媒通过散热器向室内散热实现供暖的目的，散热器的正确选择涉及系统的经济指标和运行效果。对散热器的基本要求主要有以下几点。

1. 热工性能方面的要求

散热器的传热系数 K 越大，说明其散热性能越好。增大散热器的散热量，增大散热器的传热系数，可以采用增大外壁散热面积(在外壁上加肋片)、提高散热器周围空气流动速度和增大散热器向外辐射强度等途径。

微课：散热器

2. 经济方面的要求

散热器传给房间的单位热量所需金属耗量越小，成本越低，其经济性越高。散热器的金属热强度是衡量散热器经济性的一个标志。金属热强度是指散热器内热媒平均温度与室内空气温度差为 1 ℃时，每千克质量散热器单位时间所散出的热量，即

$$q = K/G \tag{3-1}$$

式中　q——散热器的金属热强度[W/(kg·℃)]；
　　　K——散热器的传热系数[W/(m²·℃)]；
　　　G——散热器每 1 m² 散热面积的质量(kg/m²)。

q 值越大,说明散出同样的热量所消耗的金属量越小。这个指标可作为衡量同一材质散热器经济性的一个指标。对于各种不同材质的散热器,其经济评价标准宜以散热器单位散热量的成本(元/W)来衡量。

3. 安装使用和工艺方面的要求

散热器应具有一定的机械强度和承压能力,散热器的结构形式应便于组合成所需要的散热面积,结构尺寸要小,少占房间面积和空间,散热器的生产工艺应满足大批量生产的要求。

4. 卫生和美观方面的要求

散热器外表应光滑,不易积灰,便于清扫,外形宜与室内装饰协调。

5. 使用寿命的要求

散热器应不易于被腐蚀和破损,使用年限要长。

二、散热器的种类

目前,国内生产的散热器种类繁多,按其制造材质,主要有铸铁、钢制散热器两大类;按其构造形式,主要分为柱形、翼形、管形、板形等。

1. 铸铁散热器

铸铁散热器长期以来得到广泛应用。其因结构简单、耐腐蚀、使用寿命长、水容量大而沿用至今,但其金属耗量大、金属热强度低于钢制散热器。目前国内应用较多的铸铁散热器有翼形和柱形两大类。

(1)翼形散热器。翼形散热器又分为圆翼形和长翼形两类。

1)圆翼形散热器是一根内径 75 mm 的管子,外面带有许多圆形肋片的铸件,如图 3-1 所示。管子两端配设法兰,可将数根组成平行叠置的散热器组。管子长度分为 750 mm 和 1 000 mm 两种。最高工作压力:当热媒为热水,水温低于 150 ℃时,P_b=0.6 MPa;当蒸汽为热媒时,P_b=0.4 MPa。圆翼形散热器型号标记为 TY0.75—6(4)和 Ty1.0—6(4)。

2)长翼形散热器的外表面具有许多竖向肋片,外壳内部为一扁盒状空间,如图 3-2 所示。长翼形散热器的标准长度分为 200 mm,280 mm 两种,宽度为 115 mm,同侧进出口中心距为 500 mm,高度为 595 mm。长翼形散热器型号标记分别为 TC0.28/5—4(俗称"大 60")和 TC0.20/5—4(俗称"小 60")。

图 3-1 圆翼形散热器　　图 3-2 长翼形散热器

翼形散热器制造工艺简单,造价也较低,但翼形散热器的金属热强度较低,传热系数较小,外形不美观,灰尘不易清扫,特别是它的单体散热量较大,设计选用时不易恰好组

成所需的面积，因此目前这种散热器使用较少。

（2）柱形散热器。柱形散热器是呈柱状的单片散热器，其外表面光滑，每片各有几个中空的立柱相互连通。根据散热面积的需要，可把各单片组装在一起形成一组散热器。我国目前常用的柱形散热器(图3-3)主要有二柱[图3-3(a)]、三柱[图3-3(b)]和四柱[图3-3(c)]三种类型。柱形散热器有带脚和不带脚的两种片型，便于落地或挂墙安装。

柱形散热器与翼形散热器相比，其金属热强度较高，传热系数较大，外形美观，易清除积灰，容易组成所需的面积，因此它得到较广泛的应用。

我国常用的几种铸铁散热器的规格见附表3-4。

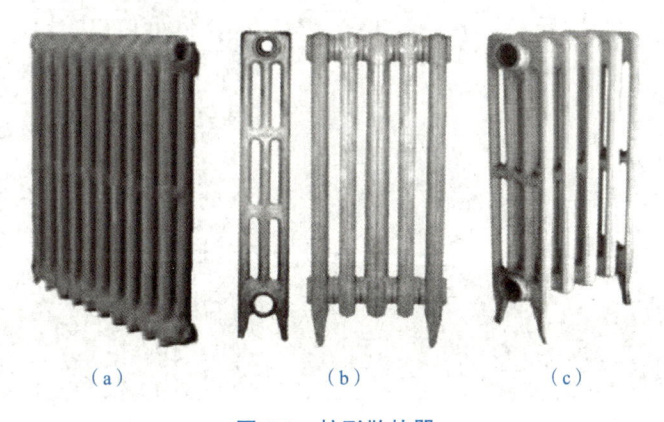

(a)　　　　　　　　(b)　　　　　　　　(c)

图 3-3　柱形散热器

(a)二柱；(b)三柱；(c)四柱

2. 钢制散热器

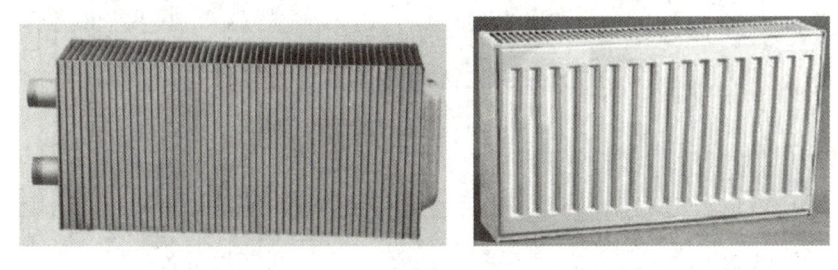

（1）闭式钢串片式散热器。闭式钢串片式散热器由钢管、钢片、联箱及管接头组成，如图 3-4 所示。钢管上的串片采用薄钢片，串片两端折边 90°形成许多封闭垂直空气通道，既增强了对流换热，也使串片不易损坏。其规格以"高×宽"表示，其长度可按设计要求制作。

图 3-4　闭式钢串片式散热器

（2）钢制板形散热器。钢制板形散热器由面板，背板，进出水口接头，放水门固定套及上、下支架组成，如图 3-5 所示。面板、背板多用 1.2～1.5 mm 厚的冷轧钢板冲压成型，在面板上直接压出呈圆弧形或梯形的散热器水道。水平联箱压制在背板上，经复合滚焊形成整体。为了增大散热面积，在背板后面可焊上 0.5 mm 厚的冷轧钢板对流片。

（3）钢制柱形散热器。钢制柱形散热器的构造与铸铁柱形散热器相似，每片也有几个小空立柱，如图 3-6 所示。这种散热器是采用 1.25～1.5 mm 厚冷轧钢板冲压延伸形成片状半柱型，将两片片状半柱型经压力滚焊复合成单片，单片之间经气体弧焊连接成型。

(4)钢制扁管形散热器。钢制扁管型散热器是采用52 mm×11 mm×1.5 mm(宽×高×厚)的水通路扁管叠加焊接在一起，两端加上断面35 mm×40 mm的联箱制成，如图3-7所示。钢制扁管形散热器的板型有单板、双板、单板带对流片和双板带对流片4种结构形式。单、双板扁管形散热器两面均为光板，板面温度较高，有较多的辐射热。带对流片的单、双板扁管形散热器，其每片散热量比同规格的不带对流片的大，热量主要以对流方式传递。

图3-5　钢制板形散热器

图3-6　钢制柱形散热器

图3-7　钢制扁管形散热器

钢制散热器与铸铁散热器相比，具有如下特点。

1)金属耗量少。钢制散热器大多数是由薄钢板压制焊接而成的。金属热强度可达 0.8～1.0 W/(kg·℃)，而铸铁散热器的金属热强度一般仅为 0.3 W/(kg·℃)左右。

2)耐压强度高。铸铁散热器的承压能力一般为 0.4～0.5 MPa。钢制板形及柱形散热器的最高工作压力可达 0.8 MPa。钢串片散热器承压能力可达 1.0 MPa。

3)外形美观整洁，占地面积小，便于布置。钢制板形散热器和钢制扁管形散热器还可以在其外表面喷刷各种颜色的图案，与建筑和室内装饰协调。钢制散热器高度较小，钢制扁管形散热器和钢制板形散热器厚度小，占地面积小，便于布置。

4)除钢制柱形散热器外，钢制散热器的水容量较小，热稳定性较差。在供水温度偏低而又采用间歇供暖时，散热效果明显降低。

5)钢制散热器的主要缺点是容易被腐蚀，使用寿命比铸铁散热器短。此外，在蒸汽供暖系统中不应采用钢制散热器。对具有腐蚀性气体的生产厂房或相对湿度较高的房间，不宜设置钢制散热器。

除上述几种钢制散热器外，还有一种最简易的散热器：光面管（排管）散热器，它是用钢管在现场或工厂焊接制成的。它的主要缺点是耗钢量大、不美观，其一般只用于工业厂房。

3. 铝制散热器

铝制散热器的质量小，外表美观，如图 3-8 所示。铝的辐射系数比铸铁和钢的小，为补偿其辐射放热量的减小，铝制散热器在外形上采取措施以增大对流散热量。但铝制散热器不宜在强碱条件下长期使用。

图 3-8 铝制散热器

4. 铜铝复合散热器

铜铝复合散热器采用较新的液压胀管技术将内部的铜管与外部的铝合金紧密连接起来，将铜的防腐性能和铝的高效传热性能结合，这种组合使散热器的性能更加优越，如图 3-9 所示。

此外，还有用塑料等制造的散热器。塑料散热器的质量小、节省金属、耐腐蚀，但不能承受太高的温度和压力。

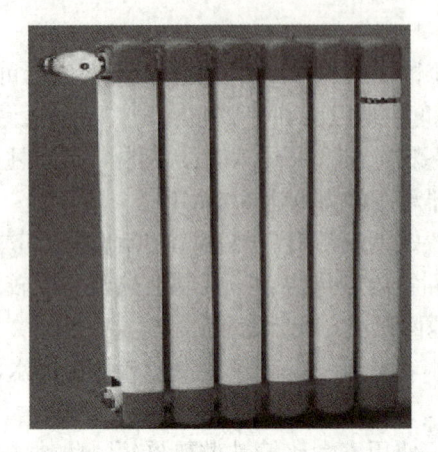

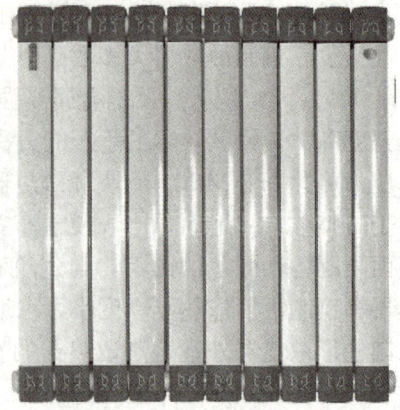

图 3-9 铜铝复合散热器

三、散热器的选用

选用散热器时,应注意满足热工、经济、卫生和美观等方面的基本要求,但要根据具体情况有所侧重。选用散热器时应符合下列原则性的规定。

(1)散热器的工作压力,当以热水为热媒时,不得超过制造厂规定的压力值。对高层建筑使用热水供暖时,首先要求保证承压能力,对于系统安全运行,这一点至关重要。

微课:散热器选型

(2)所选散热器的传热系数应较大,其热工性能应满足供暖系统的要求。供暖系统下部各层散热器承压能力较强,所能承受的最高工作压力应高于供暖系统底层散热器的实际最高工作压力。

(3)散热器的外形尺寸应适合建筑尺寸和环境要求,易于清扫。民用建筑宜采用外形美观、易于清扫的散热器,考虑与室内装修协调。在放散粉尘或对防尘要求较高的工业建筑中,应采用易于清除灰尘的散热器。

(4)在具有腐蚀性气体的工业建筑中或相对湿度较高的房间中应采用耐腐蚀的散热器。

(5)铝制散热器内表面应进行防腐处理,水质较硬的地区不宜使用铝制散热器,采用铝制散热器或铜铝复合散热器时,应采取措施防止散热器接口电化学腐蚀。

(6)安装热量表和恒温阀的热水供暖系统不宜采用水流通道内含有黏砂的铸铁等散热器。

四、散热器的布置

散热器的布置原则是使渗入室内的冷空气迅速被加热,使人们停留的区域温暖、舒适,少占房间有效的使用面积和空间。常见的布置位置和要求如下。

(1)散热器宜安装在外墙的窗台下,这样,沿散热器上升的对流热气流能阻止从玻璃窗下降的冷气流和玻璃冷辐射,有利于人体舒适。当安装或布置管道有困难时,也可靠内墙安装。

(2)为了防止冻裂散热器,两道外门之间的门斗内不应设置散热器。楼梯间的散热器宜分配在底层或按一定比例分配在下部各层。各层楼梯间散热器的分配比例可按表3-1采用。

表3-1　各层楼梯间散热器的分配比例　　　　　　　　　　　　　　　　　　　　%

建筑物总层数	分配比例								
	计算层数为1	计算层数为2	计算层数为3	计算层数为4	计算层数为5	计算层数为6	计算层数为7	计算层数为8
2	65	35	—	—	—	—	—	—
3	50	30	20	—	—	—	—	—
4	50	30	20	—	—	—	—	—
5	50	25	15	10	—	—	—	—
6	50	20	15	15	—	—	—	—
7	45	20	15	10	10	—	—	—
8	40	20	15	10	10	5	—	—

(3)散热器宜明装。对于内部装修要求较高的民用建筑，散热器可暗装，暗装时装饰罩应有合理的气流通道和足够的通道面积，并方便维修。幼儿园的散热器必须暗装或加防护罩，以防烫伤儿童。

(4)在垂直单管或双管热水供暖系统中，同一房间的两组散热器可以串联连接；储藏室、盥洗室、厕所和厨房等辅助用室及走廊的散热器可同邻室串联连接。两串联散热器之间的串联管径应与散热器接口口径相同，以便水流畅通。

(5)铸铁散热器的组装片数不宜超过下列数值。

粗柱形(包括柱翼形)：20片；细柱形：25片；长翼形：7片。

(6)公共建筑楼梯间或有回马廊的大厅散热器应尽量分配在底层，当散热器数量过多，在底层无法布置时，可参考表3-1进行分配，住宅楼梯间一般可不设置散热器。

五、供暖房间普通散热器数量计算

供暖房间的散热器向房间供应热量以补偿房间的热损失，普通散热器的散热方式主要以对流为主。散热器的散热量应等于供暖房间的设计热负荷。

散热器的散热面积可按下式计算：

$$F=\frac{Q}{K(t_{pj}-t_n)}\beta_1\beta_2\beta_3\beta_4 \tag{3-2}$$

式中　F——散热器的散热面积(m^2)；

Q——散热器的散热量(W)；

K——散热器的传热系数[$W/(m^2·℃)$]；

t_{pj}——散热器内热媒平均温度(℃)；

t_n——供暖室内计算温度(℃)；

β_1——散热器组装片数修正系数，见附表3-1；

β_2——散热器连接形式修正系数，见附表3-2；

β_3——散热器安装形式修正系数,见附表3-3;
β_4——进入散热器流量修正系数,见表3-2。

表3-2 进入散热器流量修正系数 β_4

散热器类型	流量增加倍数为1	流量增加倍数为2	流量增加倍数为3	流量增加倍数为4	流量增加倍数为5	流量增加倍数为6	流量增加倍数为7
柱形、翼形	1.00	0.90	0.86	0.85	0.83	0.83	0.82
扁管形	1.00	0.94	0.93	0.92	0.91	0.90	0.90

注:表中流量增加倍数为1时的流量为散热器进、出口温差为25 ℃时的流量,也称为标准流量。

1. 散热器内热媒平均温度 t_{pj}

散热器内热媒平均温度由供暖热媒(蒸汽或热水)参数和供暖系统形式确定。

(1)热水供暖系统。在热水供暖系统中,t_{pj} 为散热器进、出口水温的算术平均值,即

$$t_{pj} = \frac{t_{sg} + t_{sh}}{2} \tag{3-3}$$

式中 t_{sg}——散热器进水温度(℃);
t_{sh}——散热器出水温度(℃)。

对于双管热水供暖系统,散热器的进、出口水温分别按系统的设计供、回水温度计算。

对于单管热水供暖系统,由于每组散热器的进、出口水温沿水流方向下降,所以每组散热器的进、出口水温必须逐一分别计算,进而求出散热器内热媒平均温度,如图3-10所示。

流出第三层散热器的水温 t_3 可按下式计算:

$$t_3 = t_g - \frac{Q_3}{Q_1 + Q_2 + Q_3}(t_g - t_h) \tag{3-4}$$

流出第二层散热器的水温可按下式计算:

$$t_2 = t_g - \frac{Q_2 + Q_3}{Q_1 + Q_2 + Q_3}(t_g - t_h) \tag{3-5}$$

写成通式,即

$$t_i = t_g - \frac{\sum_{i=1}^{n} Q_i}{\sum Q}(t_g - t_h) \tag{3-6}$$

式中 t_i——流出第 i 组散热器的水温(℃);
$\sum_{i=1}^{n} Q_i$——沿水流方向,在第 i 组(包括第 i 组)散热器前的全部散热器的散热量(W);
$\sum Q$——立管上所有散热器负荷之和(W)。

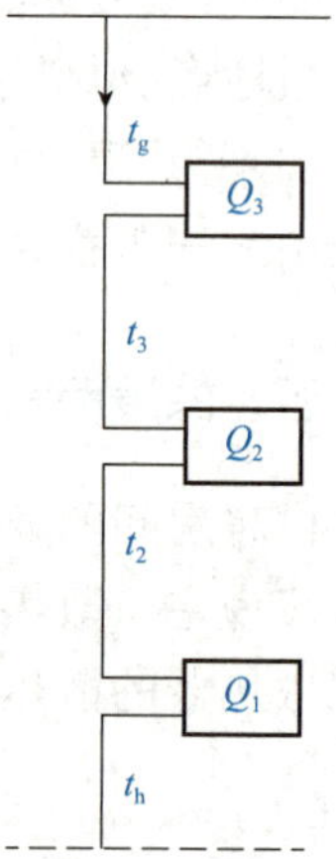

图3-10 单管热水供暖系统热媒平均温度计算示意

计算出各管段水温后,就可以计算散热器的热媒平均温度。

(2)蒸汽供暖系统。在蒸汽供暖系统中,当蒸汽表压力低于或等于0.03 MPa时,t_{pj}取100 ℃;当蒸汽表压力高于0.03 MPa时,t_{pj}取与散热器进口蒸汽压力相应的饱和温度。

2. 散热器的传热系数 K 及其修正系数

散热器的传热系数 K 是表示当散热器内热媒平均温度 t_{pj} 与室内空气温度 t_n 相差 1 ℃ 时，每平方米散热器面积所放出的热量，它是散热器散热能力强弱的主要标志。选用散热器时，散热器传热系数越大越好。

影响散热器传热系数的因素很多，散热器的制造情况（如采用的材料、几何尺寸、结构形式、表面喷涂等因素）和散热器的使用条件（如使用的热媒、温度、流量、室内空气温度及流速、安装方式、组合片数等因素）综合地影响散热器的散热性能，因此难以用理论计算散热器的传热系数 K，只能通过试验方法确定。

因为散热器向室内散热量的大小主要取决于散热器外表面的换热阻，所以在自然对流传热下，外表面换热阻的大小主要取决于热媒与空气平均温度差 Δt。Δt 越大，传热系数 K 及放热量 Q 越大。

散热器的传热系数 K 和放热量 Q 是在一定的条件下通过试验测定的。若实际情况与试验情况不同，则应对测定值进行修正。式(3-2)中的 β_1、β_2、β_3、β_4 都是考虑散热器的实际使用条件与测定试验条件不同，对 K 或 Q，也即对散热器面积 F 引入的修正系数。

(1) 散热器组装片数修正系数 β_1。柱形散热器以 10 片作为试验组合标准，整理出关系式 $K=f(\Delta t)$ 或 $Q=f(\Delta t)$。在传热过程中，柱形散热器中各相邻片之间相互吸收辐射热，减小了向房间的辐射热量，只有两端散热器的外侧表面才能把绝大部分辐射热量传给室内。随着柱形散热器片数的增加，其外侧表面占总散热面积的比例降低。散热器单位散热面积的平均散热量也就减小，因此实际传热系数 K 减小，在热负荷一定的情况下所需散热面积增大。

散热器组装片数修正系数 β_1 可按附表 3-1 选用。

(2) 散热器连接形式修正系数 β_2。所有散热器的传热系数 $K=f(\Delta t)$ 或 $Q=f(\Delta t)$ 关系式都是在散热器支管与散热器同侧连接，上进下出的试验状况下整理得出的。当散热器支管与散热器的连接形式不同时，散热器外表面温度场变化的影响使散热器的传热系数发生变化。因此，按上进下出试验公式计算其传热系数 K 时，应予以修正，也即需要增大散热面积。

不同连接形式的散热器修正系数值 β_2 可按附表 3-2 选用。

(3) 散热器安装形式修正系数 β_3。安装在房间内的散热器可有多种方式，如敞开装置、在壁龛内或加装遮挡罩板等。试验公式及 $K=f(\Delta t)$ 或 $Q=f(\Delta t)$ 都是在散热器敞开装置情况下整理的。当安装形式不同时，散热器对流放热和辐射放热的条件改变，因此要对 K 或 Q 进行修正。

散热器安装形式修正系数 β_3 值可按附表 3-3 选用。

(4) 进入散热器流量修正系数 β_4。在一定的连接形式和安装形式下，通过散热器的水流量对某些形式的散热器的 K 值和 Q 值也有一定影响。如在闭式钢串片式散热器中，当流量减小较大时，肋片的温度明显降低，传热系数 K 和散热量 Q 减小。

进入散热器流量修正系数 β_4 可按表 3-2 选用。

此外，试验表明：散热器表面采用涂料不同，对 K 和 Q 也有影响。银粉（铝粉）的辐射系数小于调和漆，散热器表面涂调和漆时，传热系数比涂银粉漆时约大 10%。

在蒸汽供暖系统中，蒸汽在散热器内表面凝结放热，散热器表面温度较均匀，在相同的计算热媒平均温度 t_{pj} 下（如热水散热器的进、出口水温度为 130 ℃/70 ℃ 与蒸汽表压力低于0.03 MPa的情况相对比),蒸汽散热器的传热系数K要大于热水散热器的传热系数K。

铸铁散热器的传热系数K可按附表3-4选用;钢制散热器的传热系数K可按附表3-5选用。不同厂家的散热器具有不同的K,选用时可查相关的样本资料。

3. 散热器片数或长度的确定

按式(3-2)确定所需散热器面积后(由于每组片数或总长度未定,所以先按$\beta_1=1$计算),可按下式计算所需散热器的总片数或总长度:

$$n=\frac{F}{f} \tag{3-7}$$

式中 n——散热器片数或长度(片或m);

f——每片或每1 m长的散热器散热面积(m^2/片或m^2/m)。

然后,根据每组片数或长度乘以修正系数β_1,最后确定散热器面积。散热器的片数或长度,应按以下原则取舍。

(1)双管系统:散热器计算数量尾数不超过所需散热量的5%时可舍去,大于或等于5%时应进位。

(2)单管系统:上游、中间及下游散热器数量计算尾数分别不超过所需散热量的7.5%、5%及2.5%时可舍去,反之应进位。

4. 考虑供暖管道散热量时,散热器散热面积的计算

供暖系统的管道敷设,有暗设和明设两种方式。暗设的供暖管道应用于美观要求高的房间。暗设供暖管道的热量没有散入房间,同时进入散热器的水温降低。因此,《民建暖通空调规范》规定:民用建筑和室内温度要求严格的工业建筑中的非保温管道,明设时应计算管道的散热量对散热器数量的折减,暗设时应计算管道中水的冷却对散热器数量的增加。在设计中的修正可参考有关资料。

对于明设在供暖房间内的管道,考虑到全部或部分管道的散热量会进入室内,抵消了水冷却的影响,因此计算散热面积时通常可不考虑这个修正因素,除非室温要求严格。

在精确计算散热器散热量的情况下(如民用建筑的标准设计或室内温度要求严格的房间),应考虑明设供暖管道散入供暖房间的热量,供暖管道散入房间的热量可用下式计算:

$$Q_g=F \cdot K_g \cdot l \cdot \Delta t \cdot \eta \tag{3-8}$$

式中 Q_g——供暖管道的散热量(W);

F——每米长供暖管道的表面积(m^2);

l——明设供暖管道长度(m);

K_g——供暖管道的传热系数[W/($m^2 \cdot$ ℃)];

Δt——供暖管道内热媒温度与室内温度的差(℃);

η——供暖管道安装位置的修正系数。

对于沿顶棚下面的水平供暖管道,

$$\eta=0.5$$

对于沿地面上的水平供暖管道,

$$\eta=1.0$$

对于立管,

$$\eta=0.75$$

对于连接散热器的支管，
$$\eta=1.0$$

5. 散热器计算例题

【例 3-1】 某房间设计热负荷为 1 600 W，室内安装 M-132 型散热器，散热器明装，上部有窗台板覆盖，散热器距窗台板高度为 150 mm。供暖系统为双管上供式。设计供、回水温度为 95 ℃/70 ℃，室内供暖管道明设，支管与散热器的连接方式为同侧连接，上进下出，计算散热器的散热面积时，不考虑供暖管道向室内散热的影响。确定散热器的散热面积及片数。

【解】 已知：$Q=1\,600\,W$，$t_{pj}=(95+70)/2=82.5(℃)$，$t_n=18\,℃$，$\Delta t=t_{pj}-t_n=82.5-18=64.5(℃)$。

查附表 3-4，对于 M-132 型散热器，$K=7.99\,W/(m^2 \cdot ℃)$。

散热器组装片数修正系数，先假定 $\beta_1=1.0$。

散热器连接形式修正系数，查附表 3-2，$\beta_2=1.0$。

散热器安装形式修正系数，查附表 3-3，$\beta_3=1.02$。

进入散热器流量修正系数，查表 3-2，$\beta_4=1.0$。

根据式(3-2)，有
$$F'=\frac{Q}{K\Delta t}\beta_1\beta_2\beta_3\beta_4=\frac{1\,600}{7.99\times 64.5}\times 1.0\times 1.0\times 1.02\times 1.0=3.17(m^2)$$

M-132 型散热器每片散热面积 $f=0.24\,m^2$（附表 3-4），计算片数 n' 为
$$n'=F'/f=3.17/0.24=13.2(片)\approx 13(片)$$

查附表 3-1，当散热器片数为 10~20 片时，$\beta_1=1.05$。

因此，实际所需散热器面积为
$$F=F' \cdot \beta_1=3.17\times 1.05=3.33(m^2)$$

实际采用片数 n 为
$$n=F/f=3.33/0.24=13.88(片)$$

$0.88/13.88=6.3\%>5\%$，则应采用 M-132 型散热器 14 片。

任务二　暖风机

一、暖风机的类型

暖风机是由通风机、电动机及空气加热器组合而成的联合机组。在风机的作用下，空气由吸风口进入机组，经空气加热器加热后，从送风口被送到室内，以维持室内要求的温度。

暖风机分为轴流式与离心式两种，常称为小型暖风机和大型暖风机。根据其结构特点及适用的热媒不同，暖风机又可分为蒸汽暖风机、热水暖风机、蒸汽/热水两用暖风机及冷/热水两用暖风机等。目前，国内常用的轴流式暖风机主要有蒸汽/热水两用的 NC 型（图 3-11）和 NA 型暖风机及冷/热水两用的 S 型暖风机；离心式暖风机主要有蒸汽/热水两用的 NBL 型暖风机（图 3-12）。

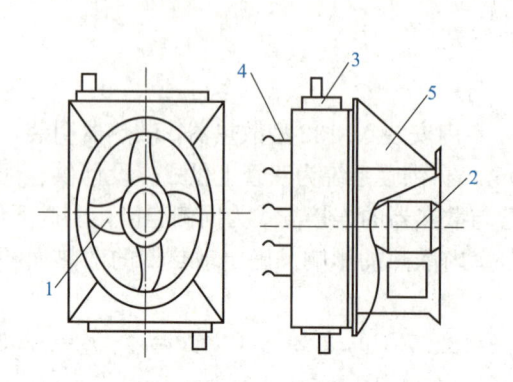

图 3-11　轴流式 NC 型暖风机
1—轴流式风机；2—电动机；3—加热器；
4—百叶片；5—支架

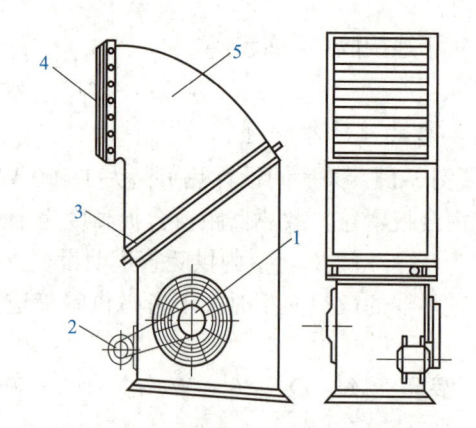

图 3-12　离心式 NBL 型暖风机
1—离心式风机；2—电动机；3—加热器；
4—导流叶片；5—外壳

轴流式暖风机体积小、结构简单、安装方便，但其送出的热风气流射程小，出口风速低。轴流式暖风机一般悬挂或支架在墙或柱子上。热风经出风口处百叶调节板，直接吹向工作区。离心式暖风机是用于集中输送大量热风的采暖设备。由于它配用离心式通风机，有较大的作用压头和较高的出口速度，比轴流式暖风机的气流射程大，送风量和产热量大，所以常用于集中送风采暖系统。

暖风机是热风采暖系统的制热和送热设备。其散热方式主要以对流为主，热惰性低、升温快。轴流式暖风机主要用于加热室内再循环空气；离心式暖风机，除用于加热室内再循环空气外，也可用于加热一部分室外新鲜空气，同时用于房间通风和采暖，但对于空气中含有燃烧危险的粉尘、产生易燃易爆气体和纤维未经处理的生产厂房，从安全角度考虑，不得采用再循环空气。

二、暖风机的布置和安装

在生产厂房内布置暖风机时，应根据车间的几何形状、工艺设备布置情况及气流作用范围等因素，设计暖风机台数及位置。

若采用小型暖风机采暖，为了使车间温度场均匀，保持一定的断面速度，则在布置时宜使暖风机的射流互相衔接，使采暖房间形成一个总的空气环流；同时，室内空气的换气次数宜大于等于 1.5 次/h。

对于位于严寒地区或寒冷地区的工业建筑，当利用热风采暖时，宜在窗下设置散热器，值班采暖或满足工艺所需的最低室内温度一般不得低于 5 ℃。

小型暖风机常见的布置方案如图 3-13 所示。

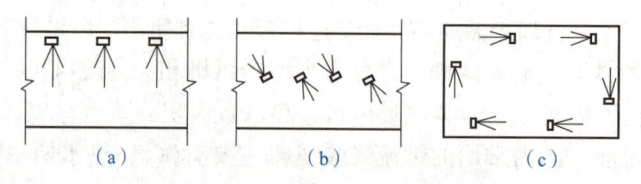

图 3-13　小型暖风机常见的布置方案
(a)直吹布置；(b)斜吹布置；(c)顺吹布置

图 3-13(a)所示为直吹布置，暖风机布置在内墙一侧，射出的热风与房间短轴平行，吹向外墙或外窗方向，以减少冷空气渗透。

图 3-13(b)所示为斜吹布置，暖风机在房间中部，沿纵轴方向布置，将热空气向外墙斜吹。此布置方案用在沿房间纵轴方向可以布置暖风机的场合。

图 3-13(c)所示为顺吹布置，若暖风机无法在房间纵轴线上布置，则可使暖风机沿四边墙串联吹射，避免气流互相干扰，使室内空气温度较均匀。

在高大厂房内，如内部隔墙和设备布置不影响气流组织，则宜采用大型暖风机集中送风。在选用大型暖风机采暖时，由于出口速度很高且风量很大，所以一般沿车间长度方向布置。气流射程不应小于车间采暖区的长度。在射程区域内不应有高大设备或遮挡，以避免造成整个平面上的温度梯度达不到设计要求。

小型暖风机的安装高度(指其送风口离地面的高度)：当出口风速低于或等于 5 m/s 时，宜采用 3～3.5 m；当出口风速高于 5 m/s 时，宜采用 4～4.5 m，可保证生产厂房的工作区的风速不高于 0.3 m/s。暖风机的送风温度宜采用 35～50 ℃。送风温度过高，热射流呈自然上升的趋势，会使房间下部加热不好；送风温度过低，易产生吹冷风的不舒适感。

当采用大型暖风机集中送风采暖时，其安装高度应根据房间的高度和回流区的分布位置等因素确定，不宜小于 3.5 m，但不得大于 7.0 m，房间的生活地带或作业地带应处于集中送风的回流区；生活地带或作业地带的风速一般不宜高于 0.3 m/s，但最低平均风速不宜低于 0.15 m/s；送风口的出口风速应通过计算确定，一般可采用 5～15 m/s。集中送风的送风温度不宜低于 35 ℃，不得高于 70 ℃，以免因热气流上升而无法向房间工作地带供热。当房间高度较大或集中送风温度较高时，在送风口处宜设置向下倾斜的导流板。

三、暖风机的选择

热风采暖的热媒宜采用 0.1～0.3 MPa 的高压蒸汽或不低于 90 ℃ 的热水。当采用燃气、燃油加热或电加热时，应符合国家现行有关标准的要求。

在暖风机热风采暖设计中，主要是确定暖风机的型号、台数、平面布置及安装高度等。各种暖风机的性能，即热媒参数(压力、温度等)、散热量、送风量、出口风速和温度、射程等均可以从有关设计手册或产品样本中查出。

暖风机台数可按下式计算：

$$n = \frac{\beta Q}{Q_d} \tag{3-9}$$

式中　n——暖风机台数(台)；

Q——暖风机热风采暖所要求的耗热量(W)；

β——选用暖风机附加的安全系数，宜采用 $\beta=1.2\sim1.3$；

Q_d——每台暖风机的实际散热量(W)。

需要指出：产品样本中给出的暖风机散热量是空气进口温度等于 15 ℃ 时的散热量，若空气进口温度不等于 15 ℃，则散热量也随之改变。此时可按下式进行修正：

$$Q_d = \frac{t_{pj}-t_n}{t_{pj}-15} Q_0 \tag{3-10}$$

式中　Q_0——产品样本中给出当进口空气温度为 15 ℃ 的散热量(W)；

t_{pj}——热媒平均温度(℃);
t_n——设计条件下的进风温度(℃)。

小型暖风机的射程可按下式估算:

$$S = 11.3\nu_0 D \tag{3-11}$$

式中 S——小型暖风机的射程(m);
　　　ν_0——暖风机出口风速(m/s);
　　　D——暖风机出口的当量直径(m)。

任务三　热水供暖系统的附属设备

一、膨胀水箱

膨胀水箱的作用是贮存热水供暖系统加热的膨胀水量。膨胀水箱有圆形和矩形两种形式,一般由薄钢板焊接而成。如图 3-14 所示,膨胀水箱上接有膨胀管、循环管、信号管(检查管)、溢流管和排水管。

在自然循环热水供暖上供下回式系统中,膨胀水箱连接在供水总立管的最高处,起到排除系统内空气的作用。在机械循环热水供暖系统中,如图 3-15 所示,膨胀水箱连接在回水干管循环水泵入口前,可以恒定系统水泵入口压力,保证系统压力稳定。

微课:热水供暖系统的主要设备及附件

(1)膨胀管。膨胀水箱设在系统的最高处,系统的膨胀水量通过膨胀管进入膨胀水箱。自然循环热水供暖系统膨胀管接在供水总立管的上部;机械循环热水供暖系统膨胀管接在回水干管循环水泵入口前。膨胀管上不允许设置阀门,以免偶然关断使系统内压力增高,发生事故。

(2)循环管。当膨胀水箱设在不供暖的房间内时,为了防止水箱内的水冻结,膨胀水箱需设置循环管。在机械循环热水供暖系统中,循环管接至定压点前的水平回水干管上,连接点与定压点之间应保持 1.5~3 m 的距离,以使热水能缓慢地在循环管、膨胀管和水箱之间流动;在自然循环热水供暖系统中,循环管接到供水干管上,与膨胀管也应有一段距离,以维持水的缓慢流动。

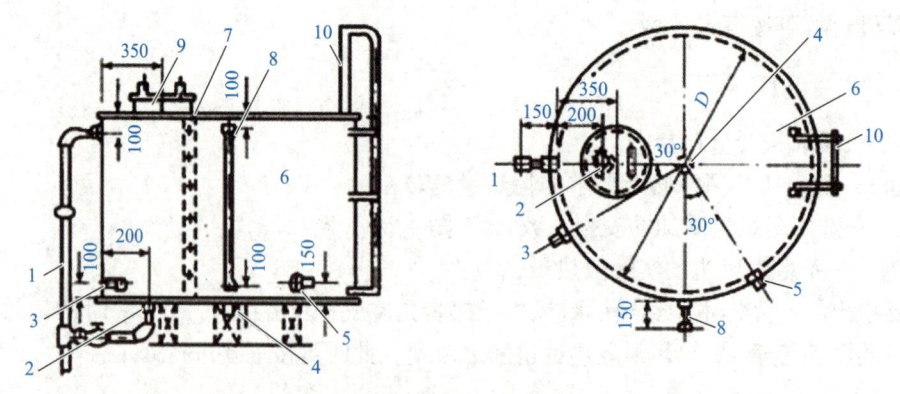

图 3-14　膨胀水箱(圆形)
1—溢流管;2—排水管;3—循环管;4—膨胀管;5—信号管;6—箱体;
7—内人梯;8—玻璃管水位计;9—人孔;10—外人梯

循环管上不允许设置阀门，以免水箱内的水冻结。如果膨胀水箱设在非供暖房间，则水箱及膨胀管、循环管、信号管均应做保温处理。

(3)信号管(检查管)。信号管用来检查膨胀水箱水位，决定系统是否需要补水。信号管控制系统的最低水位，应接至锅炉房内或人们容易观察的地方，信号管末端应设置阀门。

(4)溢流管。溢流管用来控制系统的最高水位。当系统水的膨胀体积超过溢流管口时，水溢出并就近排入排水设施。溢流管上不允许设置阀门，以免偶然关闭时水从人孔处溢出。溢流管也可以用来排出空气。

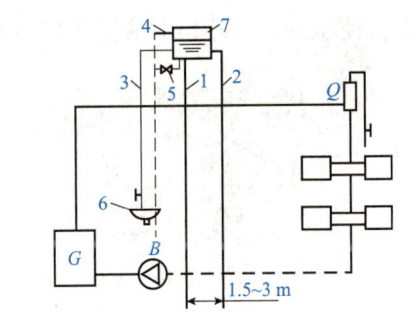

图 3-15 膨胀水箱与机械循环热水供暖系统的连接方式
1—膨胀管；2—循环管；3—信号管；4—溢流管；5—排污泄水管；6—洗涤盆；7—膨胀水箱

(5)排水管。排水管用于清洗、检修时放空水箱中的水，可与溢流管一同就近接入排水设施，其上应安装阀门。

膨胀水箱的型号和规格尺寸可根据水箱的有效容积按《全国通用建筑标准图集》选择。膨胀水箱有效容积指的是信号管至溢流管之间的容积。其容积可按下式计算确定：

$$V = \alpha \cdot \Delta t_{max} \cdot V_C \cdot Q \tag{3-12}$$

式中　V——膨胀水箱的有效容积(L)；

　　　α——水的体积膨胀系数，取 0.000 6(1/℃)；

　　　V_C——每供给 1 kW 热量所需设备的水容量(L/kW)；

　　　Q——供暖系统的设计热负荷(kW)；

　　　Δt_{max}——系统内水温的最大波动值，一般以 20 ℃水温算起，如在 95 ℃/70 ℃低温水供暖系统中，$\Delta t_{max} = 95 - 20 = 75$(℃)。

式(3-12)可简化为

$$V = 0.045 V_C \cdot Q \tag{3-13}$$

二、排气装置

热水供暖系统必须及时地排除系统内的空气，以避免产生气塞而影响水流的循环和散热，保证系统正常工作。其中，自然循环、机械循环的双管下供下回及倒流式系统可以通过膨胀水箱排除空气，其他系统都应在供暖总立管的顶部或供暖干管末端的最高点处设置集气罐或手动、自动排气阀等排气装置排除系统内的空气。

1. 集气罐

集气罐是采用无缝钢管焊制而成的，或者采用钢板卷制焊接而成，分为立式和卧式两种，如图 3-16 所示。为了增大集气罐的储气量，其进、出水管宜靠近罐底，在罐的顶部设 DN15 mm 的排气管，排气管的末端应设排气阀。排气阀应引至附近的排水设施处，排气阀应设在便于操作的地方。

(1)集气罐规格的选择。

1)集气罐的有效容积应为膨胀水箱容积的1%。

2)集气罐的直径应大于或等于干管直径的1.5倍。

3)应使水在集气罐中的流速不超过 0.05 m/s。

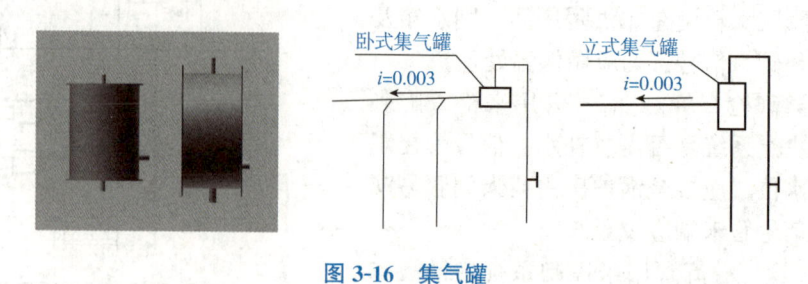

图 3-16 集气罐

(2)集气罐的安装。一般立式集气罐安装于供暖系统总立管的顶部,卧式集气罐安装与供水干管的末端,如图 3-16 所示。

1)集气罐一般安装于供暖房间内,否则应采取防冻措施。

2)集气罐安装时应有牢固的支架支撑,以保证安装的平稳牢固,一般采用角钢栽埋于墙内作为横梁,再配以直径为 12 mm 的 U 形螺栓进行固定。

3)集气罐在系统中与管配件保持 5~6 倍直径的距离,以防涡流影响空气的分离。

4)排气管一般采用 DN15 mm,其上应设截止阀,中心距地面 1.8 m 为宜。

2. 自动排气阀

自动排气阀大多依靠水对浮体的浮力,通过自动阻气和排水机构,使排气孔自动打开或关闭,以达到排气的目的,如图 3-17 所示。

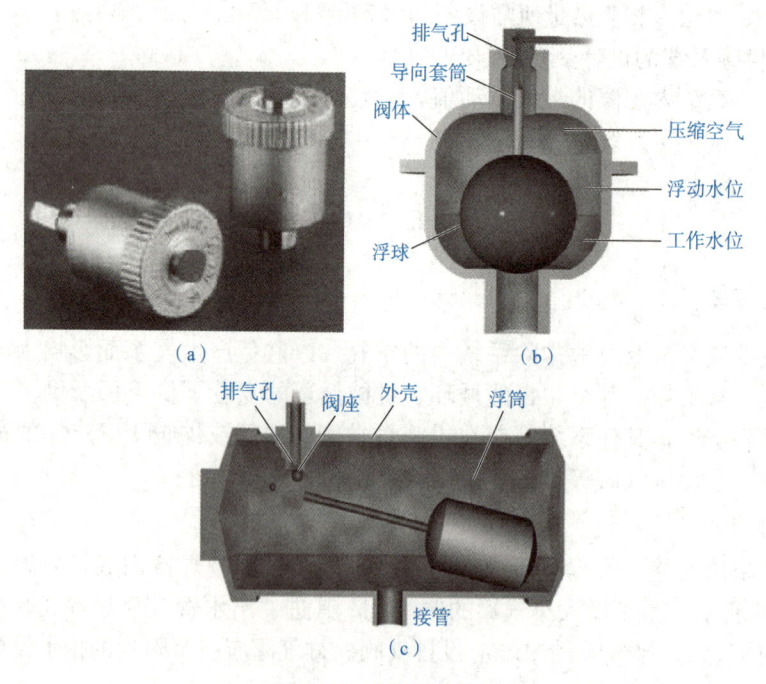

图 3-17 自动排气阀
(a)自动排气阀外形;(b)立式自动排气阀;(c)卧式自动排气阀

自动排气阀一般采用丝扣连接,安装后应保证不漏水。自动排气阀的安装要求如下。

(1)自动排气阀应垂直安装在干管上。
(2)为了便于检修,应在连接管上设阀门,但在系统允许时阀门应处于开启状态。
(3)排气口一般不需要接管,如接管,则排气管上不得安装阀门。排气口应避开建筑设施。
(4)调整后的自动排气阀应参与管道的水压试验。

3. 冷风阀

冷风阀适用于公称压力不大于 600 kPa、工作温度不高于 100 ℃的水或蒸汽供暖系统的散热器上。如图 3-18 所示,冷风阀多用在热水供暖水平式和下供上回式系统中,它旋紧在散热器上部专设的丝孔上,以手动方式排除空气。

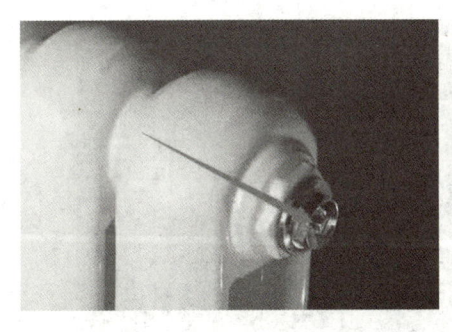

图 3-18　冷风阀

三、其他附属设备

1. 除污器

除污器是热水供暖系统中常用的附属设备之一,可用来截留、过滤管路中的杂质和污垢,保证系统内水质洁净,减小阻力,防止堵塞。除污器一般安装在循环水泵吸入口的回水干管上,用于集中除污;也可分别设置于各建筑物入口处的供、回水干管上,用于分散除污。当建筑物入口供水干管上安装有节流孔板时,除污器应安装在节流孔板前的供水干管上,以防止污物阻塞孔板。另外,在一些小孔口的阀前(如自动排气阀)也宜设置除污器或过滤器,如图 3-19 所示。

2. 热量表

进行热量测量与计算,并作为计费结算的计量仪器称为热量表(也简称为热表)。热量表如图 3-20 所示。根据热量计算方程,一套完整的热量表应由以下三部分组成。

图 3-19　除污器 　　　　图 3-20　热量表

(1)热水流量计,用于测量流经换热系统的热水流量。

(2)一对温度传感器,分别用于测量供水温度和回水温度,并进而得到供回水温差。

(3)积算仪(也称积分仪),根据与其相连的流量计和温度传感器提供的流量及温度数据,通过热量计算方程可计算出用户从热交换系统中获得的热量。

3. 散热器温控阀

散热器温控阀是一种自动控制散热器散热量的设备。它由两部分组成:一部分为阀体部分,另一部分为感温元件控制部分,如图 3-21 所示。散热器温控阀具有恒定室温、节约热能的优点。

图 3-21 散热器温控阀

当室内温度高于(或低于)给定温度时,散热器温控阀会自动调节进入散热器的水量,使散热器的散热量减小(或增大),室温随之下降(或升高)。

4. 调压板

当外网压力超过用户的允许压力时,可设置调压板来降低建筑物入口供水干管上的压力。调压板用于压力低于 100 kPa 的系统中。选择调压板时,孔口直径不应小于 3 mm,且调压板前应设置除污器或过滤器。调压板厚度一般为 2～3 mm。调压板安装在两个法兰之间。

调压板的孔径可按下式计算:

$$d = 20.1\sqrt{G^2/\Delta p} \tag{3-14}$$

式中 d——调压板的孔径(mm);

G——热媒流量(m^3/h);

Δp——调压板前、后的压差(kPa)。

思考题与实训练习题

1. 思考题

(1)散热器的类型有哪些?分别适用于什么场合?

(2)散热器的布置原则是什么?

(3)散热器的传热系数为何需要修正?有哪些修正项?

(4)暖风机的作用是什么?
(5)暖风机安装有哪些要求?
(6)热水供暖系统有哪些附属设备?其作用是什么?
2. 实训练习题
按照某市气象条件,根据给定数据,参照图1-29～图1-31,进行各供暖房间散热器的选型。

项目四　热水供暖系统的水力计算

知识目标

1. 了解热水供暖系统水力计算的任务；
2. 掌握热水供暖系统水力计算的原理；
3. 掌握热水供暖系统水力计算的方法。

能力目标

能够进行热水供暖系统的水力计算。

素质目标

基于水力平衡，调整管径直至合理，养成精益求精的工作作风。

任务一　热水供暖系统管路水力计算的基本原理

一、基本公式

当流体沿管道流动时，流体分子间及其与管壁间的摩擦产生流动阻力。流体流动克服流动阻力时会产生能量损失，能量损失有沿程压力损失和局部压力损失两种形式。

沿程压力损失是由于管壁的粗糙度和流体黏滞性的共同影响，在管段全长上产生的损失。

局部压力损失是流体流过管道的局部附件（如阀门、弯头、三通、散热器等）时，流动方向或速度的改变产生局部旋涡和撞击所引起的损失。

1. 沿程压力损失

根据达西公式，沿程压力损失可用下式计算：

$$\Delta p_y = \lambda \frac{l}{d} \cdot \frac{\rho v^2}{2} \tag{4-1}$$

式中　Δp_y——沿程压力损失(Pa)；
　　　λ——管段的摩擦阻力系数；
　　　l——管段长度(m)；
　　　d——管子内径(m)；
　　　v——热媒在管道内的流速(m/s)；
　　　ρ——热媒的密度(kg/m³)。

单位长度的沿程压力损失，即比摩阻 R 的计算公式为

$$R=\frac{\Delta p_y}{l}=\frac{\lambda}{d}\cdot\frac{\rho v^2}{2} \tag{4-2}$$

式中　R——每米管长的沿程压力损失，即比摩阻(Pa/m)。

在实际工程计算中，已知流量，则式(4-2)中的流速 v 可用质量流量 G 表示，即

$$v=\frac{G}{3\,600\frac{\pi d^2}{4}\rho}=\frac{G}{900\pi d^2\rho} \tag{4-3}$$

将式(4-3)代入式(4-2)，整理后得

$$R=6.25\times10^{-8}\frac{\lambda}{\rho}\cdot\frac{G^2}{d^5} \tag{4-4}$$

式中　G——管段中热水的质量流量(kg/h)。

式(4-4)中的管段的沿程阻力系数 λ，与热媒的流动状态和管壁的粗糙度有关，即

$$\lambda=f(Re,K/d)$$

管壁的当量绝对粗糙度 K 值与管子的使用状况（如腐蚀结垢程度和使用等因素）有关，根据运行实践积累的资料，对室内使用钢管的热水供暖系统可采用 $K=0.2$ mm，对室外热水供暖系统可采用 $K=0.5$ mm。

根据流体力学理论将流体流动分成几个区，用经验公式分别确定每个区域的沿程阻力系数 λ。

(1)层流区。

$$\lambda=\frac{64}{Re} \tag{4-5}$$

在热水供暖系统中热媒很少处于层流区，仅在自然循环热水供暖系统中个别管径很小、流速很小的管段内，热媒才会处于层流区。

(2)紊流流动。

1)紊流光滑区。摩擦阻力系数 λ 只与 Re 有关，与 K/d 无关。可用布拉修斯公式计算，即

$$\lambda=\frac{0.316\,4}{Re^{0.25}} \tag{4-6}$$

2)紊流过渡区。流动状态从水力光滑管区过渡到粗糙区（阻力平方区）的一个区域称为过渡区。过渡区的摩擦阻力系数 λ 可用洛巴耶夫公式计算，即

$$\lambda=\frac{1.42}{\left(\lg Re\frac{d}{K}\right)^2} \tag{4-7}$$

摩擦阻力系数 λ 不仅与 Re 有关，还与 K/d 有关。

3)粗糙管区（阻力平方区）。在此区域内，摩擦阻力系数 λ 仅取决于管壁的相对粗糙度 K/d。粗糙管区的摩擦阻力系数 λ 可用尼古拉兹公式计算，即

$$\lambda=\frac{1}{\left(1.14+2\lg\frac{d}{K}\right)^2} \tag{4-8}$$

对于管径等于或大于 40 mm 的管子，用希弗林松推荐的、更为简单的计算公式也可得出很接近的数值：

$$\lambda=0.11\left(\frac{K}{d}\right)^{0.25} \tag{4-9}$$

此外，还有适用于计算整个紊流区的摩擦阻力系数 λ 的统一的公式，可参考有关资料。

在一般情况下，室内热水供暖系统的流动状态绝大多数处于紊流过渡区，室外热水供暖系统的流动状态大多处于紊流粗糙区。

如果水温和流动状态一定，则室内外热水管路就可以利用相应公式计算沿程阻力系数 λ 值。将 λ 值代入式(4-4)，因为 λ 值和 ρ 值均为定值，即可确定 $R=f(D,d)$，则只要已知三个参数中的任意两个就可以求出第三个参数。附表 4-2 就是按式(4-4)编制的热水供暖系统管道水力计算表。因此，查表确定比摩阻 R 后，该管段的沿程压力损失 $P_y=Rl$ 就可以确定。

2. 局部压力损失

管段的局部压力损失可按下式计算：

$$\Delta P_j=\sum\xi\frac{\rho v^2}{2} \tag{4-10}$$

式中　$\sum\xi$——管段中总的局部阻力系数，见附表 4-3。

3. 总压力损失

各管段的总压力损失应等于该管段的沿程压力损失与局部压力损失之和，即

$$\Delta p=\Delta p_y+\Delta p_j \tag{4-11}$$

式中　Δp——总压力损失(Pa)。

二、当量局部阻力法和当量长度法

在实际工程设计中，为了简化计算，采用所谓"当量局部阻力法"或"当量长度法"进行管路的水力计算。

1. 当量局部阻力法

当量局部阻力法的基本原理是将管段的沿程压力损失转变为局部压力损失来计算。

设管段的沿程压力损失相当于某一局部压力损失 P_j，则

$$\Delta P_j=\xi_d\frac{\rho v^2}{2}=\frac{\lambda}{d}l\frac{\rho v^2}{2}$$

$$\xi_d=\frac{\lambda}{d}l \tag{4-12}$$

式中　ξ_d——当量局部阻力系数。

计算管段的总压力损失可写成

$$\Delta p=\Delta p_y+\Delta p_j=(\xi_d+\sum\xi)\frac{\rho v^2}{2}$$

令

$$\xi_{zh}=\xi_d+\sum\xi$$

式中　ξ_{zh}——管段的折算阻力系数。

则

$$\Delta p=\xi_{zh}\frac{\rho v^2}{2} \tag{4-13}$$

将式(4-3)代入式(4-13)，则有

$$\Delta p = \xi_{zh} \frac{1}{900^2 \pi^2 d^4 \times 2\rho} \times G^2$$

令

$$A = \frac{1}{900^2 \pi^2 d^4 \times 2\rho}$$

则管段的总压力损失为

$$\Delta p = \xi_{zh} A G^2 \tag{4-14}$$

附表 4-5 给出了各种不同管径的 A 值和 λ/d 值。附表 4-6 给出了按 ξ_{zh} 确定热水供暖系统管段压力损失的管径。附表 4-7、附表 4-8 分别给出了单管顺流式热水供暖系统立管组合部件的 ξ_{zh} 值和单管顺流式热水供暖系统立管的 ξ_{zh} 值。

2. 当量长度法

当量长度法的基本原理是将管段的局部压力损失折合为管段的沿程压力损失来计算。

例如，某管段的总局部阻力系数为 $\sum \xi$，设它的压力损失相当于流经管段 l_d 长度的沿程损失，则

$$\sum \xi \frac{\rho v^2}{2} = R l_d = \frac{\lambda}{d} l_d \frac{\rho v^2}{2}$$

$$l_d = \sum \xi \frac{d}{\lambda} \tag{4-15}$$

式中　l_d——管段中局部阻力的当量长度(m)。

管段的总压力损失可表示为

$$\Delta p = Rl + \Delta p_j = R(l + l_d) = R l_{zh} \tag{4-16}$$

式中　l_{zh}——管段的折算长度(m)。

当量长度法一般多用于室外热力网路的水力计算。

三、塑料管材的水力计算原理

低温热水供暖系统常用塑料管材。由于塑料管内壁的粗糙度在 0.01 mm 左右，内壁比较平滑，而每个盘管的水量基本为 0.15～1.0 m³/h，盘管的水力工况在水力光滑区内，所以其 λ 值按布拉修斯公式计算。

考虑到分、集水器和阀门等的局部阻力，盘管管路的总阻力可在沿程阻力的基础上附加 10%～20%。一般盘管管路的阻力为 20～50 kPa。

附表 4-10 为塑料管材水力计算表。

任务二　热水供暖系统水力计算的任务和方法

一、热水供暖系统水力计算的任务

(1) 已知各管段的流量和循环作用压力，确定各管段管径，常用于工程设计。
(2) 已知各管段的流量和管径，确定系统所需的循环作用压力，常用于校核计算。

(3)已知各管段管径和该管段的允许压降,确定该管段的流量,常用于校核计算。

二、热水供暖系统水力计算的方法

热水供暖系统水力计算的方法有等温降法和不等温降法。

1. 等温降法水力计算

等温降法认为双管系统中每组散热器的水温降相同;单管系统中每根立管的供回水温降相同。在这个前提下计算各管段流量,进而确定各管段的管径。

(1)根据已知温降,计算各管段流量。

$$G=\frac{3\,600Q}{4.187\times10^3(t_g-t_h)}=\frac{0.86Q}{t_g-t_h} \quad (4-17)$$

式中 Q——各管段的热负荷(W);
t_g——系统的设计供水温度(℃);
t_h——系统的设计回水温度(℃)。

(2)根据系统的循环作用压力,确定最不利环路的平均比摩阻 R_{pj}。

$$R_{pj}=\frac{\alpha\cdot\Delta p}{\sum l} \quad (4-18)$$

式中 R_{pj}——最不利环路的平均比摩阻(Pa/m);
Δp——最不利环路的循环作用压力(Pa);
α——沿程压力损失占总损失的估计百分数,查附表 4-9 确定;
$\sum l$——环路的总长度(m)。

如果系统的循环作用压力暂无法确定,则平均比摩阻 R_{pj} 无法计算;当入口处供回水压力差较大时,平均比摩阻 R_{pj} 过大,会使管内流速过高,系统中各环路难以平衡。当出现上述情况时,对机械循环热水供暖系统可选用经济平均比摩阻 $R_{pj}=60\sim120$ Pa/m 来确定管径。剩余资用压力由入口处的调压装置节流。

根据平均比摩阻确定管径时,应注意管中的流速不能超过规定的最大允许流速,流速过大会使管道产生噪声。《民建暖通空调规范》规定的最大允许流速如下:

民用建筑:1.5 m/s;
辅助建筑物:2 m/s;
工业建筑:3 m/s。

(3)根据平均比摩阻和各管段流量,查附表 4-2 选出最接近的管径,确定该管径下管段的实际比摩阻 R 和实际流速 v。

(4)确定各管段的压力损失,进而确定系统总的压力损失。

应用等温降法进行水力计算时应注意以下问题。

1)如果系统未知循环作用压力,则可在总压力损失之上附加 10% 确定。

2)各并联循环环路应尽量做到阻力平衡,以保证各环路分配的流量符合设计要求。

3)散热器的进流系数。

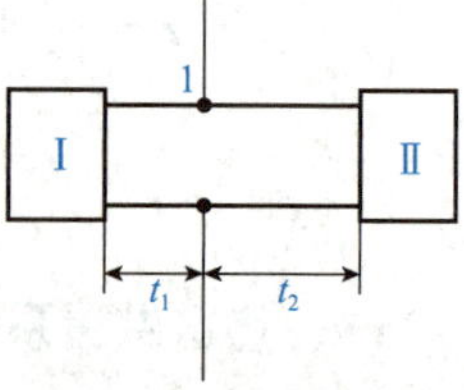

在单管顺流式热水供暖系统中,如图 4-1 所示,两组散热器并联

图 4-1 单管顺流式热水供暖系统散热器节点

在立管上，立管流量经三通分配至各组散热器。流进散热器的流量 G_s 与立管流量 G_l 的比值称为散热器的进流系数 α，即

$$\alpha = \frac{G_s}{G_l} \tag{4-19}$$

在垂直顺流式热水供暖系统中，当散热器单侧连接时，进流系数 $\alpha=1.0$；当散热器双侧连接时，如果两侧散热器支管管径、长度、局部阻力系数都相等，则进流系数 $\alpha=0.5$；如果散热器支管管径、长度、局部阻力系数不相等，则进流系数可查图4-2确定。

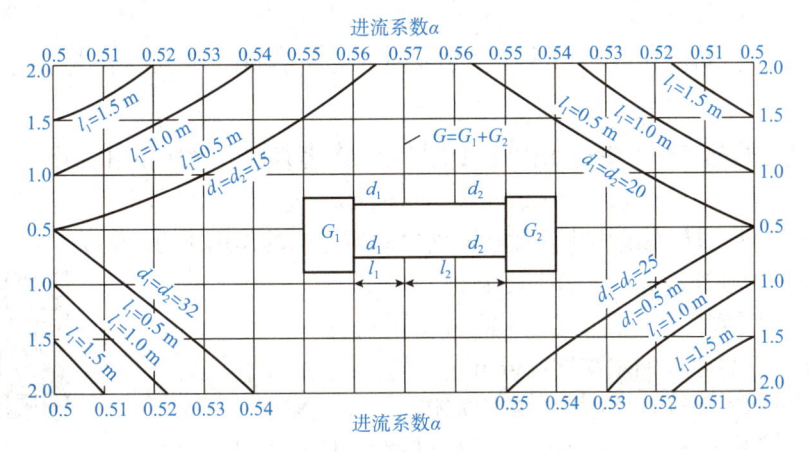

图4-2　垂直顺流式热水供暖系统中散热器的进流系数

在跨越式热水供暖系统中，由于一部分直接经跨越管流入下层散热器，所以散热器的进流系数 α 取决于散热器支管、立管，跨越管管径的组合情况和立管中的流量、流速情况，进流系数可查图4-3确定。

2. 不等温降法水力计算

不等温降法水力计算是指在单管系统中各立管的温降不相等的前提下进行水力计算。它以并联环路节点压力平衡的基本原理进行水力计算，这种计算方法对各立管间的流量分配完全遵守并联环路节点压力平衡的流体力学规律，能使设计工况与实际工况基本一致。

进行室内热水供暖系统不等温降法的水力计算时，一般从系统环路的最远立管开始。

（1）任意给定最远立管的温降。一般按设计温降增加2～5℃，由此求出最远立管的计算流量 G_j。根据该管的流量，选用 R（或 v）值，确定最远立管管径和环路末端供、回水干管的管径及相应的压力损失值。

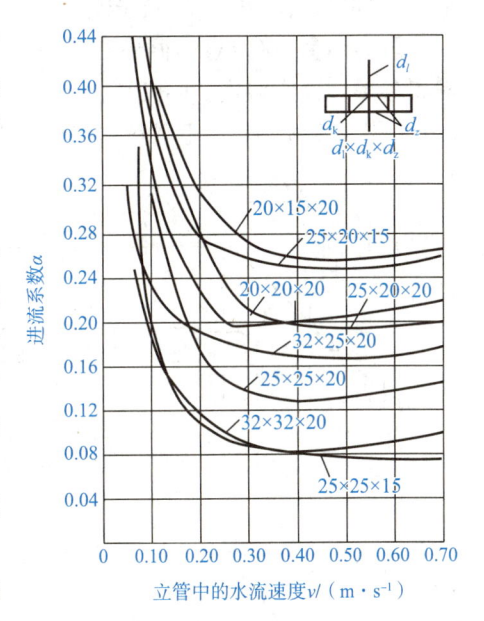

图4-3　跨越式热水供暖系统中散热器的进流系数

（2）确定环路最末端的第二根立管的管径。该立管与上述管段为并联管路。根据已知节点的压力损失 Δp，选定该立管管径，从而确定通过环路最末端的第二根立管的计算流量及其计算温降。

(3) 按照上述方法，由远至近，依次确定该环路上供、回水干管各管段的管径及其相应压力损失及各立管的管径、计算流量和计算温降。

(4) 当系统中有多个分支循环环路时，按上述方法计算各个分支循环环路。计算得出的各循环环路在节点压力平衡状况下的流量总和，一般都不会等于设计要求的总流量，需要根据并联环路流量分配和压降变化的规律，对初步计算出的各循环环路的流量、温降和压降进行调整，最后确定各立管散热器所需的面积。

任务三　自然循环双管热水供暖系统管路的水力计算方法和例题

如前所述，自然循环双管热水供暖系统通过散热器环路的循环作用压力的计算公式为

$$\Delta p_{zh} = \Delta p + \Delta p_f = gH(\rho_h - \rho_g) + \Delta p_f \tag{4-20}$$

式中　Δp——自然循环系统中水在散热器内冷却所产生的作用压力(Pa)；
　　　g——重力加速度，$g=9.81 \text{ m/s}^2$；
　　　H——所计算的散热器中心与锅炉中心的高差(m)；
　　　ρ_g，ρ_h——供水和回水密度(kg/m^3)；
　　　Δp_f——水在循环环路中冷却的附加作用压力(Pa)。

应注意：通过不同立管和楼层的循环环路的附加作用压力 Δp_f 值是不同的，应按附表 4-1 选用。

微课：自然循环双管热水供暖系统管路水力计算

【例 4-1】　确定自然循环双管热水供暖系统管路的管径(图 4-4)。
热媒参数：供水温度 $t_g=95\ ℃$，回水温度 $t_h=70\ ℃$。锅炉中心距底层散热器中心距离为 3 m，层高为 3 m。每组散热器的供水支管上有一截止阀。

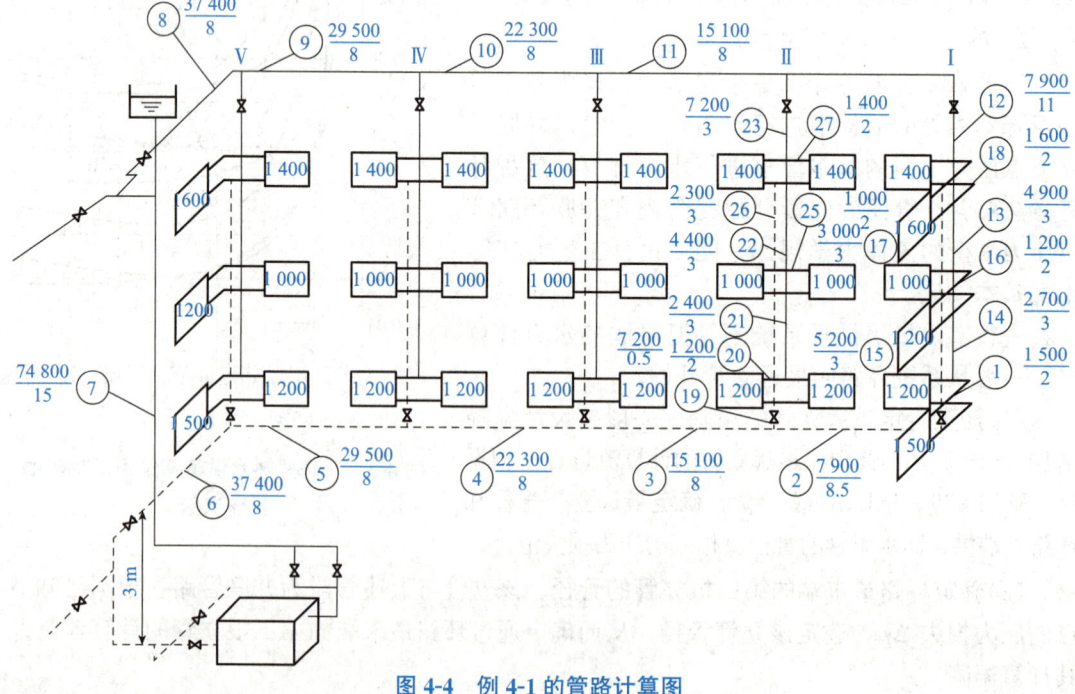

图 4-4　例 4-1 的管路计算图

【解】 图 4-4 所示为该系统两个支路中的一个支路。图上小圆圈内的数字表示管段号。圆圈旁的数字：上行表示管段热负荷(W)，下行表示管段长度(m)。散热器内的数字表示其热负荷(W)。罗马数字表示立管编号。

计算步骤如下。

(1) 选择最不利环路。自然循环双管热水供暖系统的最不利循环环路是通过最远立管底层散热器的循环环路，计算应由此开始。由图 4-4 可见，最不利环路是通过立管 I 的最底层散热器 I_1(1 500 W) 的环路。这个环路从散热器 I_1 顺序地经过管段①、②、③、④、⑤、⑥，进入锅炉，再经管段⑦、⑧、⑨、⑩、⑪、⑫、⑬、⑭进入散热器 I_1。

(2) 计算通过最不利环路散热器 I_1 的循环作用压力 Δp_{I_1}，根据式(4-20)得

$$\Delta p_{I_1} = gH(\rho_h - \rho_g) + \Delta p_f$$

根据图中已知条件，立管 I 距锅炉的水平距离在 30~50 m 范围内，下层散热器中心距锅炉中心的垂直高度小于 15 m。因此，查附表 4-1，得 Δp_f = 350 Pa。根据供回水温度知 ρ_h = 977.81 kg/m³，ρ_g = 961.92 kg/m³，将已知数字代入上式，得

$$\Delta p_{I_1} = 9.81 \times 3 \times (977.81 - 961.92) + 350 = 818 \text{(Pa)}$$

(3) 确定最不利环路各管段的管径。

1) 求平均比摩阻：

$$R_{pj} = \alpha \cdot \Delta p_{I_1} / \sum l_{I_1}$$

式中 $\sum l_{I_1}$ ——最不利环路的总长度(m)。

$$\sum l_{I_1} = 2 + 8.5 + 8 + 8 + 8 + 8 + 15 + 8 + 8 + 8 + 8 + 11 + 3 + 3 = 106.5 \text{(m)}$$

查附表 4-9，沿程压力损失占总压力损失的估计百分数 α = 50%。

将各数字代入上式，得

$$R_{pj} = \frac{0.5 \times 818}{106.5} = 3.84 \text{(Pa/m)}$$

2) 根据各管段的热负荷，求出各管段的流量，利用式(4-17)，将计算得出的 G 列入表 4-1 的第 3 栏。

3) 根据 G，R_{pj}，查附表 4-2，选择最接近 R_{pj} 的管径。将查出的 d，R，v 和 G 值列入表 4-1 的第 5，6，7 栏。

例如，对管段②，Q = 7 900 W，当 Δt = 25 ℃时，G = 0.86 × 7 900/(95 − 70) = 272(kg/h)。查附表 4-2，选择接近的管径，如取 DN32，用内插法计算，可求出 v = 0.08 m/s，R = 3.39 Pa/m。将这些数值分别列入表 4-1。

(4) 确定沿程压力损失 Δp_y = Rl。将每一管段沿程压力损失 Δp_y 列入表 4-1 的第 8 栏。

(5) 确定局部阻力损失 Δp_j。

1) 确定局部阻力系数 ξ，根据系统图中管路的实际情况，列出各管段局部阻力管件名称，利用附表 4-3，将其阻力系数 ξ 值列入表 4-2，最后将各管段总局部阻力系数 $\sum \xi$ 列入表 4-1 的第 9 栏。

应注意，在统计局部阻力时，对于三通和四通管件的局部阻力系数，应列在流量较小的管段上。

2) 利用附表 4-4，根据管段流速 v，可查出动压头 Δp_d 值，列入表 4-1 的第 10 栏。根据 $\Delta p_j = \Delta p_d \cdot \sum \zeta$，将求出的 Δp_j 值列入表 4-1 的第 11 栏。

(6)求各管段的压力损失 $\Delta p=\Delta p_y+\Delta p_j$。将表 4-1 中第 8 栏与第 11 栏相加，列入表 4-1 的第 12 栏。

(7)求环路总压力损失，即 $\sum(\Delta p_y+\Delta p_j)_{①\sim⑭}=712(Pa)$。

(8)计算富裕压力值。考虑由于施工的具体情况，可能增加一些在设计计算中未计入的压力损失。因此，要求系统应有 10% 以上的富裕度。

$$\Delta\%=\frac{\Delta p_{I_1}-\sum(\Delta p_y+\Delta p_j)_{①\sim⑭}}{\Delta p_{I_1}}\times100\%=\frac{818-712}{818}\times100\%=13\%>10\%$$

式中 $\Delta\%$——系统作用压力的富裕度；

Δp_{I_1}——通过最不利环路的作用压力(Pa)；

$\sum(\Delta p_y+\Delta p_j)_{①\sim⑭}$——通过最不利环路的压力损失(Pa)。

(9)确定通过立管Ⅰ第二层散热器环路中各管段的管径。

1)计算通过立管Ⅰ第二层散热器环路的作用压力 Δp_{I_2}。

$$\Delta p_{I_2}=gH_2(\rho_b-\rho_g)+\Delta p_f$$
$$=9.81\times6\times(977.81-961.92)+350$$
$$=1285(Pa)$$

2)确定通过立管Ⅰ第二层散热器环路中各管段的管径。

① 求平均比摩阻 R_{pj}。根据并联环路节点平衡原理(管段⑮、⑯与管段①、⑭为并联管路)，通过第二层管段⑮、⑯的资用压力为

$$\Delta p_{⑮,⑯}=\Delta p_{I_2}-\Delta p_{I_1}+\sum(\Delta p_y+\Delta P_j)_{①,⑭}$$
$$=1285-818+32$$
$$=499(Pa)$$

管段⑮、⑯的总长度为 5 m，平均比摩阻为

$$R_{pj}=0.5\Delta p_{⑮,⑯}/\sum l=0.5\times499/5=49.9(Pa/m)$$

②根据同样的方法，按 15 和 16 管段的流量 G 及 R_{pj}，确定管段 d，将相应的 R，v 值列入表 4-1。

3)求通过底层与第二层并联环路的压降不平衡百分率：

$$x_{12}=\frac{\Delta p_{⑮,⑯}-\sum(\Delta p_y+\Delta p_j)_{⑮,⑯}}{\Delta P_{⑮,⑯}}\times100\%$$
$$=\frac{499-524}{499}\times100\%=-5\%$$

此相对差额在允许±15%范围内。

(10)确定通过立管Ⅰ第三层散热器环路上各管段的管径，计算方法与前相同。将计算结果列于表 4-1。因为⑰、⑱管段已选用最小管径，所以剩余压力只能用第三层散热器支管上的阀门消除。

(11)确定通过立管Ⅱ各层环路各管段的管径。自然循环双管热水供暖系统的最不利循环环路是通过最远立管Ⅰ底层散热器的环路。对与它并联的其他立管的管径，同样应根据节点压力平衡原理与该环路进行压力平衡计算。

1)确定通过立管Ⅱ底层散热器环路的作用压力 $\Delta p_{Ⅱ_1}$：

$$\Delta p_{Ⅱ_1}=gH_1(\rho_h-\rho_g)+\Delta p_f$$

$$=9.81\times3\times(977.81-961.92)+350$$
$$=818(\text{Pa})$$

2)确定通过立管Ⅱ底层散热器环路各管段管径d。管段⑲~㉓与管段①、②、⑫、⑬、⑭为并联环路,对立管Ⅱ与立管Ⅰ可列出下式,从而求出管段⑲~㉓的资用压力:

$$\Delta p_{⑲~㉓}=\sum(\Delta p_y+\Delta p_j)_{①、②、⑫~⑭}-(\Delta p_{\text{I}_1}-\Delta p_{\text{I}_2})$$
$$=132-(818-818)$$
$$=132(\text{Pa})$$

3)管段⑱~㉓的水力计算同前,结果列入表4-1,其总阻力损失:

$$\sum(\Delta p_y+\Delta p_j)_{⑲~㉓}=132\text{ Pa}$$

4)与立管Ⅰ并联环路相比的不平衡率刚好为零。

通过立管Ⅱ的第二、三层各环路的管径确定方法与立管Ⅰ中的第二、三层环路计算相同,这里不再赘述。将计算结果列入表4-1。

表 4-1 自然循环双管热水供暖系统水力计算表

管段号	Q/W	G/(kg·h^{-1})	L/m	d/mm	v/(m·s^{-1})	R/(Pa·m^{-1})	$\Delta p_y=Rl$/Pa	$\sum\zeta$	Δp_d/Pa	$\Delta p_j=\Delta p_d\cdot\sum\zeta$/Pa	$\Delta p=\Delta p_y+\Delta p_j$/Pa	备注
1	2	3	4	5	6	7	8	9	10	11	12	13
立管Ⅰ 第一层散热器 I$_1$ 环路 作用压力 $\Delta p_{\text{I}_1}=818$ Pa												
①	1 500	52	2	20	0.04	1.38	2.8	25	0.79	19.8	22.6	
②	7 900	272	8.5	32	0.08	3.39	28.8	4	3.15	12.6	41.4	
③	15 100	519	8	40	0.11	5.58	44.6	1	5.95	5.95	50.6	
④	22 300	767	8	50	0.1	3.18	25.4	1	4.92	4.92	30.3	
⑤	29 500	1 015	8	50	0.13	5.34	42.7	1	8.31	8.31	51.0	
⑥	37 400	1 287	8	70	0.1	2.39	19.1	2.5	4.92	12.3	31.4	
⑦	74 800	2 573	15	70	0.2	8.69	130.4	6	19.66	118.0	248.4	
⑧	37 400	1 287	8	70	0.1	2.39	19.1	3.5	4.92	17.2	36.3	
⑨	29 500	1 015	8	50	0.13	5.34	42.7	1	8.31	8.31	51.0	
⑩	22 300	767	8	50	0.1	3.18	25.4	1	4.92	4.92	30.3	
⑪	15 100	519	8	40	0.11	5.58	44.6	1	5.95	5.95	50.6	
⑫	7 900	272	11	32	0.08	3.39	37.3	4	3.15	12.6	49.9	
⑬	4 900	169	3	32	0.05	1.45	4.4	4	1.23	4.9	9.3	
⑭	2 700	93	3	25	0.04	1.95	5.85	4	0.79	3.2	9.1	
$\sum l=106.5$ m $\sum(\Delta p_y+\Delta p_j)_{①~⑭}=712$ Pa												
系统作用压力的富裕率 $\Delta\%=\dfrac{\Delta p_{\text{I}_1}-\sum(\Delta p_y+\Delta p_j)_{①~⑭}}{\Delta p_{\text{I}_1}}\times100\%=\dfrac{818-712}{818}\times100\%=13\%>10\%$												
1	2	3	4	5	6	7	8	9	10	11	12	13
立管Ⅰ 第二层散热器 I$_2$ 环路 作用压力 $\Delta p_{\text{I}_2}=1\ 285$ Pa												
⑮	5 200	179	3	15	0.26	97.6	292.8	5.0	33.23	166.2	459	
⑯	1 200	41	2	15	0.06	5.15	10.3	31	1.77	54.9	65	
$\Delta p_{⑮、⑯}=524$ Pa												
不平衡百分率 $x_{\text{I}_2}=[\Delta p_{⑮、⑯}-\sum(\Delta p_y+\Delta p_j)_{⑮、⑯}]/\Delta p_{⑮、⑯}\times100\%=(498-524)/499\times100\%=-5\%$												

续表

管段号	Q/W	G/(kg·h^{-1})	L/m	d/mm	v/(m·s^{-1})	R/(Pa·m^{-1})	$\Delta p_y = Rl$/Pa	$\Sigma\zeta$	Δp_d/Pa	$\Delta p_j = \Delta p_d \cdot \Sigma\zeta$/Pa	$\Delta p = \Delta p_y + \Delta p_j$/Pa	备注
1	2	3	4	5	6	7	8	9	10	11	12	13
\multicolumn{13}{c}{立管Ⅰ 第三层散热器Ⅰ$_3$环路 作用压力 Δp_{I_3}=1 753 Pa}
⑰	3 000	103	3	15	0.15	34.6	103.8	5	11.06	55.3	159.1	
⑱	1 600	55	2	15	0.08	10.98	22.0	31	3.15	97.7	119.7	
\multicolumn{13}{c}{$\Delta p_{⑰,⑱}$=279 Pa}
\multicolumn{13}{c}{不平衡百分率 x_{I_3}=[Δp_{I_3}−$\Sigma(\Delta p_y+\Delta p_j)_{⑤,⑰,⑱}$]/$\Delta p_{I_3}$×100%=(976−738)/976×100%=24.4%>15%}
\multicolumn{13}{c}{立管Ⅱ 第一层散热器环路 作用压力 $\Delta p_{⑲\sim㉓}$=132 Pa}
⑲	7 200	248	0.5	32	0.07	2.87	1.4	3	2.41	7.2	8.6	
⑳	1 200	41	2	15	0.06	5.15	10.3	27	1.77	47.8	58.1	
㉑	2 400	83	3	20	0.07	5.22	15.7	4	2.41	9.6	25.3	
㉒	4 400	152	3	25	0.07	4.76	14.3	4	2.41	9.6	23.9	
㉓	7 200	248	3	32	0.07	2.87	8.6	3	2.41	7.2	15.8	
\multicolumn{13}{c}{$\Sigma(\Delta p_y+\Delta p_j)_{⑲\sim㉓}$=132 Pa}
\multicolumn{13}{c}{不平衡百分率=0%}
\multicolumn{13}{c}{立管Ⅱ 第二层散热器环路 作用压力 Δp_{II_2}=1 285 Pa}
㉔	4 800	165	3	15	0.24	83.8	251.4	5	28.32	141.6	393	
㉕	1 000	34	2	15	0.05	2.99	6.0	27	1.23	33.2	39.2	
\multicolumn{13}{c}{$\Sigma(\Delta p_y+\Delta p_j)_{㉔,㉕}$=432 Pa}
\multicolumn{13}{c}{不平衡百分率 $x_{II_2} = \dfrac{[\Delta p_{II_2}-\Delta p_{II_1}+\Sigma(\Delta p_y+\Delta p_j)_{⑲,㉓}]-\Sigma(\Delta p_y+\Delta p_j)_{㉔,㉕}}{\Delta p_{II_2}-\Delta p_{II_1}+\Sigma(\Delta p_y+\Delta p_j)_{⑲,㉓}} \times 100\% = 21.5\% > 15\%$}
\multicolumn{13}{c}{立管Ⅱ 第三层散热器环路 作用压力 Δp_{II_3}=1 753 Pa}
㉖	2 800	96	3	15	0.14	30.4	91.2	5	9.64	48.2	139.4	
㉗	1 400	48	2	15	0.07	8.6	17.2	27	2.41	65.1	82.3	
\multicolumn{13}{c}{$\Sigma(\Delta p_y+\Delta p_j)_{㉖,㉗}$=222 Pa}

$$不平衡百分率\ x_{II_3} = \dfrac{[\Delta p_{II_3}-\Delta p_{II_1}+\Sigma(\Delta p_y+\Delta p_j)_{⑲\sim㉓}]-\Sigma(\Delta p_y+\Delta p_j)_{㉔,㉖,㉗}}{\Delta p_{II_3}-\Delta p_{II_1}+\Sigma(\Delta p_y+\Delta p_j)_{⑲\sim㉓}} \times 100\%$$

$$= \dfrac{(1\ 753-818+107)-615}{1\ 042} \times 100\% = 41\% > 15\%$$

表 4-2 例 4-1 的局部阻力系数计算表

管段号	局部阻力	个数	$\Sigma\xi$	管段号	局部阻力	个数	$\Sigma\xi$
①	散热器 DN20、90°弯头 截止阀 乙字弯 分流三通 合流四通	1 2 1 2 1 1	2.0 2×2.0 10 2×1.5 3.0 3.0	⑬ ⑭	直流四通 DN25 或 DN32 扩弯	1 1	2.0 2.0
			$\Sigma\xi=25.0$				$\Sigma\xi=4.0$
②	DN32 弯头 直流三通 闸阀 乙字弯	1 1 1 1	1.5 1.0 0.5 1.0	⑮	直流四通 DN15 扩弯	1 1	2.0 3.0
							$\Sigma\xi=5.0$
			$\Sigma\xi=4$	⑯	DN15 弯头 DN15 乙字弯 分合流四通 截止阀 散热器	2 2 2 1 1	2×2.0 2×1.5 2×3.0 16 20
③ ④ ⑤	直流三通	1	1.0				
			$\Sigma\xi=1$				$\Sigma\xi=31.0$
⑥	DN70、90°弯头 直流三通 闸阀	2 1 1	2×0.5 1.0 0.5	⑰	直流四通 DN15 扩弯	1 1	2.0 3.0
							$\Sigma\xi=5.0$
			$\Sigma\xi=2.5$	⑱	DN15 弯头 DN15 乙字弯 分流四通 合流三通 截止阀 散热器	2 2 1 1 1 1	2×2.0 2×1.5 3.0 3.0 16 20
⑦	DN70、90°弯头 闸阀 锅炉	5 2 1	5×0.5 2×0.5 2.5				
			$\Sigma\xi=6$				$\Sigma\xi=31.0$
⑧	DN70、90°弯头 闸阀 分流三通	3 1 1	3×0.5 0.5 1.5	⑲	旁流三通 DN32 闸阀 DN32 乙字弯	1 1 1	1.5 0.5 1.0
							$\Sigma\xi=3.0$
			$\Sigma\xi=3.5$	⑳	DN15 乙字弯 合流四通	2 1 1 1 1	2×1.5 16.0 2.0 3.0 3.0
⑨ ⑩ ⑪	直流三通	1	1.0				
			$\Sigma\xi=1.0$				$\Sigma\xi=27.0$
⑫	DN32 弯头 直流三通 闸阀 乙字弯	1 1 1 1	1.5 1.0 0.5 1.0	㉑	直流四通	1	2.0
			$\Sigma\xi=4$				

续表

管段号	局部阻力	个数	Σξ	管段号	局部阻力	个数	Σξ
㉒	DN25 或 DN25 扩弯	1	2.0	㉖	DN15 扩弯	1	3.0
㉓	旁流三通	1	1.5		直流四通	1	2.0
	DN32 乙字弯	1	0.5		Σξ=5.0		
	闸阀	1	1.0				
	Σξ=3.0						
㉔	DN15 扩弯	1	3.0	㉗	DN15 乙字弯	2	2×1.5
	直流四通	1	2.0		DN15 截止阀	1	16.0
	Σξ=5.0				散热器	1	2.0
㉕	DN15 乙字弯	2	2×1.5		分流四通	1	3.0
	截止阀	1	16.0		合流三通	1	3.0
	散热器	1	2.0				
	分合流四通	2	2×3.0				
	Σξ=27.0				Σξ=27.0		

任务四 机械循环单管顺流式热水供暖系统管路的水力计算方法和例题

一、机械循环单管顺流式热水供暖系统管路的水力计算方法

在机械循环热水供暖系统中，循环压力主要由水泵提供，同时也存在自然循环作用压力，但管道内水冷却产生的自然循环作用压力占机械循环总循环压力的比例很小，可忽略不计。

对于机械循环双管热水供暖系统，水在各层散热器冷却所形成的自然循环作用压力不相等，在进行各立管散热器并联环路的水力计算时，应将其计算在内，不可忽略。

对于机械循环单管顺流式热水供暖系统，如果建筑物各部分层数相同，则每根立管所产生的自然循环作用压力近似相等，可忽略不计；如果建筑物各部分层数不同，则高度和各层热负荷分配比不同的立管之间所产生的自然循环作用压力不相等，在计算各立管之间并联环路的压降不平衡百分率时，应将其自然循环作用压力的差额计算在内。自然循环作用压力可按设计工况下的最大值的 2/3 计算(约相应于供暖平均水温下的作用压力值)。

进行水力计算时，机械循环室内热水供暖系统多根据入口处的资用循环压力，按最不利循环环路的平均比摩阻来选用该环路各管段的管径。当入口处资用压力较高时，管道流速和系统实际总压力损失可相应提高。但在实际工程设计中，最不利循环环路的各管段水流速过高，各并联环路的压力损失难以平衡，因此常用控制 R_{pj} 值的方法，按 $R_{pj}=60\sim120$ Pa/m 选取管径。剩余的资用循环压力，由入口处的调压装置节流。

二、机械循环单管顺流式热水供暖系统管路的水力计算例题

【例 4-2】 确定图 4-5 所示机械循环垂直单管顺流式热水供暖系统管路的管径。热媒参

数如下：供水温度 $t_g=95$ ℃，$t_h=70$ ℃。系统与外网连接。在引入口处外网的供回水压差为 30 kPa。图 4-5 表示出系统两个支路中的一个支路。散热器内的数字表示散热器的热负荷。楼层高为 3 m。

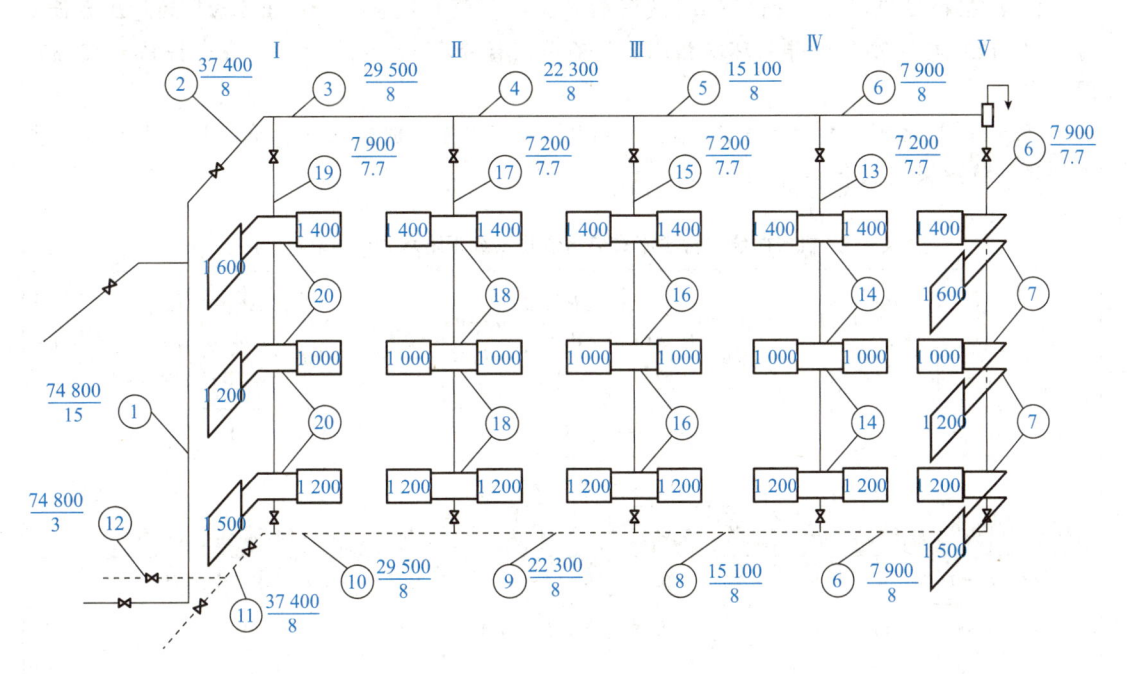

图 4-5 例 4-2 的管路计算图

【解】计算步骤如下。

(1) 在轴测图上，对管段和立管进行编号，并注明各管段的热负荷和管长，如图 4-5 所示。

(2) 确定最不利环路。本系统为机械循环单管顺流式热水供暖系统，一般取最远立管的环路作为最不利环路。如图 4-5 所示，最不利环路是从入口到立管Ⅴ。这个环路包括管段①到管段⑫。

(3) 计算最不利环路各管段的管径。本例题采用推荐的平均比摩阻 R_{pj}（60～120 Pa/m）来确定最不利环路各管段的管径。

水力计算方法与例 4-1 相同。首先根据式 (4-17) 确定各管段的流量。根据 G 和选用的 R_{pj} 值，查附表 4-2，将查出的各管段 d，R，v 值列入表 4-3。最后算出最不利环路的总压力损失 $\sum(\Delta p_y+\Delta p_j)_{①-⑫}=8\,633$ Pa。入口处的剩余循环压力，由调节阀节流。

(4) 确定立管Ⅳ的管径。立管Ⅳ与最末端供回水干管和立管Ⅴ，即管段⑥、⑦为并联环路。根据并联环路节点压力平衡原理，立管Ⅳ的资用压力 $\Delta p_{Ⅳ}$ 可由下式确定：

$$\Delta p_{Ⅳ}=\sum(\Delta p_y+\Delta p_j)_{⑥,⑦}-(\Delta p_Ⅴ-\Delta p_{Ⅳ})$$

式中 $\Delta p_Ⅴ$——水在立管Ⅴ的散热器中冷却时所产生的自然循环作用压力(Pa)；

$\Delta p_{Ⅳ}$——水在立管Ⅳ的散热器中冷却时所产生的自然循环作用压力(Pa)。

由于两根立管各层热负荷的分配比例大致相等（$\Delta p_Ⅴ=\Delta p_{Ⅳ}$），所以 $\Delta p_{Ⅳ}=\sum(\Delta p_y+\Delta p_j)_{⑥,⑦}$。

立管Ⅳ的平均比摩阻为

$$R_{pj}=\frac{0.5\Delta P_{\text{Ⅳ}}}{\sum l}=\frac{0.5\times 2\,719}{16.7}=81.4(\text{Pa/m})$$

根据 R_{pj} 和 G 值,选立管Ⅳ的立、支管的管径,取DN15 mm。计算出立管Ⅳ的总压力损失为2 941 Pa。与立管Ⅴ的并联环路相比,其不平衡百分率 $x_{\text{Ⅳ}}=-8.2\%$。在允许值±15%范围之内。

(5)确定其他立、支管的管径。按上述同样的方法可分别确立立管Ⅲ,Ⅱ,Ⅰ的立、支管管径,将结果列入表4-3。

表4-3 机械循环单管顺流式热水供暖系统管路水力计算表(例4-2)

管段号	Q/W	G/(kg·h⁻¹)	L/m	d/mm	v/(m·s⁻¹)	R/(Pa·m⁻¹)	$\Delta p_y=Rl$/Pa	$\sum\zeta$	Δp_d/Pa	$\Delta p_j=\Delta p_d\cdot\sum\zeta$/Pa	$\Delta p=\Delta p_y+\Delta p_j$/Pa	备注
1	2	3	4	5	6	7	8	9	10	11	12	13
立管Ⅴ													
①	74 800	2 573	15	40	0.55	116.41	1 746.2	1.5	148.72	223.1	1 969.3	
②	37 400	1 287	8	32	0.36	61.95	495.6	4.5	63.71	286.7	782.3	
③	29 500	1 015	8	32	0.28	39.32	314.6	1.0	38.54	38.5	353.1	
④	22 300	767	8	32	0.21	23.09	184.7	1.0	21.68	21.7	206.4	
⑤	15 100	519	8	25	0.26	46.19	369.5	1.0	33.23	33.2	402.7	
⑥	7 900	272	23.7	25	0.22	46.31	1 097.5	9.0	23.79	214.1	1 311.6	
⑦	—	136	9	15	0.20	58.08	522.7	45	19.66	884.7	1 407.4	
⑧	15 100	519	8	25	0.26	46.19	369.5	1	33.23	33.2	402.7	
⑨	22 300	767	8	32	0.21	23.09	184.7	1	21.68	21.7	206.4	
⑩	29 500	1 015	8	32	0.28	39.32	314.7	1	38.54	38.5	353.1	
⑪	37 400	1 287	8	32	0.36	61.95	495.6	5	63.71	318.6	814.2	
⑫	74 800	2 573	3	40	0.55	116.41	319.2	0.5	148.72	74.4	423.6	
$\sum l=114.7$ m　　$\sum(\Delta p_y+\Delta p_j)_{①\sim⑫}=8\,633$ Pa 入口处的剩余循环作用压力,由调节阀节流												
立管Ⅳ　资用压力 $p_{\text{Ⅳ}}=\sum(\Delta p_y+\Delta p_j)_{⑥,⑦}=2\,719$ Pa												
⑬	7 200	248	7.7	15	0.36	182.07	1 401.9	9	63.71	573.4	1 975.3	
⑭	—	124	9	15	0.18	48.84	439.6	33	16.93	525.7	965.3	
$\sum(\Delta p_y+\Delta p_j)_{⑬,⑭}=2\,941$ Pa 不平衡百分率 $x_{\text{Ⅳ}}=[\Delta p_{\text{Ⅳ}}-\sum(\Delta p_y+\Delta p_j)_{⑬,⑭}]/\Delta p_{\text{Ⅳ}}\times 100\%=(2\,718-2\,941)/2\,719\times 100\%=-8.2\%$(在±15%内)												

续表

管段号	Q/W	G/(kg·h^{-1})	L/m	d/mm	v/(m·s^{-1})	R/(Pa·m^{-1})	$\Delta p_y = Rl$/Pa	$\Sigma\zeta$	Δp_d/Pa	$\Delta p_j = \Delta p_d \cdot \Sigma\zeta$/Pa	$\Delta p = \Delta p_y + \Delta p_j$/Pa	备注
1	2	3	4	5	6	7	8	9	10	11	12	13
\multicolumn{13}{c}{立管Ⅲ 资用压力 $p_Ⅲ = \Sigma(\Delta p_y + \Delta p_j)_{⑤\sim⑧} = 3\ 524$ Pa}											
⑮	7 200	248	7.7	15	0.36	182.07	1 401.9	9	63.71	573.4	1 975.3	
⑯	—	124	9	15	0.18	48.84	439.6	33	15.93	525.7	965.3	

$\Sigma(\Delta p_y + \Delta p_j)_{⑮,⑯} = 2\ 941$ Pa

不平衡百分率 $x_Ⅲ = [\Delta p_Ⅲ - \Sigma(\Delta p_y + \Delta p_j)_{⑮,⑯}]/\Delta p_Ⅲ \times 100\% = (3\ 524-2\ 941)/3\ 524 \times 100\% = 16.5\% > 15\%$
(用立管阀门调节)

立管Ⅱ资用压力 $p_Ⅱ = \Sigma(\Delta p_y + \Delta p_j)_{④\sim⑨} = 3\ 937$ Pa

| ⑰ | 7 200 | 248 | 7.7 | 15 | 0.36 | 182.07 | 1 401.9 | 9 | 63.71 | 573.4 | 1 975.3 | |
| ⑱ | — | 124 | 9 | 15 | 0.18 | 48.84 | 439.6 | 33 | 15.93 | 525.7 | 965.3 | |

$\Sigma(\Delta p_y + \Delta p_j)_{⑰,⑱} = 2\ 941$ Pa

不平衡百分率 $x_Ⅱ = [\Delta p_Ⅱ - \Sigma(\Delta p_y + \Delta p_j)_{⑰,⑱}]/\Delta p_Ⅱ \times 100\% = (3\ 936-2\ 941)/3\ 937 \times 100\% = 25.3\% > 15\%$
(用立管阀门节流)

立管Ⅰ资用压力 $p_Ⅰ = \Sigma(\Delta p_y + \Delta p_j)_{③\sim⑩} = 4\ 643$ Pa

| ⑲ | 7 900 | 272 | 7.7 | 15 | 0.39 | 217.19 | 1 672.4 | 9 | 74.78 | 673.0 | 2 345.4 | |
| ⑳ | — | 136 | 9 | 15 | 0.20 | 58.08 | 522.7 | 33 | 19.66 | 648.8 | 1171.5 | |

$\Sigma(\Delta p_y + \Delta p_j)_{⑲,⑳} = 3\ 517$ Pa

不平衡百分率 $x_Ⅰ = [\Delta p_Ⅰ - \Sigma(\Delta p_y + \Delta p_j)_{⑲,⑳}]/\Delta p_Ⅰ \times 100\% = (4\ 643-3\ 517)/4\ 643 \times 100\% = 24.3\% > 15\%$
(用立管阀门调节)

通过例 4-2 结果，可以看出：

(1)例 4-1 与例 4-2 的系统热负荷、立管数、热媒参数和供热半径都相同，机械循环系统的作用压力比自然循环系统高得多，系统的管径小很多。

(2)由于机械循环系统供回水干管的 R 值选用较大，所以系统中各立管之间的并联环路压力平衡较难。在例 4-2 中，立管Ⅰ，Ⅱ，Ⅲ的不平衡百分率都超过±15％的允许值。在系统初始调节和运行时，只能靠立管上的阀门进行调节，否则在例 4-2 中的系统必然出现近热远冷的水平失调。如果系统的作用半径较大，同时又采用异程式布置管道，则水平失调现象更难以避免。

为避免采用例 4-2 的水力计算方法而出现立管之间环路压力不易平衡的问题，在工程设计中，可采用下面的设计方法，以防止或减轻系统的水平失调现象。

(1)供、回水干管采用同程式布置。
(2)仍采用异程式系统，但采用"不等温降"方法进行水力计算。
(3)仍采用异程式系统，采用首先计算最近立管环路的方法。

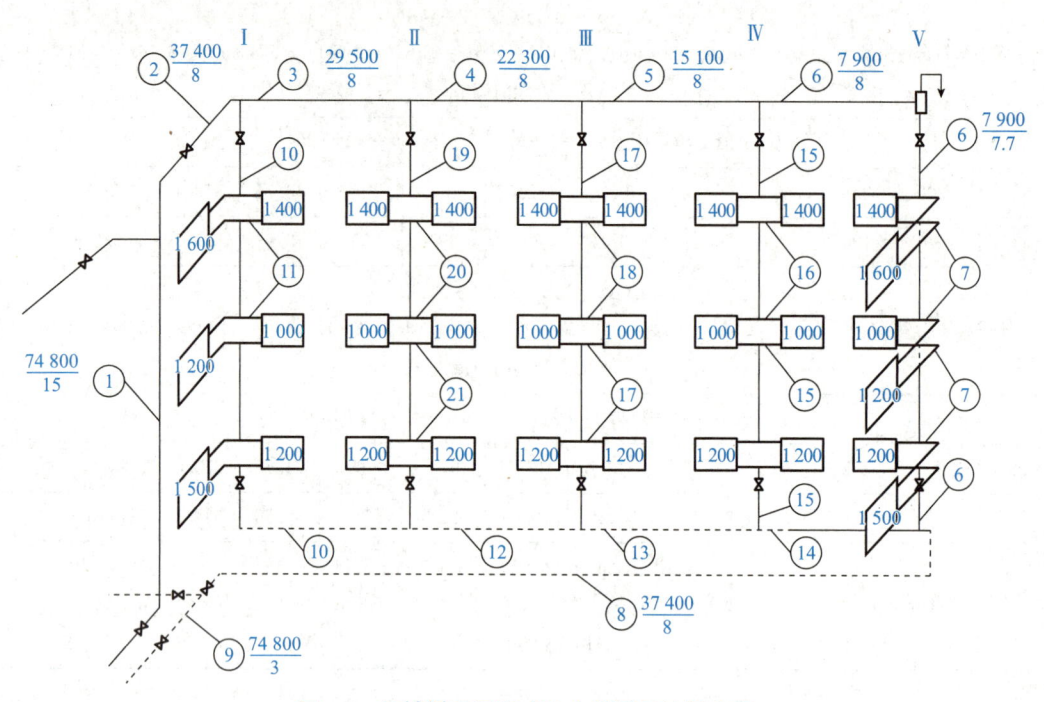

任务五 机械循环同程式热水供暖系统管路的水力计算方法和例题

机械循环同程式热水供暖系统的特点是通过各并联环路的总长度都相等。在供暖半径较大(一般 50 m 以上)的室内热水供暖系统中,机械循环同程式热水供暖系统得到较普遍的应用。现通过例 4-3,阐明机械循环同程式热水供暖系统管路的水力计算方法和步骤。

【例 4-3】 将例 4-2 中的异程式系统改为同程式系统。已知条件与例 4-2 相同。机械循环同程式热水供暖系统管路如图 4-6 所示。

图 4-6 机械循环同程式热水供暖系统管路图

【解】 计算方法和步骤如下。

(1)计算通过最远立管Ⅴ的环路。确定供水干管各管段、立管Ⅴ和回水总干管的管径及其压力损失。计算方法与例 4-2 相同,见表 4-4。

(2)用同样的方法,计算通过最近立管Ⅰ的环路,从而确定立管Ⅰ、回水干管各管段的管径及其压力损失。

(3)求并联环路立管Ⅰ和立管Ⅴ的压力损失不平衡百分率,使其不平衡百分率在±5%以内。

(4)根据水力计算结果,利用图示方法(图 4-7),表示系统的总压力损失及各立管的供、回水节点间的资用压力值。

根据本例题的水力计算表和图 4-7 可知,立管Ⅳ的资用压力应等于入口处供水管起点,通过最近立管环路到回水干管管段⑬末端的压力损失,减去供水管起点到供水干管管段⑤末端的压力损失的差值,也即等于 6 461－4 359＝2 102(Pa)(见表 4-4 的第 13 栏数值)。其他立管的资用压力确定方法相同,数值见表 4-4。

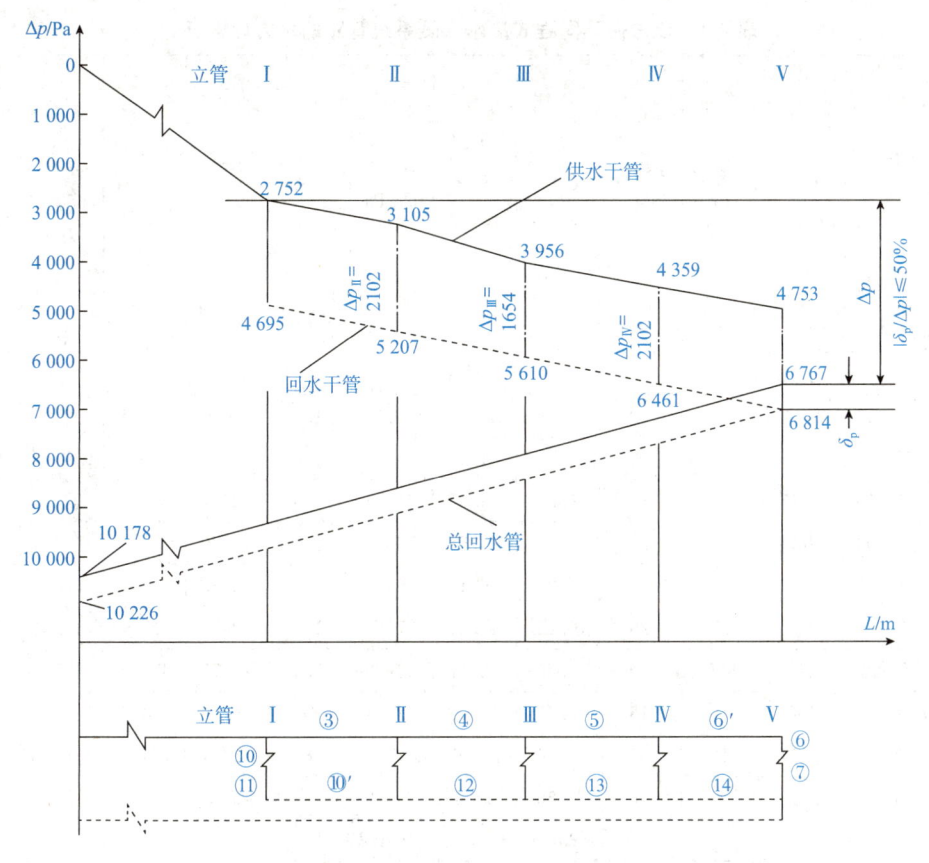

图 4-7　机械循环同程式热水供暖系统的管路压力平衡分析
——————按通过立管Ⅴ环路的水力计算结果绘出的相对压降线；
------------按通过立管Ⅰ环路的水力计算结果绘出的相对压降线；
——————各立管的资用压力

注意：如果水力计算结果和图示表明个别立管供、回水节点间的资用压力过低或过高，则会使下一步选用该立管的管径过粗或过细，设计很不合理。此时，应调整(1)、(2)的水力计算，适当改变个别供、回水干管的管段直径，以便易于选择各立管的管径并满足并联环路不平衡百分率的要求。

(5)确定其他立管的管径。根据各立管的资用压力和立管各管段的流量，选用合适的立管管径。计算方法与例 4-2 的方法相同。

(6)求各立管的不平衡百分率。根据立管的资用压力和立管的计算压力损失，求各立管的不平衡百分率。不平衡百分率应在±10%以内。

一个良好的机械循环同程式热水供暖系统的水力计算，应使各立管的资用压力不要变化太大，以便于选择各立管的合理管径。为此，在水力计算中，管路系统前半部分供水干管的比摩阻 R 值宜选用稍小于回水干管的 R 值；而管路系统后半部分供水干管的比摩阻 R 值宜选用稍大于回水干管的 R 值。

通过例 4-3 可见，虽然机械循环同程式热水供暖系统的管道金属耗量多于异程式系统，但它可以通过调整供、回水干管的各管段的压力损失来满足立管间不平衡百分率的要求。

表 4-4 机械循环同程式热水供暖系统管路的水力计算表

管段号	Q/W	G/(kg·h^{-1})	L/m	d/mm	v/(m·s^{-1})	R/(Pa·m^{-1})	$\Delta p_y = Rl$/Pa	$\Sigma\zeta$	Δp_d/Pa	$\Delta p_j = \Delta p_d \times \Sigma\zeta$/Pa	$\Delta p = \Delta p_y + \Delta p_j$/Pa	供水管起点到计算管段末端的压力损失/Pa
1	2	3	4	5	6	7	8	9	10	11	12	13
立管 V
①	74 800	2 573	15	40	0.55	116.41	1 746.2	1.5	148.72	223.1	1 969.3	1 969
②	37 400	1 287	8	32	0.36	61.95	495.6	4.5	63.71	286.7	782.3	2 752
③	29 500	1 015	8	32	0.28	39.32	314.6	1.0	38.54	38.5	353.1	3 105
④	22 300	767	8	25	0.38	97.51	780.1	1.0	70.99	71.0	851.1	3 956
⑤	15 100	519	8	25	0.26	46.19	369.5	1.0	33.23	33.2	402.7	4 359
⑥	7 900	272	8	20	0.22	46.31	370.5	1.0	23.79	23.8	394.3	4 753
⑥′	7 900	272	9.5	20	0.22	46.31	439.9	7.0	23.79	166.5	606.4	5 359
⑦	—	136	9	15	0.20	58.08	522.7	45	19.66	884.7	1 407.4	6 767
⑧	37 400	1 287	40	32	0.36	61.95	2 478.0	8	63.71	509.7	2 987.7	9 754
⑨	74 800	2 573	3	40	0.55	116.41	349.2	0.5	148.72	74.4	423.6	10 178
$\Sigma(\Delta p_y + \Delta p_j)_{①\sim⑨} = 10\ 178$ Pa
通过立管 I 的环路
⑩	7 900	272	9	20	0.22	46.31	416.8	5.0	23.79	119.0	535.8	3 287
⑪	—	136	9	15	0.20	58.08	522.7	45	19.66	884.7	1 407.4	4 695
⑩′	7 900	272	8.5	20	0.22	46.31	393.6	5.0	23.79	119.0	512.6	5 207
⑫	15 100	519	8	25	0.36	46.19	369.5	1.0	33.23	33.2	402.7	5 610
⑬	22 300	767	8	25	0.38	97.51	780.1	1.0	71.0	71.0	851.1	6 461
⑭	29 500	1 015	8	32	0.28	39.32	314.6	1.0	38.5	38.5	353.1	6 814

管段③~⑦与管段⑩~⑭并联　　$\Sigma(\Delta p_y + \Delta p_j)_{⑩\sim⑭} = 4\ 063$ Pa

$\Delta p_{③\sim⑦} = 3\ 931$ Pa　　$\Sigma(\Delta p_y + \Delta p_j)_{①,②,⑧\sim⑭} = 10\ 226$ Pa

不平衡百分率 $x = \dfrac{\Delta p_{③\sim⑦} - \Delta p_{⑩\sim⑭}}{\Delta p_{③\sim⑦}} \times 100\% = -3.4\%$

系统总损失为 10 226 Pa，剩余压力在引入口处用阀门节流

立管 IV　　资用压力 $\Delta p_{IV} = 6\ 461 - 4\ 359 = 2\ 102$(Pa)

⑮	7 200	248	6	20	0.20	38.92	233.5	3.5	19.66	68.8	302.3	
⑯	—	124	9	15	0.18	48.84	439.6	33	15.93	525.7	965.3	
⑮′	7 200	248	3.5	15	0.36	182.07	637.2	4.5	63.71	286.7	923.9	

$\Sigma(\Delta p_y + \Delta p_j)_{⑮,⑮',⑯} = 2\ 191$ Pa

不平衡百分率 $x = \dfrac{\Delta p_{IV} - \Sigma(\Delta p_y + \Delta p_j)_{⑮,⑮',⑯}}{\Delta p_{IV}} \times 100\% = -4.2\%$

续表

管段号	Q/W	G/(kg·h^{-1})	L/m	d/mm	v/(m·s^{-1})	R/(Pa·m^{-1})	$\Delta p_y = Rl$/Pa	$\Sigma\zeta$	Δp_d/Pa	$\Delta p_j = \Delta p_d \times \Sigma\zeta$/Pa	$\Delta p = \Delta p_y + \Delta p_j$/Pa	供水管起点到计算管段末端的压力损失/Pa
1	2	3	4	5	6	7	8	9	10	11	12	13
立管Ⅲ 资用压力 $\Delta p_{Ⅲ} = 569 - 3\,956 = 1\,654$(Pa)													
⑰	7 200	248	9	20	0.20	38.92	350.3	3.5	19.66	68.8	419.1	
⑰′	—	124	9	15	0.18	48.84	439.6	33	15.93	525.7	965.3	
⑱	7 200	248	0.5	20	0.20	38.92	19.5	4.5	19.66	88.5	108.0	
$\Sigma(\Delta p_y + \Delta p_j)_{⑰,⑰′,⑱} = 1\,492$ Pa 不平衡百分率 $x = \dfrac{\Delta p_{Ⅲ} - \Sigma(\Delta p_y + \Delta p_j)_{⑰,⑰′,⑱}}{\Delta p_{Ⅲ}} \times 100\% = 9.8\%$													
立管Ⅱ 资用压力 $\Delta p_{Ⅱ} = 5\,206 - 3\,105 = 2\,102$(Pa)													
⑲	7 200	248	6	20	0.20	38.92	233.5	3.5	19.66	68.8	302.3	
⑳	—	124	9	15	0.18	48.84	439.6	33	15.93	525.7	965.3	
㉑	7 200	248	3.5	15	0.36	182.07	637.2	4.5	63.71	286.7	923.9	
$\Sigma(\Delta p_y + \Delta p_j)_{⑲,⑳,㉑} = 2\,191$(Pa) 不平衡百分率 $x = \dfrac{\Delta p_{Ⅱ} - \Sigma(\Delta p_y + \Delta p_j)_{⑲,⑳,㉑}}{\Delta p_{Ⅱ}} \times 100\% = -4.2\%$													

思考题与实训练习题

1. 思考题

(1)串联管路和并联管路的特点分别有哪些?

(2)什么是当量阻力法?什么是当量长度法?

(3)热水供暖系统水力计算的任务是什么?

(4)什么是最不利环路?什么是平均比摩阻?

2. 实训练习题

给定供暖系统参数,试对图1-29~图1-31进行水力计算。

项目五　辐射供暖系统设计

◉ 知识目标

1. 了解辐射供暖的特点和形式；
2. 掌握低温热水地板辐射供暖系统的工作原理；
3. 掌握低温热水地板辐射供暖系统的设计要点。

◉ 能力目标

能够进行低温热水地板辐射供暖系统设计。

◉ 素质目标

查阅规范，确定参数，养成实事求是的工作习惯。

任务一　辐射供暖概述

一、辐射供暖的定义及特点

辐射供暖是一种依靠辐射传热方式向房间供热的供暖方式。其主要特点是散热设备通过辐射传热向房间供热，辐射散热量占总散热量的 50% 以上。

辐射供暖是一种卫生条件和舒适标准都比较高的供暖形式。与对流供暖相比，辐射供暖具有以下特点。

(1) 在对流供暖系统中，人体的冷热感觉主要取决于室内空气温度的高低。在辐射供暖系统中，人或物体受到辐射照度和环境温度的综合作用，人体感受的实感温度可比室内实际环境温度高 2~3 ℃，即在具有相同舒适感的前提下，辐射供暖的室内空气温度可比对流供暖时低 2~3 ℃。

(2) 在辐射供暖系统中，人体和物体直接接受辐射热，减少了人体向外界的辐射散热量，人体会更舒适。

(3) 辐射供暖时沿房间高度方向上温度分布均匀，温度梯度小，房间的无效损失减小，而且室温降低可以减小能源消耗。

(4) 辐射供暖不需要在室内布置散热器，占用室内的有效空间较少，便于布置家具。

(5) 辐射供暖减小了对流散热量，室内空气流动速度相应降低，避免了室内灰尘飞扬，有利于改善卫生条件。

(6)辐射供暖比对流供暖的初投资要高。

二、辐射供暖系统的分类

辐射供暖系统的形式较多，可按照不同的分类标准划分，见表5-1。

表5-1 辐射供暖系统的分类

分类根据	名称	特征
板面温度	低温辐射	板面温度低于80 ℃
	中温辐射	板面温度为80~200 ℃
	高温辐射	板面温度高于500 ℃
辐射板构造	埋管式	将直径为15~32 mm的管道埋置于建筑构造内构成辐射表面
	风道式	利用建筑构件的空腔使热空气在其间循环流动构成辐射表面
	组合式	利用金属板焊以金属管组成辐射板
辐射板位置	顶棚式	以顶棚作为辐射板，加热原件镶嵌在顶棚内
	墙壁式	以墙壁作为辐射板，加热原件镶嵌在墙壁内
	地板式	以地板作为辐射板，加热原件镶嵌在地板内
热媒种类	低温热水式	热媒水温度低于100 ℃
	高温热水式	热媒水温度等于或高于100 ℃
	蒸汽式	以蒸汽作为热媒
	热风式	以加热后的空气作为热媒
	电热式	以电热元件加热特定表面或直接发热
	燃气式	通过可燃气体在特制的辐射器中燃烧发射红外线

任务二 低温热水地板辐射供暖系统

低温热水地板辐射供暖是辐射供暖形式中应用最广泛、设计安装技术较成熟的形式，具有舒适、卫生、不占面积、热稳定性好、高效节能、可分户计量、使用寿命长、运行费用低等优点。

一、低温热水地板辐射供暖系统的热源形式

低温热水地板辐射供暖是指在冬季以水温不超过60 ℃、系统工作压力不高于0.8 MPa的低温热水为热媒，通过分水器与埋设在建筑物内楼板构造层的加热管进行不间断的热水循环，热量由辐射地板向房间散热，达到供暖目的。

低温热水地板辐射供暖系统可采用独立热源（如燃油燃气锅炉、分户壁挂炉等），如图5-1所示，也可采用集中热源，如图5-2所示，或者其他供回水、余热水、地热水等。

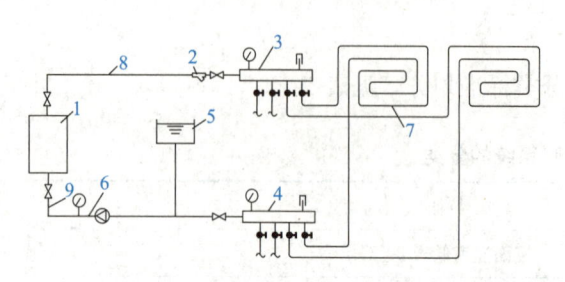

图 5-1 采用独立热源的低温热水地板辐射供暖系统
1—独立热源；2—过滤器；3—分水器；
4—集水器；5—补水箱；6—循环水泵；
7—加热盘管；8—供水管；9—回水管

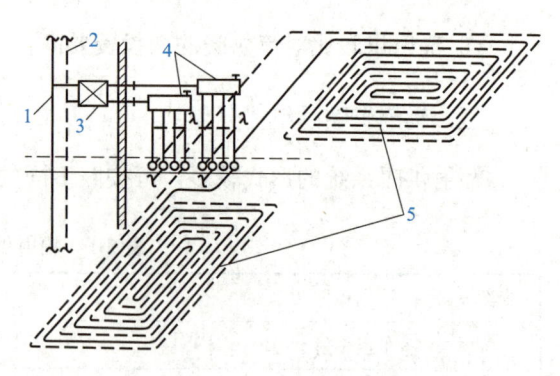

图 5-2 采用集中热源的低温热水地板辐射供暖系统
1—集中热源供水立管；2—集中热源回水立管；
3—热量表；4—分集水器；5—加热管

二、低温热水地板辐射供暖系统的设备组成

（1）加热管。加热管在整个低温热水地板辐射供暖系统中起到传递热量的作用，敷设于地面填充层内。常用低温热水地板辐射供暖系统的加热管的形式有平行排管式（图 5-3）、蛇形排管式（图 5-4）、蛇形盘管式（图 5-5）。

图 5-3 平行排管式　　　　图 5-4 蛇形排管式　　　　图 5-5 蛇形盘管式

平行排管式易于布置，板面温度变化较大，适合各种结构的地面；蛇形排管式板面平均温度较均匀，但在较小板面面积上温度波动范围大，有一半数目的弯头曲率半径小；蛇形盘管式板面温度也并不均匀，但只有两个小曲率半径弯头，施工方便。

加热管应根据耐热年限、热媒温度和工作压力、系统水质、材料供应条件、施工技术和投资费用等因素来选择管材。

目前国内用于低温热水地板辐射供暖系统的加热管管材主要有交联铝塑复合管（PAP、XPAP）、聚丁烯管（PB）、交联聚乙烯管（PE-X）、无规则共聚丙烯管（PP-R）。另外，铜管也是一种适用于低温热水地板辐射供暖系统的加热管材，具有导热系数高、阻氧性能好、易于弯曲且符合绿色环保要求等特点。

加热管管材质量必须符合国家现行标准中的各项规定。塑料管或铝塑复合管的公称直径、壁厚与偏差见表 5-2。

（2）分/集水器。低温热水地板辐射供暖系统的主要设备是分/集水器，如图 5-6 所示。分/集水器用于连接各路加热供回水水量的分配、汇集的装置。按进、回水分为分水器和集水器。整个低温热水地板辐射供暖系统的热水靠分水器将其均匀地分配到每支管路中，在加热管中放热后汇集到集水器，回到热源，如此不断循环保证整个系统的安全、正常运行。低温热水地板辐射供暖系统中分/集水器材质一般为紫铜或黄铜。

表 5-2 塑料管或铝塑复合管的公称直径、壁厚与偏差   mm

管材	公称外径	内径	最小壁厚	管材	公称外径	内径	最小壁厚
交联铝塑复合管(PAP、XPAP)	16	12.7	1.65	交联聚乙烯管(PE-X)	16	13.4	1.3
	20	16.2	1.90		20	17	1.5
	25	20.5	2.25		25	21.2	1.9
聚丁烯管（PB）	16	13.4	1.3	无规则共聚丙烯管（PP-R）	16	12.4	1.8
	20	17.4	1.3		20	16.2	1.9
	25	22.4	1.3		25	20.4	2.3

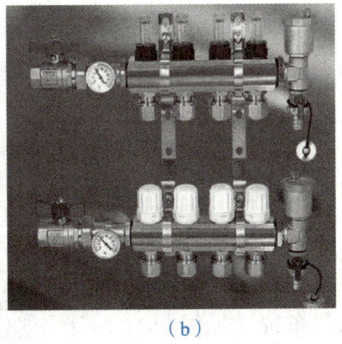

图 5-6 分/集水器
(a)分水器；(b)集水器

低温热水地板辐射供暖系统中的分/集水器管路多分支路管道，每个分/集水器的分支环路不宜多于 8 路，每个分支环路供、回水管上均应设置可关闭阀门。分水器和集水器上均设排气阀、温控阀等。供水前端设 Y 形过滤器。分水器水管的各支管上均应设阀门，以调节水量的大小，实现分室控制室温，如图 5-7 所示。

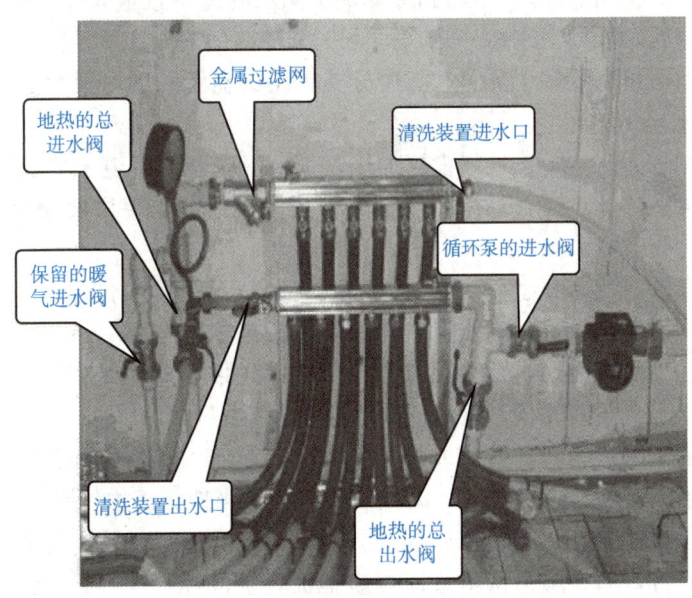

图 5-7 分/集水器连接

· 83 ·

分/集水器内径不应小于总供回水管内径，且分/集水器最大断面流速不宜高于 0.8 m/s。分/集水器宜在开始铺设加热管之前安装，且分水器安装在上，集水器安装在下，中心距宜为 200 mm，集水器中心距地面不应小于 300 mm。

(3) 辅助材料。在低温热水地板辐射供暖系统中，加热管是铺就在辅助材料上，用卡钉锚固在其上。这里的辅助材料主要指保温材料，其在系统中能起到保温作用，同时起到保护加热管的效果。

保温材料应具备的特点如下：良好的保温隔热性能、较高的抵抗受压变形能力、良好的阻燃性和环保性及良好的施工性能。

(4) 回填层。整个低温热水地板辐射供暖系统管材铺设完毕后，在其上面回填一层豆石混凝土，用来保护加热管，最主要是加热管加热后，通过加热上面的回填层，使热量由下向上均匀散热。回填层的厚度应根据热媒温度和地表覆盖层材料的性能确定，但不宜小于 50 mm。

(5) 温控装置。温控装置用于控制室温，既可以分层控制温度，也可以进行分室控制温度，方便又节能。

三、散热地面管道的布置

(1) 分/集水器布置。低温热水地板辐射供暖系统的管路一般采用分/集水器与管路系统连接，分/集水器组装在一个分/集水箱内，每套分/集水器负责 3～8 副盘管供回水。这种形式便于每副盘管的安装、调节和控制，保证加热管埋地部分无管件。每个支路供、回水管可以设置远传式恒温阀以调节室温。分/集水器的总供回水管上应设置关断阀。

分/集水器宜布置于厨房、盥洗间、走廊两头等既不占使用面积，又便于操作的部位，并留有一定的检修空间，且每层安装位置宜相同。分/集水器与共用总立管的距离不得小于 350 mm。

(2) 环路布置。为了减少流动阻力和保证供、回水温差不致过大，地板辐射供暖时加热盘管均采用并联布置，原则上采取一个房间为一个环路的方式，大房间一般以 20 m^2 为一个环路，视具体情况可布置多个环路。每个分支环路的盘管长度一般为 60～80 m，最长不宜超过 120 m。

卫生间的面积较大时，可按地暖设置加热盘管，但应避开管道、地漏等，并做好防水。也可用自成环路的散热器供暖，如采用类似光管式散热器的干手巾架与盘管连接，在烘干毛巾的同时向卫生间散热。

加热盘管的布置应考虑大型固定家具(如床、柜、台面等)的位置，减小覆盖物对散热效果的影响。此外，还应注意对电线管、自来水管等的合理处理。

(3) 盘管布置。埋地盘管的每个环路宜采用整根管，中间不宜有接头，以防止渗漏；管道转弯半径不应小于 7 倍管外径，以保证水路畅通。

由于地板辐射供暖所用塑料管的线膨胀系数比金属管大，所以在设计过程中需要考虑补偿措施。一般当供暖面积超过 40 m^2 时应设伸缩缝；当地面短边长度超过 60 m 时，沿长边方向每隔 7 m 设一道伸缩缝，沿墙四周 100 mm 均设伸缩缝，其宽度为 5～8 mm，在缝中应填充弹性膨胀膏；为了防止密集管路胀裂地面，管间距小于 100 mm 的管路应外包塑料波纹管。

任务三　低温热水地板辐射供暖系统的设计

一、热负荷计算

低温热水地板辐射供暖系统的热负荷计算有两种方法：一种是以折减 2 ℃后的室温作为计算依据；另一种是按原方法(计算温度不折减)进行计算，最后乘以 0.9~0.95 的热量折减系数。

按折减温度法计算低温热水地板辐射供暖系统的热负荷的公式如下：

$$Q_A = \eta_2 (Q_W + \eta_1 Q_H) \tag{5-1}$$

式中　Q_A——低温热水地板辐射供暖系统的热负荷(W)；

　　　Q_W——按现行设计规范计算的围护结构的耗热量(W)；

　　　Q_H——室内换气耗热量(W)；

　　　η_1——换气耗热量修正系数；

　　　η_2——附加系数：连续供暖不采用分户计量时 $\eta_2=1.0$，间歇供暖不采用分户计量时 $\eta_2=1.1\sim1.2$，分户计量且带强制性收费措施时 $\eta_2=1.2\sim1.4$。

微课：低温热水地板辐射供暖系统热负荷

说明：

(1)室内设计温度比按上式计算时低 2 ℃。

(2)根据国外资料及国内辐射供暖的实际测试，墙壁及屋顶的保温程度、房间高度、宽度等对辐射供暖的供热量影响不大，但供热量明显地与换气次数有关。因此，对于辐射供暖，按对流供暖计算耗热量时，必须对换气耗热量加以修正，见表 5-3。

表 5-3　换气耗热量修正系数

Q_H/Q_W	0.25	0.50	0.75	1.0	1.25	1.5	1.75	2.0
η_1	0.86	0.82	0.77	0.73	0.70	0.67	0.64	0.61

(3)尽量避免采用附加系数法。

(4)对于高大空间公共建筑不考虑高度附加。

二、热力计算

1. 地板散热量

(1)公式法。低温热水地板辐射供暖系统的散热量由辐射散热量和对流散热量两部分组成。辐射散热量和对流散热量可根据室内温度和辐射板表面平均温度求出。其计算公式如下。

1)辐射散热量。

$$q_f = 4.98 \left[\left(\frac{t_b + 273}{100} \right)^4 - \left(\frac{t_n + 273}{100} \right)^4 \right] \tag{5-2}$$

2)对流散热量。

对于顶棚辐射供暖：
$$q_d = 0.14(t_b - t_n)^{1.25} \tag{5-3}$$

对于地板辐射供暖：
$$q_d = 2.17(t_b - t_n)^{1.31} \tag{5-4}$$

对于墙壁辐射供暖：
$$q_d = 1.78(t_b - t_n)^{1.32} \tag{5-5}$$

式中 q_f——辐射散热量（W/m²）；

q_d——对流散热量（W/m²）；

t_b——辐射板表面平均温度（℃）；

t_n——室内温度（℃）。

（2）查表法。根据不同的地面装饰层，制成不同管道间距、不同水温下的地板散热量表，可直接查取，见附表5-1。

2. 辐射板表面平均温度

辐射板表面温度 t_b 与加热管的管径 d、管间距 s、管子埋设厚度 h、混凝土的导热系数 λ、热媒温度 t_p 和房间温度 t_n 等有关，即
$$t_b = f(d, s, h, \lambda, t_p, t_n)$$

辐射板表面平均温度是辐射供暖相关计算的基本依据，辐射板表面最高允许平均温度应根据卫生要求、人的热舒适性条件和房间的用途确定。

《辐射供暖供冷技术规程》（JGJ 142—2012）规定，低温热水地板辐射供暖系统中辐射板表面平均温度应符合表5-4的要求。

表5-4　辐射板表面平均温度　　　　　　　　　　　　　　　℃

设置位置	宜采用的温度	温度上限值
人员经常停留的地面	24～26	28
人员短期停留的地面	28～30	32
无人停留的地面	35～40	42
房间高度为2.5～3.0 m的顶棚	28～30	—
房间高度为3.1～4.0 m的顶棚	33～36	—
距地面1 m以下的墙面	35	—
距地面1 m以上3.5 m以下的墙面	45	—

3. 加热管间距

加热管间距宜为100～300 mm，沿围护结构外墙间距为120～150 mm，中间地带为300 mm左右。加热管间距影响辐射板表面温度，减小盘管间距可以提高表面温度，并使表面温度均匀。

4. 加热管内热水平均温度

加热管内热水平均温度按下式计算：
$$t_p = t_b + \frac{Q}{K} \tag{5-6}$$

$$K = \frac{2\lambda}{s + h} \tag{5-7}$$

式中　Q——辐射板散热量(W)；
　　　K——辐射板传热系数[W/(m² · ℃)]；
　　　t_p——加热管内热水平均温度(℃)；
　　　t_b——辐射板表面平均温度(℃)；
　　　λ——加热管上部覆盖材料的导热系数[W/(m · ℃)]；
　　　s——加热管间距(m)；
　　　h——加热管上部覆盖层材料的厚度(m)。

加热管上部覆盖层应采用导热系数大的材料，以尽量减小热损失。覆盖层厚度不宜太小，厚度越大，则辐射板表面温度越均匀。

三、低温热水地板辐射供暖系统加热管安装

低温热水地板辐射供暖系统埋管安装如图 5-8、图 5-9 所示。为了保证低温热水地板辐射供暖系统的安装质量及运行后严密不漏和畅通无阻。安装时必须按照以下程序进行：选择和准备材料→清理地面→铺设保温板→铺设交联管→试压冲洗。

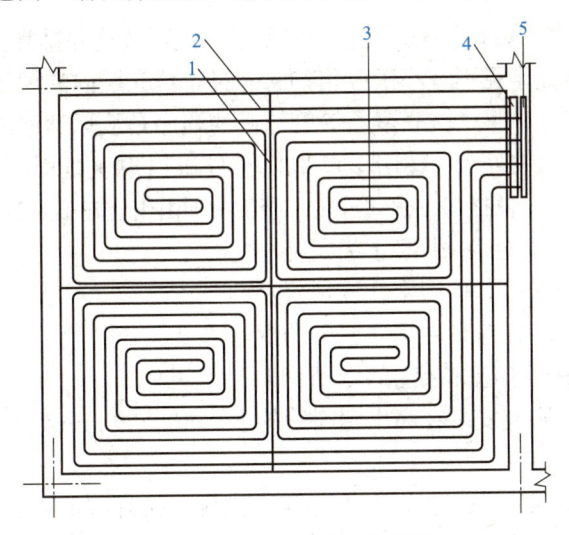

图 5-8　地热管路平面布置图

1—膨胀带；2—伸缩节；3—交联管(φ20 mm, φ15 mm)；4—分水器；5—集水器

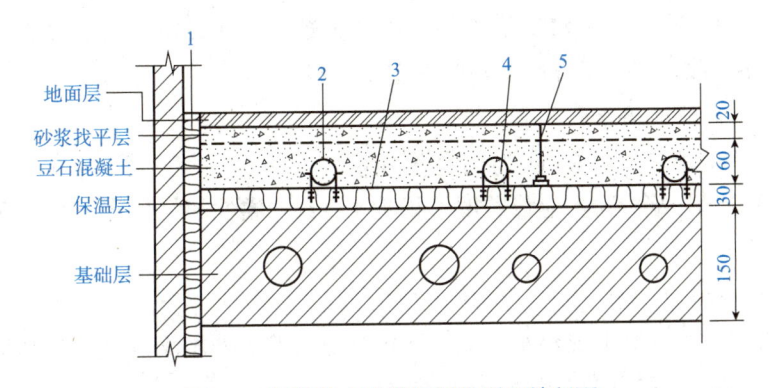

图 5-9　低温热水地板辐射供暖系统剖面

1—弹性保温材料；2—塑料固定卡(间距直管段 500 mm，弯管段 250 mm)；3—铝箔；4—塑料管；5—膨胀带

1. 盘管敷设

(1)施工材料的准备和选择。

1)选择合格的交联聚乙烯管(PE-X),禁止用其他塑料管代替交联聚乙烯管,埋地盘管不应有接头,以防止渗漏,盘管弯曲部分不能有硬折弯现象,避免减小管道过流断面,增加流动阻力。选择合格的管材及管件、铝箔片、自熄型聚苯乙烯保温板及专用塑料卡钉、专用接口连接件。

2)选好专用膨胀带、专用伸缩节、专用交联聚乙烯管固定卡件。

3)准备好砂子、水泥、油毡布、保温材料、豆石、防龟裂添加剂等施工用料。

(2)清理地面。在铺设贴有铝箔的自熄型聚苯乙烯保温板之前,将地面清理干净,不得有凹凸不平的地方,不得有砂石碎块、钢筋头等。

(3)铺设保温板。保温板采用贴有铝箔的自熄型聚苯乙烯保温板,必须铺设在水泥砂浆找平层上,地面不得有高低不平的现象。保温板铺设时,铝箔面朝上,铺设平整。凡是钢筋、电线管或其他管道穿过楼板保温层时,只允许垂直穿过,不准斜插,其插管接缝用胶带封贴严实、牢靠。

(4)铺设特制交联聚乙烯管。按设计图纸的要求,进行放线并排管。同一通路的加热管应保持水平,加热管的弯曲半径不宜小于8倍的管外径,填充层内的加热管不应有接头,采用专用工具断口时,管口应平整,交联聚乙烯管铺设的顺序是从远到近逐个环圈铺设,凡是交联聚乙烯管穿过地面膨胀缝处,一律用膨胀带将分割成若干块的地面隔开(图5-10),交联聚乙烯管在此处均须加伸缩节,其接口用热熔连接,施工中须由土建施工人员事先划分好,相互配合和协调。加热管的固定可以分别采用以下的固定方法。

1)用固定卡子将加热管直接固定在绝热层上;

2)用扎带将加热管绑在铺设在绝热层上的钢丝网上;

3)将加热管卡在铺设于绝热层上的专用管架上;

4)若设有钢筋网,则应安装在高出塑料管的上皮 10~20 mm 处;

5)试压、冲洗。

安装完地板上的交联聚乙烯管后应进行水压试压。接好临时管路及水压泵,灌水后打开排气阀,将管内空气放净后再关闭排气阀,先检查接口,在无异样的情况下缓慢地加压,增压过程观察接口,发现渗漏立即停止,将接口处理后再增压。增压至 0.6 MPa 表压后稳压 10 min,压力下降≤0.003 MPa 为合格。由施工单位、建设单位双方检查合格后做隐蔽记录,双方签字验收,作为工程竣工验收的重要资料。

2. 伸缩缝的做法及要求

(1)伸缩缝中的填充材料应有 5 mm 的压缩量。

(2)塑料管穿越伸缩缝时,应设长度不小于 400 mm 柔性塑料套管,如 PVC 波纹管。

工程做法如图 5-10 所示。

3. 分/集水器的安装

分/集水器分别安装在低温热水地板辐射供暖系统的供回水支管上,分水器是将一股水分成几股水,集水器是将几股水合成一股水。

分/集水器的安装要求如下。

(1)安装分/集水器时,分水器安装在上,集水器安装在下,中心距为 200 mm,集水器中心距地面应不小于 300 mm,并将其固定,如图 5-11、图 5-12 所示。

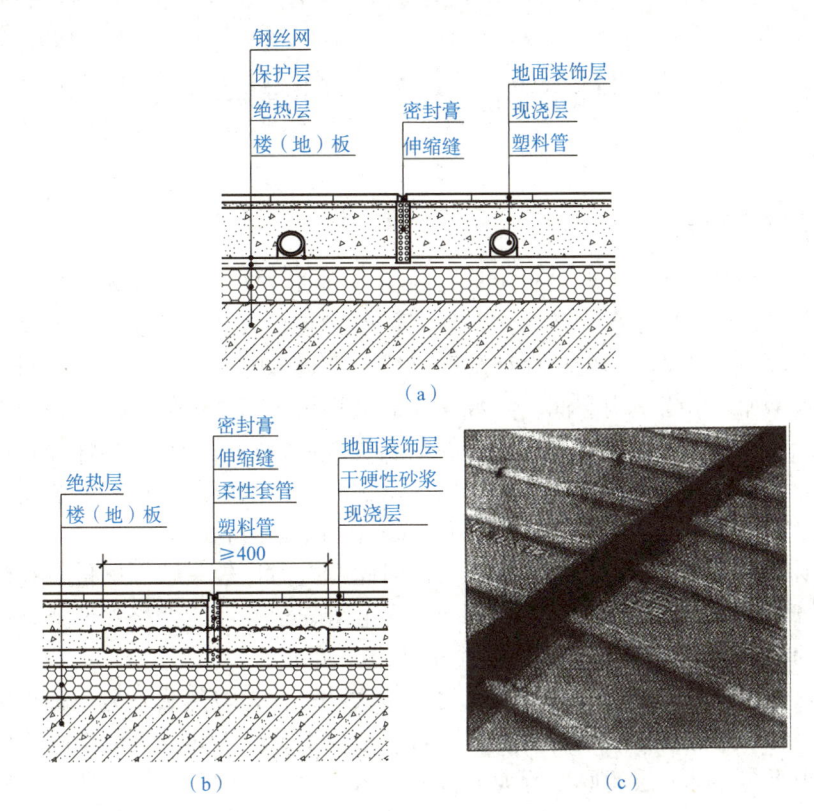

图 5-10 伸缩缝边界保温带构造详图及伸缩缝实图
(a)、(b)边界保温带构造详图;(c)伸缩缝实图

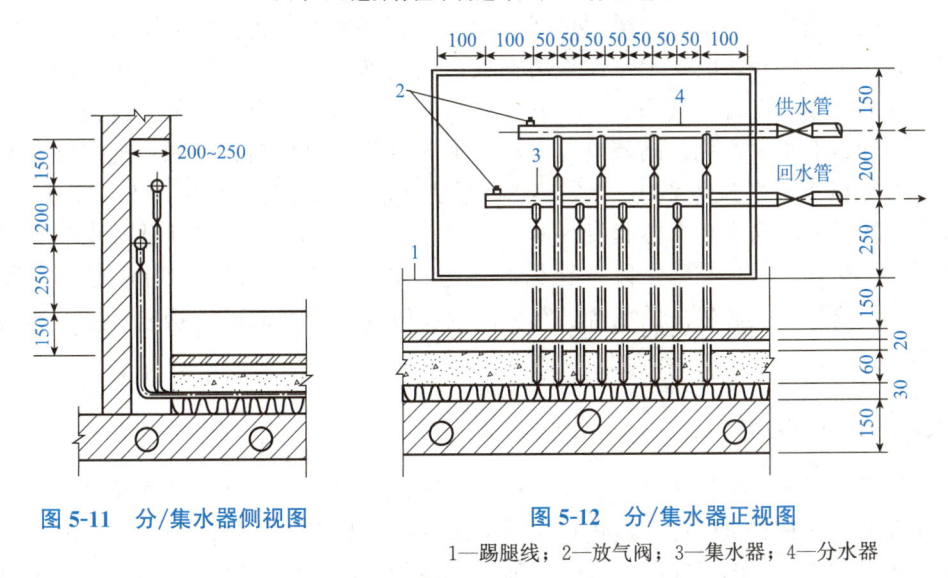

图 5-11 分/集水器侧视图　　图 5-12 分/集水器正视图
1—踢腿线;2—放气阀;3—集水器;4—分水器

(2)加热管始末端出地面至连接配件的管段,应设置在硬质套管内,再与分/集水器连接。

(3)将分/集水器与进户装置系统管道连接。在安装仪表、阀门、过滤器等时,要注意方向,不得装反。

任务四　其他辐射供暖

一、电热辐射供暖

电热辐射供暖具有水媒辐射供暖所具有的优点:辐射热减小了人体对围护结构的辐射失热,舒适性高;由于以辐射传热为主,对流传热为辅,故空气流速低,不易起尘,室内纵向温度梯度较小、温度场均匀;设计温度比传统供暖可降低1～2 ℃,室内相对湿度高,不会让人感到干燥;节省室内空间。与水媒辐射供暖相比,电热辐射供暖在调节和能耗计量方面更方便。另外,做在地面和吊顶内的电热供暖系统,由于其蓄热性强,可以在一定程度上使用低谷电力蓄热,但由于其填充层或吊顶外层比水媒辐射供暖系统要薄得多,热惰性小,所以其蓄热能力要小而温升速度比水媒辐射供暖系统快。

电热辐射供暖的缺点主要在于耗电量大,因此在电力比较紧缺和电价较高的地区,要进行技术经济对比。此外,电热体的防水、防漏电等安全性能应严格保证,有关部门对产品要有严格的检查监督措施,严防不合格的产品流入市场。

低温电热辐射供暖的发热元件主要有两种形式:一种是电热膜;另一种是电热缆。当用于地板供暖时,电热体像热水管一样可以做在地面下。所不同的是由于电热体的直径或厚度比水管小得多,填充层的厚度可大大减小。由于地面温度的限制,地埋的发热体工作温度一般不超过40 ℃。电热体用作热吊顶(或称热天棚)时,可以埋装在建筑材料里,也可以做成辐射板吊装于楼顶板上。顶板安装的低温辐射电热体一般只能在有限的高度内发挥作用,安装高度越大,需要表面温度越高。此外,需根据吊顶面积的可用情况进行电热辐射面的布置。辐射面积小时,单位面积功率大,反之则小。目前,国内市场上的发热电缆分为双导电缆和单导电缆。其中,双导电缆在施工和使用方面更为方便。这类电缆的保护层在材料方面也有很大区别,高档电缆多使用聚四氟乙烯等耐热、绝缘、抗拉伸及抗老化性能俱佳的材料,采用多重保护以使发热体在恶劣环境中和意外受力的情况下仍不致损坏,并确保电热体的使用寿命。电热膜发热体主要有金属电极和石墨电极两种,压装在聚酯膜内通电后形成热源。另一类电热体是所谓盒式电热体,一般做成定型产品安装于已做好的顶板或吊顶,它用于层高较高的场合。其表面温度较高,严格地说已超过低温电热辐射供暖的范围。

二、燃气辐射供暖

燃气辐射供暖是利用天然气、液化石油气等可燃气体,在特殊的燃烧装置——辐射管内燃烧而辐射出各种波长的红外线进行供暖。由辐射原理可知,物体的辐射强度与热力学温度的四次方成正比,即温度越高,辐射强度越高。燃气辐射供暖克服了常规供暖在高大空间建筑物供暖中产生的垂直失调。

辐射设备根据辐射强度的不同可分为高强度辐射设备、中强度辐射设备和低强度辐射设备。高强度辐射设备通常用在空间高度特别大的建筑物(20 m 以上)中，辐射体表面温度一般在 900 ℃ 以上。中强度辐射设备的辐射体表面温度一般在 550 ℃ 左右，适用于中等高度的建筑物(3 m 以上，20 m 以下)，它的应用范围最广。低强度辐射设备的辐射体表面温度一般在 500 ℃ 以下。

高强度辐射设备一般是陶瓷辐射板式，如图 5-13 所示；中强度辐射设备一般是辐射管式，如图 5-14 所示。辐射管中烟气的平均温度范围为 180～650 ℃。

燃气辐射供暖在西方国家早被普遍采用，它省去了将高温烟气热能转变为低温热媒(热水或蒸汽)热能这样一个能量转换环节，排烟温度低，热效率大大提高。由于管内烟气温度高，辐射能力强，所以燃气辐射供暖具有构造简单、外形小巧、发热量大、热效率高、安装方便、造价低、操作简单、无噪声、环保、洁净等优点。燃气辐射供暖适用于体育场馆、游泳池、礼堂、剧院、食堂、餐厅、工厂车间、仓库、超市、货运站、飞机修理库、车库、洗车房、温室大棚、养殖场等。

图 5-13　高强度陶瓷辐射板式供暖器　　图 5-14　中强度燃气辐射管式供暖器

思考题与实训练习题

1. 思考题
(1)辐射供暖有哪些优点？
(2)辐射供暖如何进行分类？
(3)低温热水地板辐射供暖系统的组成设备有哪些？
(4)在低温热水地板辐射供暖系统管道布置过程中需要注意哪些问题？
(5)低温热水辐射供暖系统地面埋管安装程序是什么？
(6)低温热水辐射供暖系统地面埋管安装过程中的地面做法是什么？
(7)低温热水地板辐射供暖系统设计中的热负荷计算通常有哪几种方法？
(8)低温热水地板辐射供暖系统设计中的热力计算包括哪几个部分？
(9)除低温热水地板辐射供暖系统之外，还有哪些辐射供暖系统？

2. 实训练习题
对给定建筑进行低温热水地板辐射供暖系统设计。

项目六　集中供热系统热负荷计算[①]

◉ 知识目标
1. 熟悉热负荷概算方法；
2. 掌握热负荷分析方法。

◉ 能力目标
能够根据热负荷延续时间图进行集中供热系统热负荷分析。

◉ 素质目标
践行系统节能。

任务一　集中供热系统热负荷概算

集中供热系统的热用户包括供暖、通风、热水供应、空调、生产工艺等用热系统。这些用热系统的热负荷按其性质可分为两大类。

(1)季节性热负荷，包括供暖、通风、空调等用热系统的热负荷，它们共同的特点是均与室外空气温度、湿度、风向、风速和太阳辐射、强度等气候条件密切相关，其中对它的大小起决定性作用的是室外温度。

(2)常年性热负荷，包括生产工艺用热系统和生活(主要指热水供应)用热系统的热负荷。这些热负荷与气候条件的关系不大，用热比较稳定，在全年中变化较小，但在全天中生产班制和生活用热人数的变化导致用热负荷的变化幅度较大。

对集中供热系统进行规划和初步设计时，如果某些单体建筑物资料不全或尚未进行各类建筑物的具体设计工作，可利用概算指标来估算各类热用户的热负荷。

一、供暖热负荷

供暖热负荷可采用面积热指标法或体积热指标法进行估算。一般民用建筑多采用面积热指标法进行估算，工业建筑多采用体积热指标法进行估算。

1. 面积热指标法

$$Q_h = q_h A \times 10^{-3} \tag{6-1}$$

[①] 这里不仅涉及供暖，更强调热源生产和热量的集中供应，故称为"供热"，特此说明。

式中　Q_h——建筑物的供暖设计热负荷(kW);
　　　q_h——建筑物的供暖面积热指标(W/m²),建筑物的供暖面积热指标表示各类建筑物每1 m² 建筑面积的供暖设计热负荷,可按附表 6-1 选用;
　　　A——建筑物的供暖建筑面积(m²)。

2. 体积热指标法

$$Q'_h = q_v V_W (t_n - t_{wn}) \times 10^{-3} \tag{6-2}$$

式中　Q'_h——建筑物的供暖设计热负荷(kW);
　　　V_W——建筑物的外围体积(m³);
　　　t_n——供暖室内设计温度(℃);
　　　t_{wn}——供暖室外设计温度(℃);
　　　q_v——建筑物的供暖体积热指标[W/(m³·℃)]。

供暖热指标的大小取决于建筑物的结构和用途,还与建筑物的体积、外形及其所在地区的气象条件有关,按照热指标方法计算热负荷虽然与实际有些误差,但对集中供热系统的初步设计或规划设计来讲足够准确。

建筑物热量主要是通过垂直的外围护结构(墙、门、窗等)向外传递的,它与建筑物外围护结构的平面尺寸和层高有关,而不是直接取决于建筑物的平面面积,用体积热指标更能清楚地说明这一点。

q_v 表示各类建筑物在室内外温差为 1 ℃时,每立方米建筑物外围体积的供暖设计热负荷。从节能的角度出发,要减小建筑物的供暖热负荷,就应减小其供暖体积热指标 q_v。各类建筑物的供暖体积热指标 q_v 可通过对已建成建筑物进行计算或对已有数据进行归纳统计得出,可查阅有关设计手册获得。

二、通风、空调热负荷

在集中供热系统中,为了满足生产厂房、公共建筑及居住建筑的清洁度和湿度要求,将室外送入空调房间的新鲜空气加热所消耗的热量称为通风、空调热负荷。其可采用百分数估算。

1. 通风热负荷

$$Q_v = K_v Q_h \tag{6-3}$$

式中　Q_v——建筑物通风热负荷(kW);
　　　Q_h——建筑物供暖热负荷(kW);
　　　K_v——建筑物通风热负荷系数,可取 0.3～0.5。

2. 空调热负荷

(1)冬季空调热负荷:

$$Q_a = q_a A \cdot 10^{-3} \tag{6-4}$$

式中　Q_a——冬季空调热负荷(kW);
　　　q_a——空调热指标(W/m²),可按附表 6-2 选用;
　　　A——空调建筑物的建筑面积(m²)。

(2)夏季空调热负荷:

$$Q_c = \frac{q_c A \cdot 10^{-3}}{\text{cop}} \tag{6-5}$$

式中　Q_c——夏季空调热负荷(kW)；

　　　q_c——空调热指标(W/m²)，可按附表6-2选用；

　　　A——空调建筑物的建筑面积(m²)；

　　　cop——吸收式制冷机的制冷系数，可取0.7~1.2。

三、生活热水热负荷

生活热水热负荷主要包括浴室、食堂、开水锅炉和热水供应等方面的日常生活用热。生活热水热负荷的大小与人们的生活水平、生活习惯和生产的发展状况(设备状况)紧密相关，其计算方法详见《给水排水设计手册》。对于一般居住区，也可按下列公式估算。

1. 居住区供暖期生活热水平均热负荷

$$Q_{w \cdot a} = q_w A \cdot 10^{-3} \tag{6-6}$$

式中　$Q_{w \cdot a}$——生活热水平均热负荷(kW)；

　　　q_w——生活热水热指标(W/m²)，应根据建筑物类型，采用实际统计资料，居住区可按表6-1选用；

　　　A——总建筑面积(m²)。

表6-1　居住区供暖期生活热水日平均热指标推荐值 q_w　　　　　　W/m²

用水设备情况	热指标
住宅无生活热水设备，只对公共建筑供热水	2~3
全部住宅有淋浴设备，并供给生活热水	5~15

注：1. 冷水温度较高时采用较小值，冷水温度较低时采用较大值；
　　2. 热指标中已包括约10%的管网热损失在内

2. 生活热水最大热负荷

$$Q_{w \cdot max} = K_h Q_{w \cdot a} \tag{6-7}$$

式中　$Q_{w \cdot max}$——生活热水最大热负荷(kW)；

　　　$Q_{w \cdot a}$——生活热水平均热负荷(kW)；

　　　K_h——小时变化系数，根据用热水计算单位数按《建筑给水排水设计标准》(GB 50015—2019)的规定选用。

K_h即最大热水负荷($Q_{w \cdot max}$)与平均热水负荷($Q_{w \cdot a}$)的比值，建筑物或居住区中用水单位数越多，全天中的最大小时用水量越接近全天的平均小时用水量，小时变化系数K_h越接近1，一般可取2~3。

计算热力网设计热负荷时，其中生活热水热负荷按下列规定取用。

(1)干线：应采用生活热水平均热负荷。

(2)支线：当用户有足够容积的储水箱时，应采用生活热水平均热负荷；当用户无足够容积的储水箱时，应采用生活热水最大热负荷，生活热水最大热负荷叠加时应考虑同时使用小时变化系数。

四、生产工艺热负荷

生产工艺热负荷是指用于生产过程中的烘干、加热蒸煮、洗涤等方面的热负荷，或作为动力用于驱动机械设备运转等的热负荷。生产工艺热负荷的大小及需要的热媒种类和参数取决于生产工艺过程的性质、用热设备的形式及企业的工作制度等，它一般应由生产工艺设计人员提供或根据用热设备的产品样本来确定。

当生产工艺热用户或用热设备较多时，供热管网中各热用户的最大热负荷往往不会同时出现，因而在计算集中供热系统的热负荷时，应以经各工艺热用户核实的最大热负荷之和乘以同时使用系数(是指实际运行的用热设备的最大热负荷与全部用热设备最大热负荷之和的比值)。同时使用系数一般为 0.7~0.9。考虑各设备的同时使用系数后将使热力网总热负荷适当降低，因而可相应降低集中供热系统的投资费用。

任务二 热负荷图

热负荷图是用来表示整个热源或用户系统热负荷随室外温度或时间变化的图。热负荷图形象地反映热负荷变化规律。热负荷图对集中供暖系统设计、技术经济分析和运行管理都很有用处。

在供热工程中，常用的热负荷图主要有热负荷时间图、热负荷随室外温度变化图和热负荷延续时间图。

一、热负荷时间图

热负荷时间图的特点是图中热负荷的大小按照它们出现的先后排列。热负荷时间图中的时间期限可长可短，可以是一天、一个月或一年，相应称为全日热负荷图、月热负荷图和年热负荷图。

1. 全日热负荷图

全日热负荷图用于表示整个热源或用户的热负荷在一昼夜中每小时的变化情况。

全日热负荷图是以小时为横坐标，以小时热负荷为纵坐标，从零时开始逐时绘制的。图 6-1 所示为某居住区热水供应全日热负荷图。

对全年性热负荷，如前所述，它受室外温度影响不大，但在全天中每小时的变化较大，因此，对于生产工艺热负荷，必须绘制全日热负荷图为设计集中供暖系统提供基础数据。

一般来说，工厂生产不可能每天一致，冬、夏期间总会有差别。因此，需要分别绘制冬季和夏季典型工作日的生产工艺全日热负荷图，由此确定生产工艺的最大、最小热负荷和冬季、夏季平均热负荷值。

生产工艺全日热负荷图如图 6-2(a)、(b)所示。

对季节性的供暖、通风等热负荷，它的大小主要取决于室外温度，而在全天中小时的变化不大(对工业厂房供暖、通风热负荷，会受工作制度影响而有些规律性的变化)。通常用它的热负荷随室外温度变化图来反映热负荷变化的规律。

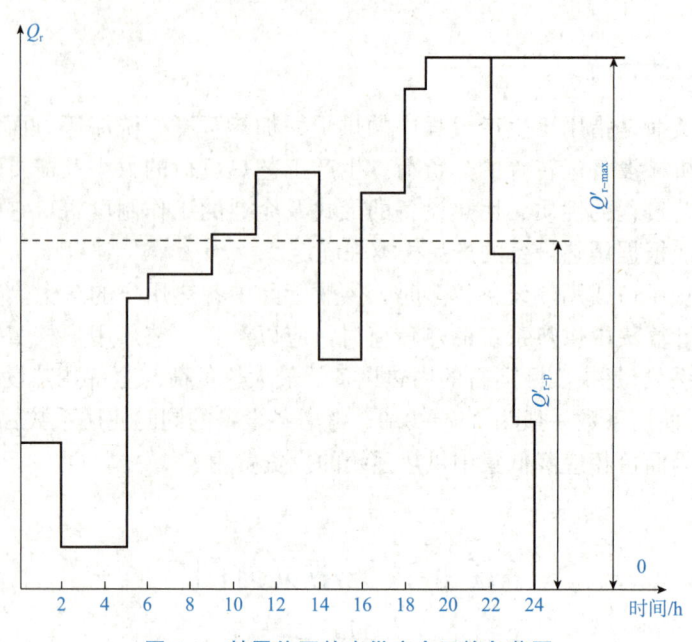

图 6-1 某居住区热水供应全日热负荷图

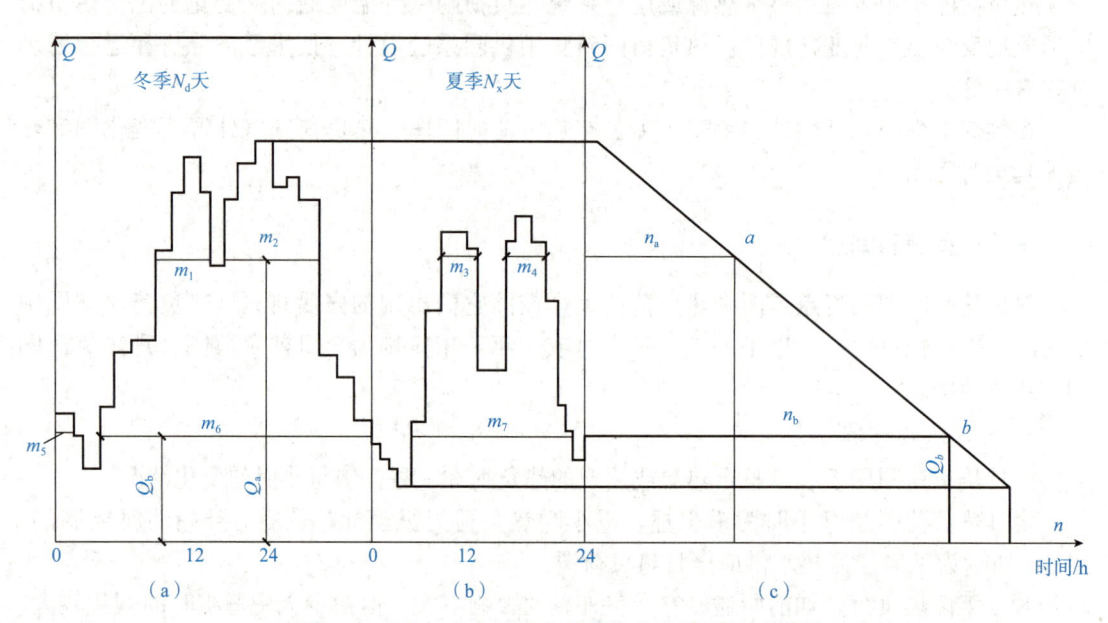

图 6-2 生产工艺全日热负荷图和热负荷延续时间图
(a)冬季典型日的全日热负荷图；(b)夏季典型日的全日热负荷图；(c)生产工艺热负荷延续时间图

2. 年热负荷图

年热负荷图是以一年中的月份为横坐标，以每月的热负荷为纵坐标绘制的热负荷时间图。图 6-3 所示为典型的年热负荷图，对季节性的供暖、通风热负荷，可根据该月份的室外平均温度确定，热水供应热负荷按平均小时热负荷确定，生产工艺热负荷可根据日平均热负荷确定。年热负荷图是规划集中供暖系统全年运行的原始资料，也是用来制订设备维修计划和安排职工休假日等方面的基本参考资料。

图 6-3 典型的年热负荷图

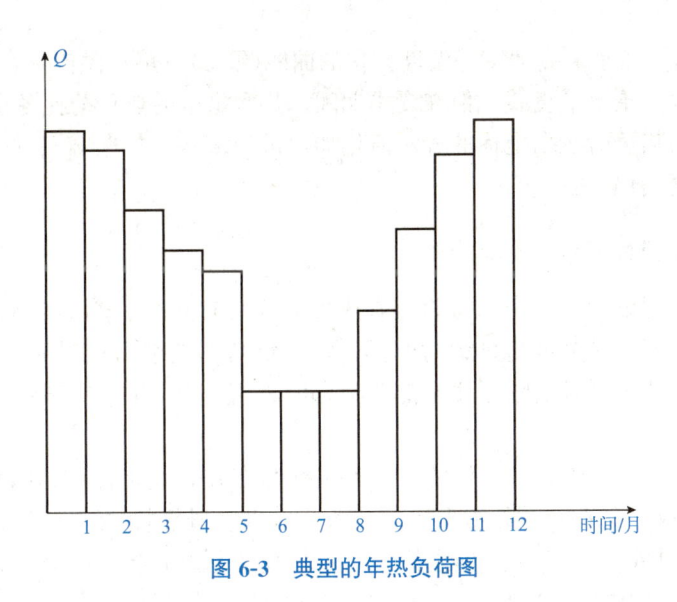

二、热负荷随室外温度变化图

季节性的供暖、通风热负荷的大小主要取决于当地的室外温度,热负荷随室外温度变化图能很好地反映季节性热负荷的变化规律。图 6-4 所示为一个居住区的热负荷随室外温度变化图。图中横坐标为室外温度,纵坐标为热负荷。开始供暖的室外温度定为 5 ℃。根据式(6-2),建筑物的供暖热负荷应与室内外温度差成正比,因此,$Q_h = f(t_w)$ 为线性关系。图 6-4 中的线 1 代表供暖热负荷随室外温度变化的曲线。同理,冬季通风热负荷,在室外温度 $t'_{w.t} \leqslant t_w < 5$ ℃ 期间,$Q_v = f(t_w)$ 也为线性关系。当室外温度低于冬季通风室外计算温度时,通风热负荷为最大值,不随室外温度改变。图 6-4 中的线 2 代表冬季通风热负荷随室外温度变化的曲线。

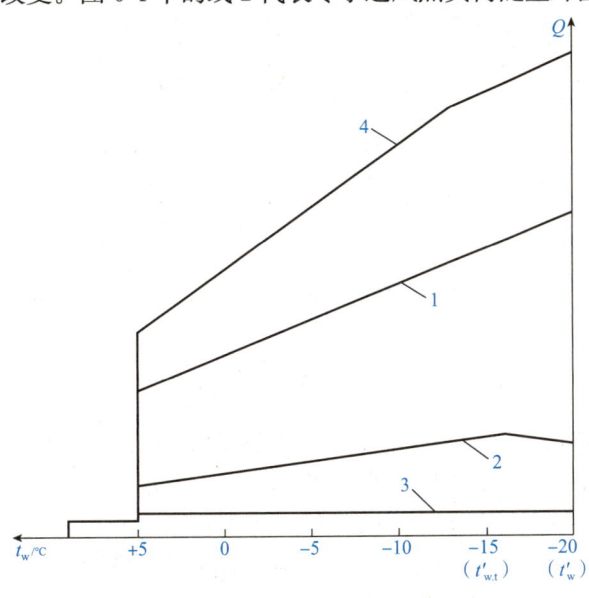

图 6-4 热负荷随室外温度变化图

1—供暖热负荷随室外温度变化的曲线;2—冬季通风热负荷随室外温度变化的曲线;
3—热水供应随室外温度变化的曲线;4—总热负荷随室外温度变化的曲线

图 6-4 还给出了热水供应随室外温度变化的曲线(线 3)。热水供应热负荷受室外温度影响较小,因此它呈一条水平直线,但在夏季期间,热水供应的热负荷比冬季的小。

将这三条线的热负荷在纵坐标的表示值相加,得到图 6-4 中的线 4。线 4 即该居住区总热负荷随室外温度变化的曲线。

三、热负荷延续时间图

在供热工程规划设计过程中,需要绘制热负荷延续时间图。热负荷延续时间图的特点与热负荷时间图不同,在热负荷延续时间图中,热负荷不是按出现时间排列,而是按其数值大小排列。热负荷延续时间图需要有热负荷随室外温度变化图和室外气温变化规律的资料才能绘制。

在热负荷延续时间图中,横坐标的左方为室外温度 t_w,纵坐标为供暖热负荷 Q_h;横坐标的右方表示小时数(图 6-5)。如横坐标 n' 代表供暖期室外温度 $t_w \leqslant t'_w$(t'_w 为供暖室外计算温度)出现的总小时数;n_1 代表室外温度 $t_w \leqslant t_{w.1}$ 出现的总小时数;n_2 代表室外温度 $t_w \leqslant t_{w.2}$ 出现的总小时数;n_{zh} 代表整个供暖期的供暖总小时数。

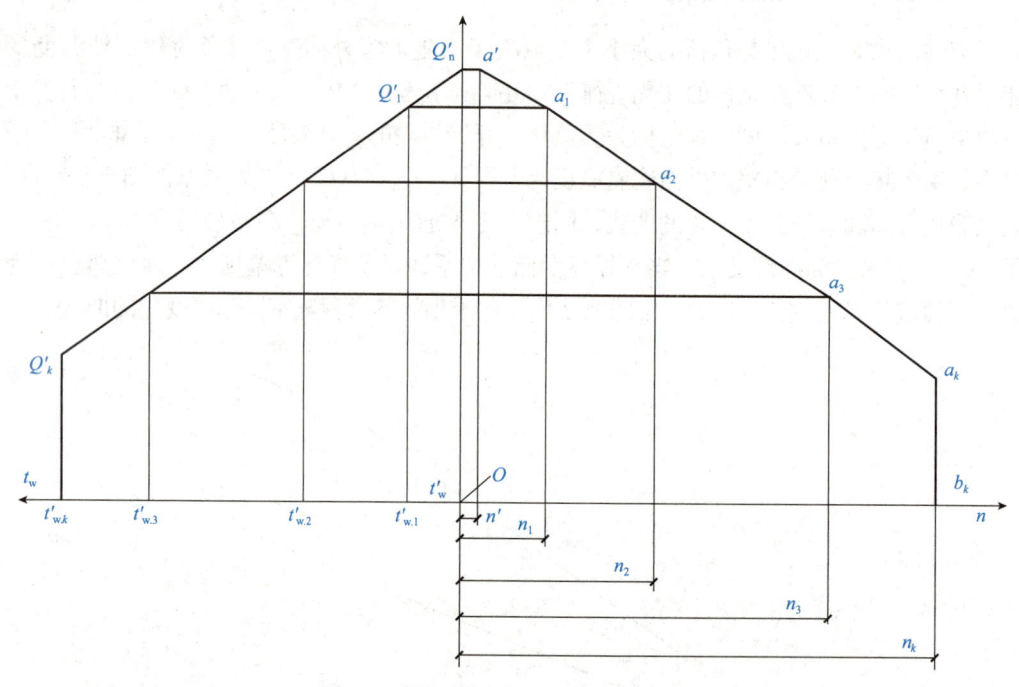

图 6-5 热负荷延续时间图的绘制方法

热负荷延续时间图的绘制方法如下。首先,绘制热负荷随室外温度变化图(以直线 $Q'_n Q'_k$ 表示)。然后,通过 t'_w 时的热负荷 Q'_n 引一水平线,与相应出现的总小时数 n' 的横坐标上引的垂直线相交于 a' 点。同理,通过 $t_{w.1}$ 时的热负荷 Q'_1 引一水平线,与相应出现的总小时数 n_1 的横坐标上引的垂直线相交于 a_1 点。依此类推,在图 6-5 右侧连接 $Q'_n a' a_1 a_2 a_3 \cdots a_k$ 等点形成的曲线,得出热负荷延续时间图。图中曲线 $Q'_n a' a_1 a_2 a_3 a_k b_k O$ 所包围的面积就是供暖期间的供暖年耗热量。

任务三 集中供热系统年耗热量计算

集中供热系统的年耗热量是各类热用户年耗热量的总和。各类热用户的年耗热量可分别按下述方法计算。

微课：集中供热系统热负荷及年耗热量

一、供暖年耗热量

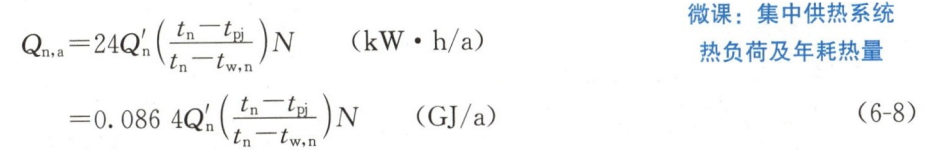

$$Q_{n,a}=24Q'_n\left(\frac{t_n-t_{pj}}{t_n-t_{w,n}}\right)N \quad (kW \cdot h/a)$$

$$=0.086\ 4Q'_n\left(\frac{t_n-t_{pj}}{t_n-t_{w,n}}\right)N \quad (GJ/a) \tag{6-8}$$

式中 Q'_n——供暖设计热负荷(kW)；

N——供暖期天数，按《民建暖通空调规范》确定；

$t_{w,n}$——供暖室外计算温度(℃)，按《民建暖通空调规范》确定；

t_n——供暖室内计算温度(℃)；

t_{pj}——供暖期室外平均温度(℃)，按《民建暖通空调规范》确定；

0.086 4——公式化简和单位换算后的数值，$0.086\ 4=24\times3\ 600\times10^{-6}$。

二、通风年耗热量

$$Q_{t,a}=ZQ'_t\left(\frac{t_n-t_{pj}}{t_n-t'_{w,n}}\right)N \quad (kW \cdot h/a)$$

$$=0.003\ 6Q'_t\left(\frac{t_n-t_{pj}}{t_n-t'_{w,t}}\right)N \quad (GJ/a) \tag{6-9}$$

式中 Q'_t——通风设计热负荷(kW)；

Z——供暖期内通风装置每日平均运行小时数(h/d)；

$t'_{w,t}$——冬季通风室外计算温度(℃)；

0.003 6——单位换算系数($1\ kW \cdot h=3\ 600\times10^{-5}\ GJ$)。

三、热水供应年耗热量

热水供应热负荷是全年性热负荷，考虑到冬季与夏季冷水温度不同，热水供应年耗热量可按下式计算：

$$Q_{r,a}=24\left[Q'_{rp}+Q'_{rp}\left(\frac{t_r-t_{lx}}{t_r-t_l}\right)(350-N)\right] \quad (kW \cdot h/a)$$

$$=0.086\ 4Q'_{rp}\left[N+\left(\frac{t_r-t_{lx}}{t_r-t_l}\right)(350-N)\right] \quad (GJ/a) \tag{6-10}$$

式中 Q'_{rp}——供暖期热水供应的平均热负荷(kW)；

t_{lx}——夏季冷水温度(非供暖期平均水温)(℃)；

t_l——冬季冷水温度(供暖期平均水温)(℃)；

t_r——热水供应设计温度(℃)；

($350-N$)——全年非供暖期的工作天数(扣去 15 天检修期)(d)。

四、生产工艺年耗热量

$$Q_{s,a} = \sum Q_i T_i \quad (\text{GJ/a}) \tag{6-11}$$

式中　Q_i——一年 12 个月第 i 个月的日平均耗热量(GJ/d)；
　　　T_i——一年 12 个月第 i 个月的天数。

思考题与实训练习题

1. 思考题
(1)集中供热系统热负荷分为哪几类？
(2)各类热负荷如何确定？
2. 实训练习题
(1)教师给出一套图纸，学生根据给定数据，计算集中供热系统的热负荷。
(2)绘制供暖热负荷延续时间图。

项目七　集中供热系统分析

◉ **知识目标**

1. 熟悉确定集中供热系统方案的原则；
2. 掌握集中供热系统的形式和特点。

◉ **能力目标**

能够通过供热条件，进行集中供热系统形式的确定。

◉ **素质目标**

能够从节能的角度出发，充分利用工业余热进行供热。

集中供热系统是由热源、热网和热用户三部分组成的。集中供热系统向许多不同的热用户供给热能，供应范围广，热用户所需的热媒种类和参数不一，锅炉房或热电厂供给的热媒及其参数往往不能完全满足所有热用户的要求。因此，必须选择与热用户要求适应的集中供热系统形式及其管网与热用户的连接方式。

集中供热系统可按下列方式进行分类。

(1) 根据热媒不同，可分为热水供热系统和蒸汽供热系统。

(2) 根据热源不同，可分为热电供热系统和区域锅炉房供热系统。此外，也有以核供热站、地热、工业余热作为热源的供热系统。

(3) 根据热源的数量不同，可分为单一热源供热系统和多热源联合供热系统。

(4) 根据系统加压泵设置的数量不同，可分为单一网路循环泵供热系统和分布式加压泵供热系统。

(5) 根据供热管道的不同，可分为单管制、双管制和多管制的供热系统。热水管网应采用双管制供热系统，长距离输送管网宜采用多管制供热系统。

任务一　集中供热系统方案的确定

一、集中供热系统方案确定的原则

集中供热系统方案确定的原则是有效利用并节约能源、投资少、见效快、运行经济、符合环境保护要求等。在这个原则基础上，确定出技术先进、经济合理、使用可靠的最佳方案。

确定集中供热系统的方案时，需要确定集中供热系统的热源形式，选择热媒的种类及参数。

二、集中供热系统热源形式的确定

在集中供热系统中，目前采用的热源形式主要有区域锅炉房、热电厂、核能、地热、工业余热和太阳能等，应用最广泛的热源形式是热电厂和区域锅炉房，核能的应用也逐渐增多。

在区域热水锅炉房中，设热水锅炉制备热水。在区域蒸汽锅炉房中，设蒸汽锅炉产生蒸汽。对于区域蒸汽、热水锅炉房供热系统则应在锅炉房内分别装设蒸汽锅炉和热水锅炉，构成蒸汽供热、热水供热两个独立的系统。

微课：集中供热系统热源

在热电厂供热系统中，应根据选用的汽轮机组的不同，分别采用抽汽式、背压式及凝汽式低真空热电厂供热系统等。以热电厂作为热源，可实现热电联产，热能利用效率高。它是发展集中供热、节约能源的最有效的措施。

在一些大型的工矿企业中，生产工艺过程往往伴随着产生大量的余热和废热，充分利用这些余热和废热资源来供热，是有效利用和节约能源的重要途径。

三、供热介质及参数的确定

1. 供热介质的确定

集中供热系统的供热介质(热媒)主要是热水和蒸汽。

(1)对民用建筑物采暖、通风、空调及生活热水热负荷供热的城市热力网应采用热水作为供热介质。

(2)同时对生产工艺热负荷和采暖、通风、空调及生活热水热负荷供热的城市热力网供热介质按下列原则确定。

1)当生产工艺热负荷为主要负荷，且必须采用蒸汽供热时，应采用蒸汽作为供热介质。

2)当以水为供热介质能够满足生产工艺需要(包括在热用户处转换为蒸汽)，且技术经济合理时，应采用热水作为供热介质。

3)当采暖、通风、空调热负荷为主要负荷，生产工艺又必须采用蒸汽供热，经技术经济比较认为合理时，可采用热水和蒸汽作为供热介质。

2. 供热介质参数的确定

(1)热网最佳供、回水温度应结合具体工程条件，考虑热源、热网、热用户等方面的因素，进行技术经济比较。

(2)当不具备条件进行最佳供、回水温度的技术经济比较时，热水热力网供、回水温度可按下列原则确定。

1)以热电厂或大型区域锅炉房为热源时，设计供水温度可取 110~150 ℃，回水温度不应高于 70 ℃。热电厂采用一级加热时，供水温度取较低值；采用二级加热(包括串联尖峰锅炉)时，供水温度取较高值。

2)以小型区域锅炉房为热源时，供、回水温度可取热用户内采暖系统的设计温度。

3)在多热源联网运行的供热系统中，各热源的设计供、回水温度应一致。当区域锅炉房与热电厂联网运行时，应采用以热电厂为热源的供热系统的最佳供、回水温度。

任务二 热水供热系统

热水供热系统主要包括闭式热水供热系统和开式热水供热系统两种形式。在闭式热水供热系统中，热网的循环水仅作为热媒，供给热用户热量而不从热网中取出使用；在开式热水供热系统中，热网的循环水部分或全部从热网取出，直接用于生产或热水供应热用户。

一、闭式热水供热系统

图 7-1 所示为单一热源、双管闭式热水供热系统示意。热水通过单一系统循环泵沿热网供水管输送到各热用户，在热用户的用热设备放出热量后，沿热网回水管返回热源。单一热源、单一系统循环泵、双管闭式热水供热系统是我国目前最广泛应用的热水供热系统。

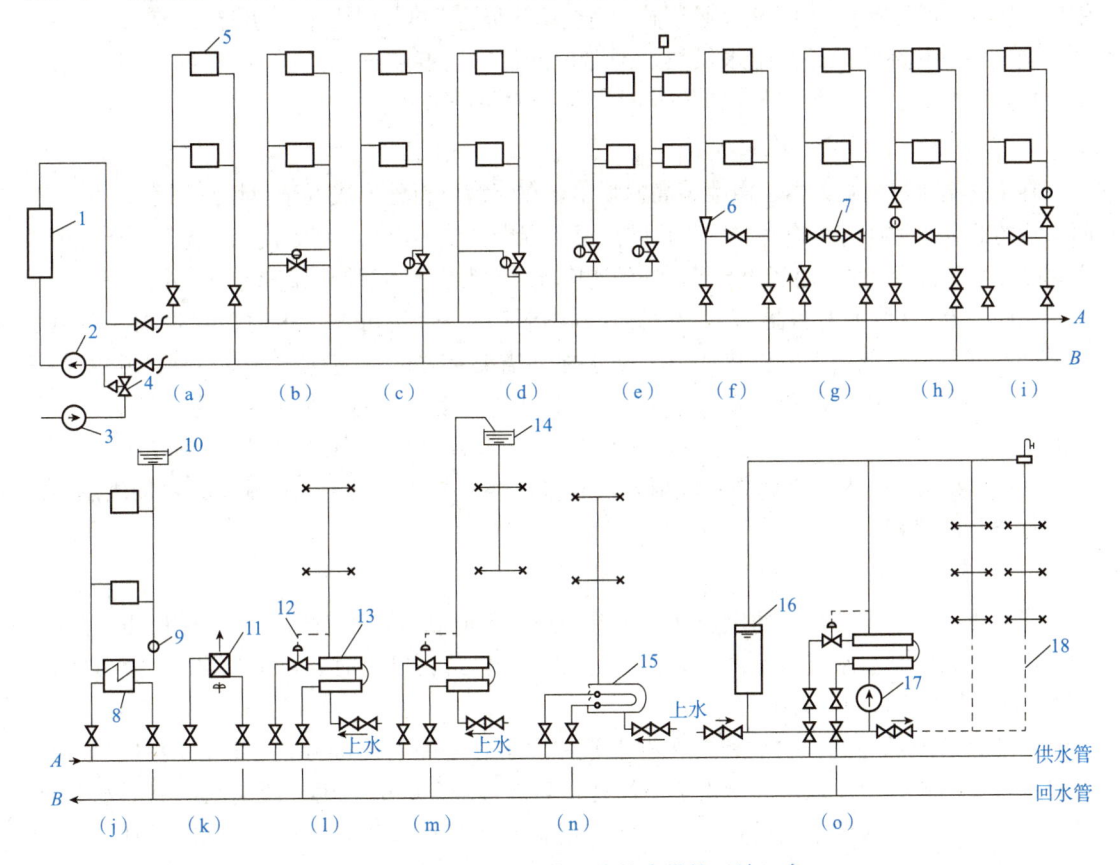

图 7-1 单一热源、双管闭式热水供热系统示意

(a)~(e)无混合装置的直接连接；(f)装水喷射器的直接连接；(g)~(i)装混合水泵的直接连接；
(j)供暖热用户与热网的间接连接；(k)通风热用户与热网的连接；(l)无储水箱的连接方式；
(m)装设上部储水箱的连接方式；(n)装设容积式换热器的连接方式；(o)装设下部储水箱的连接方式

1—热源的加热装置；2—网路循环水泵；3—补给水泵；4—补给水压力调节器；5—散热器(或风机盘管)；6—水喷射器；
7—混合水泵；8—间壁式水-水换热器；9—供暖热用户系统的循环水泵；10—膨胀水箱；11—空气加热器；
12—温度调节器；13—水-水换热器；14—储水箱；15—容积式换热器；
16—下部储水箱；17—热水供应系统的循环水泵；18—热水供应系统的循环管路

下面分别介绍闭式热水供热系统热网与供暖、通风、热水供应等热用户的连接方式。

(一)供暖热用户与热网的连接方式

常见的供暖热用户与热网的连接方式有以下几种。

1. 无混合装置的直接连接

热水由热网供水管直接进入供暖热用户,在散热器内放热后,返回热网回水管,这种连接方式称为无混合装置的直接连接[图 7-1(a)~(e)]。这种连接方式最简单,造价低,但只能在热网的设计供水温度等于供暖用户的设计供水温度时方可采用,且在用户引入口处热网的供、回水管的资用压差大于供暖用户要求的压力损失时才能应用。

绝大多数低温热水供热系统采用无混合装置的直接连接方式。

其中,图 7-1(a)所示为适合传统的非分户计量的供热系统;图 7-1(b)~图 7-1(d)所示为用户入口供、回水管安装了自力式压差控制阀,适合分户热计量的供热系统;图 7-1(e)所示为用户散热器立管安装了自力式流量控制阀,适合单管跨越式热分配热计量的供热系统。

当集中供热系统采用高温水供热,网路设计供水温度超过上述供暖卫生标准时,如采用直接连接方式,就要采用装水喷射器或装混合水泵的形式。

2. 装水喷射器的直接连接

热网高温水进入喷射器,由喷嘴高速喷出,在喷嘴出口处形成低于热用户回水管的压力,回水管的低温水被抽入水喷射器,与热网高温水混合,使热用户入口处的供水温度低于热网供水温度,达到热用户供水温度的要求,这种连接方式称为装水喷射器的直接连接[图 7-1(f)]。

水喷射器(又称为混水器)无活动部件,构造简单、运行可靠、水力稳定性高,但由于抽引回水需要消耗能量,所以热网供、回水之间需要足够的资用压差才能保证水喷射器正常工作。在供暖热用户的压力损失 $\Delta p = 10 \sim 15 \text{ kPa}$,混合系数(单位供水管水量抽引回水管的水量)$w = 1.5 \sim 2.5$ 的情况下,热网供、回水管之间的压差需要达到 $\Delta p_w = 80 \sim 120 \text{ kPa}$ 才能满足要求,因此装水喷射器的直接连接方式通常只用在单幢建筑物的供热系统中,需要分散管理。

3. 装混合水泵的直接连接

当热用户引入口处热网的供、回水压差较小,不能满足水喷射器正常工作所需的压差,或设集中泵站将高温水转为低温水,向多幢或街区建筑物供热时,可采用装混合水泵的直接连接方式[图 7-1(g)~(i)]。

图 7-1(g)所示为混合水泵跨接在供水管和回水管之间的连接方式。来自热网供水管的高温水,在建筑物用户入口或专设热力站处,与混合水泵抽引的用户或街区网路回水混合,降低温度后,再进入供暖热用户。为了防止混合水泵扬程大于热网供、回水管的压差,而将热网回水抽入热网供水管,在热网供水管入口处应装设止回阀,通过调节混合水泵的阀门和热网供、回水管进出口处的阀门开启度,可以在较大范围内调节进入供暖热用户的供水温度和流量。

图 7-1(h)所示为混合水泵安装在供水管上的连接方式。该水泵同时起到加压和混水的双重作用。当某供热小区建筑物充水高度大于一级网供水管的测压管水头高度时,通过供水管加压和混水来满足该小区供暖压力和温度的要求。

图 7-1(i)所示为合水泵安装在回水管上的连接方式。该水泵同时起到回水加压和混水

的双重作用。若某供热小区二级热网回水管压力低于接入点一级热网回水管压力，则通过该水泵提升小区回水管压力，把小区回水送入回水干管。通过调节旁通管和回水管阀门的开启度来调节进入小区的供水温度。

在热力站处设置混合水泵的连接方式，可以适当地集中管理，但混合水泵连接方式的造价比采用水喷射器的方式高，在运行中需要经常维护并消耗电能。

装混合水泵的连接方式是我国城市高温水供热系统中应用较多的一种直接连接方式。

4. 间接连接

热网高温水通过设置在热用户引入口或热力站的表面式水-水换热器，将热量传递给供暖热用户的循环水，冷却后的回水返回热网回水管。供暖热用户循环水靠其水泵驱动循环流动，供暖热用户循环系统内部设置膨胀水箱、集气罐及补给水装置，形成独立系统。

间接连接[图7-1(i)]方式需要在建筑物用户入口处或热力站内设置间壁式水-水换热器和供暖热用户的循环水泵等设备，造价比上述直接连接方式高得多。换热站需要运行管理人员，且耗电、耗水。

基于上述原因，我国城市集中供热系统的供暖热用户与热网的连接多年来主要采用直接连接方式。只有在热网与供暖热用户的压力状况不适应时才采用间接连接方式。当热网回水管在用户入口处的压力超过该用户散热器的承受能力，或高层建筑采用直接连接，影响整个热网压力水平升高时就得采用间接连接方式。

国内多年运行实践表明，采用直接连接方式，供暖热用户漏损水量大多超过《城镇供热管网设计标准》(CJJ/T 34—2022)规定的补水量(补水量不宜大于总循环水量的1%)，造成热源水处理量增大，影响集中供热系统的供热能力和经济性。采用间接连接方式，虽造价增高，但热源的补水量大大减小，同时热网的压力工况和流量工况不受供暖热用户的影响，便于热网运行管理。近年来，一些大型城市将供暖热用户与热网的连接方式逐步改为间接连接方式，收到了良好的效果。但是，对小型的热水供热系统，特别是低温水供热系统，直接连接仍是最主要的方式。

(二)通风热用户与热网的连接方式

由于通风热用户中加热空气的设备能承受较高压力，并对热媒参数无严格限制，因此通风用热设备(如空气加热器等)与热网的连接通常采用最简单的直接连接方式，如图7-1(k)所示。

(三)热水供应热用户与热网的连接方式

如前所述，在闭式热水供热系统中，热网的循环水仅作为热媒，供给热用户热量，而不从热网中取出使用。因此，热水供应热用户与热网的连接必须通过间壁式水-水换热器。根据热水供应热用户是否设置储水箱及其设置位置不同，有如下几种连接方式。

1. 无储水箱的连接方式

热网供水通过间壁式水-水换热器将城市上水加热。冷却后的网路水全部返回热网回水管。在热水供应热用户的供水管上宜装设温度调节器，否则热水供应热用户的供水温度将会随用水量的大小而剧烈地变化；同时，应将热水供应热用户的供水温度控制在小于60℃范围内，以防止产生水垢和烫伤人员。

无储水箱的连接方式[图7-1(l)]最为简单，常用在一般的住宅或公用建筑中。

2. 装设上部储水箱的连接方式

装设上部储水箱的连接方式[图 7-1(m)]是间壁式水-水换热器中被加热的城市上水,先送到设置在建筑物高处的储水箱中,然后热水沿配水管输送到各取水点使用。上部储水箱起到储存热水和稳定水压的作用。这种连接方式常用在浴室或用水量较大的工业企业中。

3. 装设容积式换热器的连接方式

装设容积式换热器的连接方式[图 7-1(n)]是在建筑物用户引入口或热力站处装设容积式换热器,换热器同时起到换热和储存热水的功能,不必设置上部储水箱。

容积式换热器的传热系数很小,需要较大的换热面积。这种连接方式一般用于工业企业和公用建筑的小型热水供应热用户。此外,容积式换热器中水垢的清洗要比图 7-1(n)中的壳管式换热器方便,因此容积式换热器也宜用于城市上水硬度较高、易结水垢的场合。

4. 装设下部储水箱的连接方式

图 7-1(o)所示为一个装有下部储水箱,同时带有循环管的热水供应热用户与热网的连接方式。热水供应热用户的循环管路和循环水泵的目的是使热水能不断地循环流动,以避免开始用热水时要先放出大量的冷水。

下部储水箱与换热器用管道连接,形成一个封闭的循环环路。当热水供应热用户的用水量较小时,从换热器出来的一部分热水流入储水箱蓄热,而当用水量较大时,从换热器出来的热水量不足,储水箱内的热水就会被城市上水自下而上挤出,补充一部分热水量。为了使储水箱能自动地充水和放水,应将储水箱上部的连接管尽可能选粗一些。

这种连接方式较复杂,造价较高,但工作可靠,一般宜在对用热水要求较高的旅馆或住宅中使用。

(四)闭式双级串联和混合连接的热水供热系统

在热水供热系统中,各种热用户(供暖、通风和热水供应)通常并联连接在热网中。热水供热系统中的热网循环水量应等于各热用户所需最大水量之和。热水供应热用户所需热网循环水量与热网的连接方式有关。如热水供应热用户没有储水箱,则热网水量应按热水供应最大小时用热量来确定;而当装设有足够容积的储水箱时,可按热水供应平均小时用热量来确定。此外,由于热水供应热用户的用热量随室外温度的变化很小,比较固定,但热网的水温通常随室外温度的升高而降低,因此,在计算热水供应热用户所需的热网循环水量时,必须按最不利情况(热网供水温度最低)来计算,于是,尽管热水供应热负荷占总供热负荷的比例不大,但在计算热网总循环水量中占相当大的比例。

为了减少热水供应热负荷所需的热网循环水量,可采用热水供热系统与热水供应热用户串联或混合连接方式(图 7-2)。

图 7-2(a)所示是双级串联的连接方式。热水供应热用户的用水首先由串联在热网回水管上的热水供应水加热器(第Ⅰ热水供应水级加热器)加热。如经过第Ⅰ级加热后,热水供应水温仍低于所要求的温度,则通过水温调节器将阀门打开,进一步利用热网中的高温水通过第 n 级热水供应水加热器将水加热到所需温度。经过第 n 级热水供应水加热器放热后的热网供水再进入热水供应热用户。为了稳定热水供应热用户的水力工况,在供水管上安装流量调节器,控制热水供应热用户的流量。

图 7-2(b)所示是混合连接方式。热网供水分别进入热水供应热用户和热水供热系统的热

交换器(通常采用板式热交换器)。上水同样采用两级加热，但加热方式不同于图 7-2(a)。热水供应热交换器的终热段 6b[相当于图 7-2(a)中的第Ⅱ级热水供应水加热器]的热网回水，并不进入热水供热系统，而与热水供热系统的热网回水混合，进入热水供应热用户的热交换器的预热段 6a[相当于图 7-2(a)中的第Ⅰ级热水供应水加热器]，将上水预热。上水最后通过热水供应热用户的热交换器的终热段 6b 被加热到热水供应热用户所要求的水温。根据热水供应热用户的供水温度和热水供热系统所保证的室温，调节各自热交换器的热网供水阀门的开启度，控制进入各热交换器的热网水流量。

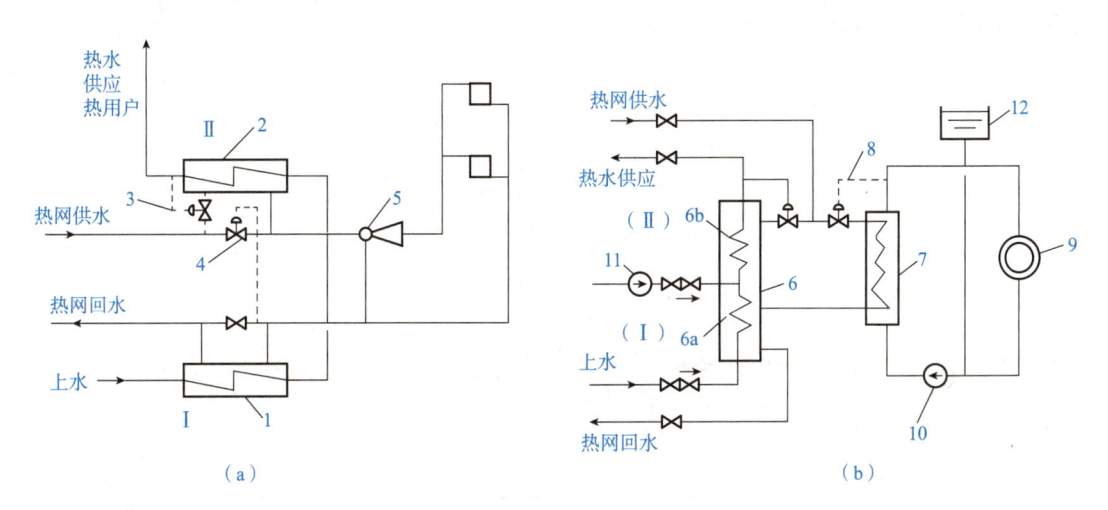

图 7-2 闭式双极串联、混合连接的示意
(a)双级串联；(b)混合连接
1—第Ⅰ级热水供应水加热器；2—第 n 级热水供应水加热器；3—水温调节器；4—流量调节器；
5—水喷射器；6—热水供应热用户的热交换器；7—热水供热系统的热交换器；8—流量调节器；9—热水供应热用户；
10—供暖系统循环水泵；11—热水供应系统的循环水泵；12—膨胀水箱；6a—热交换器的预热段；
6b—热交换器的终热段

由于具有热水供应热用户与热网连接采用了串联或混合连接的方式，利用了热网回水的部分热量预热上水，所以可减小热网的总计算循环水量，适宜用于热水供应热负荷较大的城市热水供热系统。

二、开式热水供热系统

热用户全部或部分地取用热网循环水，热网循环水直接消耗在生产和热水供应热用户上，只有部分热媒返回热源，这样的系统称为开式热水供热系统。

在开式热水供热系统中，采暖、通风热用户与热网的连接方式与闭式热水供热系统完全相同。

开式热水供热系统的热水供应热用户与热网的连接有下列三种形式。

(1)无储水箱的连接方式[图 7-3(a)]。热网供水和回水直接经混合三通送入热水供应热用户，混合水温由温度调节器控制。为了防止热网供应的热水直接流入热网回水管，回水管上应设置止回阀。这种连接方式简单，由于是直接取水，所以适用于热网压力在任何时候都高于热水供应热用户压力的情况，一般可用于小型住宅和公共建筑。

(2)设上部储水箱的连接方式[图7-3(b)]。热网供水和回水经混合三通送入热水供应热用户的高位储水箱,热水再沿配水管路送到各配水点。这种连接方式常用于浴室、洗衣房或用水量较大的工业厂房。

(3)与生活给水混合的连接方式[图7-3(c)]。当热水供应热用户的用水量很大且要求水温不是很高,建筑物(如浴室、洗衣房等)中来自采暖、通风热用户的回水量不足以与供水管中的热水混合时,可采用这种连接方式。混合水温同样可用温度调节器控制。为了便于调节水温,热网供水管的压力应高于生活给水管的压力,在生活给水管上要安装止回阀,以防止热网水流入生活给水管。

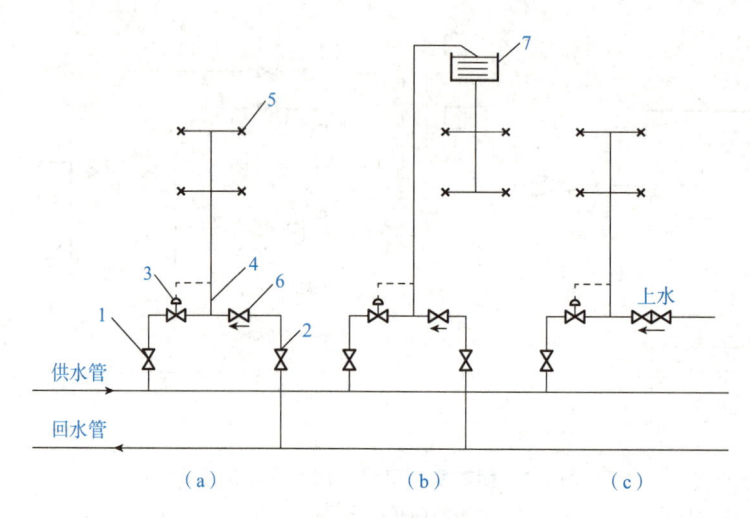

图7-3 开式热水供热系统

(a)无储水箱的连接方式;(b)设上部储水箱的连接方式;(c)与生活给水混合的连接方式

1,2—进水阀门;3—温度调节器;4—混合三通;5—取水栓;6—止回阀;7—上部储水箱

三、闭式热水供热系统的优、缺点

(1)闭式热水供热系统的热网补水量少。在正常情况下,其补水量只是补充从热网不严密处漏失的水量,一般应为热水供热系统的循环水量的1%以下。

(2)在闭式热水供热系统中,热网循环水通过间壁式水-水换热器将城市上水加热,热水供应热用户用水的水质与城市上水的水质相同且稳定。

在闭式热水供热系统中,在热力站或热用户引入口处需安装间壁式水-水换热器。热力站或热用户引入口处设备增多,投资增加,运行管理也较复杂。特别是当城市上水含氧量较高,或碳酸盐硬度(暂时硬度)高时,易使热水供应热用户的热交换器和管道腐蚀或沉积水垢,影响系统的使用寿命和热能利用效果。

(3)在利用低位热能方面,供水温度不得低于70 ℃(考虑到热水供应热用户的热水温度不得低于60 ℃),因此热网的汽轮机抽气压力难以进一步降低,不利于提高热能利用效率。

(4)在我国,由于热水供应热用户的热负荷很小,所以城市供热系统主要是并联闭式热水供热系统。

任务三　蒸汽供热系统

蒸汽供热系统广泛应用于工业厂房或工业区域，它主要向生产工艺热用户供热，同时也向热水供应、通风和供暖热用户供热。根据热用户的要求，蒸汽供热系统可采用单管式（相同蒸汽压力参数）或多根蒸汽管（不同蒸汽压力参数）供热，同时凝结水也可采用回收或不回收的方式。

下面分别阐述蒸汽网路与热用户的各种连接方式。

一、蒸汽网路与热用户的连接方式

图 7-4 所示为蒸汽网路与热用户的连接方式。锅炉产生的高压蒸汽进入蒸汽网路，通过不同的连接方式直接或间接供给热用户热量，凝结水经凝水热网返回热源凝结水箱，经凝结水泵打入蒸汽锅炉重新加热变成蒸汽。

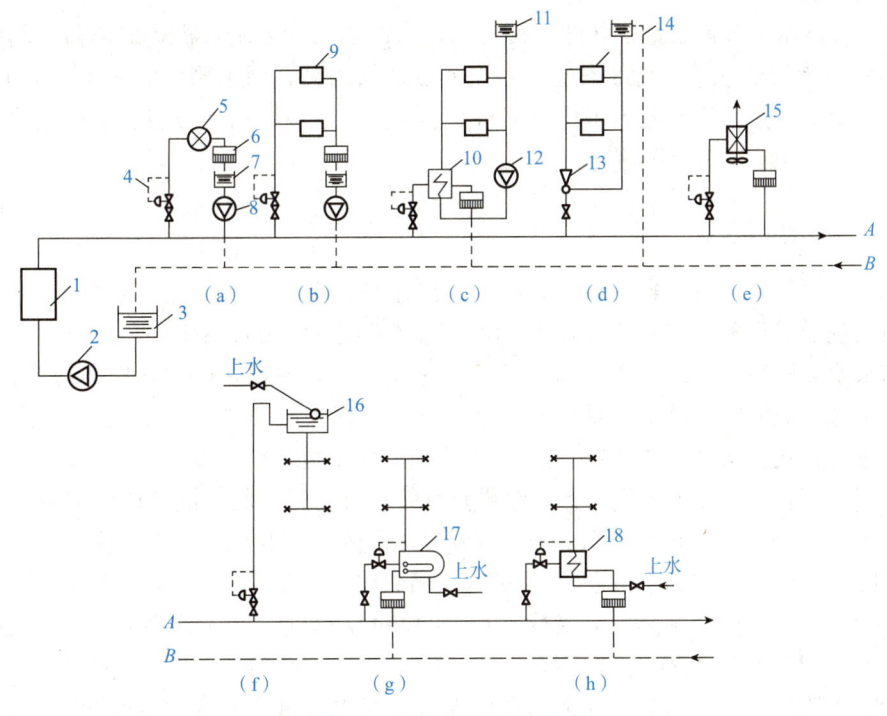

图 7-4　蒸汽供热系统示意

(a)生产工艺热用户与蒸汽网路的连接；(b)蒸汽供暖用户与蒸汽网路的连接；(c)热水供应热用户与蒸汽网路的连接；
(d)采用蒸汽喷射器的连接；(e)通风热用户与蒸汽网路的连接；(f)蒸汽直接加热的连接；
(g)采用容积式加热器的间接连接；(h)无储水箱的间接连接

1—蒸汽锅炉；2—锅炉给水泵；3—凝结水箱；4—减压阀；5—生产工艺用热设备；6—疏水器；7—凝结水箱；
8—凝结水泵；9—散热器；10—供暖用蒸汽-水换热器；11—膨胀水箱；12—循环水泵；13—蒸汽喷射器；
14—溢流管；15—空气加热装置；16—上部储水箱；17—容积式换热器；18—热水供应热用户的蒸汽-水换热器

图 7-4(a)所示为生产工艺热用户与蒸汽网路的连接。蒸汽在生产工艺用热设备通过间壁式

换热器放热后，凝结水返回热源。当蒸汽在生产工艺用热设备使用后，凝结水有污染的可能或回收凝结水在技术经济上不合理时，凝结水可采用不回收的方式。此时，应在热用户内对其凝结水及其热量加以就地利用。对于直接用蒸汽加热的生产工艺，凝结水当然不回收。

图 7-4(b)所示为蒸汽供暖用户与蒸汽网路的连接。高压蒸汽通过减压阀减压后进入热用户，凝结水通过疏水器进入凝结水箱，再用凝结水泵将凝结水送回热源。

如果热用户需要采用热水供暖系统，则可采用在热用户引入口安装换热器或蒸汽喷射器的连接方式。

图 7-4(c)所示为热水供应热用户与蒸汽网路的连接，其与前述图 7-1(j)所示的方式相同。不同点只是在热用户引入口处安装蒸汽-水换热器。

图 7-4(d)所示是采用蒸汽喷射器的连接。蒸汽喷射器与前述水喷射器的构造和工作原理基本相同。蒸汽在蒸汽喷射器的喷嘴处产生低于热水供暖系统回水的压力，回水被抽引进入蒸汽喷射器并被加热，通过蒸汽喷射器的扩压管段，压力回升，使热水供暖系统的热水不断循环，系统中多余的水量通过水箱的溢流管返回凝结水管。

图 7-4(e)所示为通风热用户与蒸汽网路的连接。它采用简单的直接连接。如果蒸汽压力过高，则在热用户引入口处装设减压阀。

图 7-4(f)所示为蒸汽直接加热的连接。图 7-4(g)所示为采用容积式加热器的间接连接。图 7-4(h)所示为无储水箱的间接连接。如果需安装储水箱，则水箱可设在系统的上部或下部。这些系统的适用范围和基本工作原理与前述连接热水网路的同类型热水供应热用户[图 7-1(m)～(o)]相同，这里不再赘述。

二、凝结水回收系统

蒸汽在用热设备内放热凝结后，凝结水流出用热设备，经疏水器、凝结水管道返回热源的管路系统及其设备组成的整个系统，该系统称为凝结水回收系统。

凝结水温度较高(一般为 80～100 ℃)，同时又是良好的锅炉补水，应尽可能回收。凝结水回收率低，或回收的凝结水水质不符合要求，使锅炉的补给水量增大，增加水处理设备投资和运行费用，增加燃料消耗。因此，正确地设计凝结水回收系统，在运行中提高凝结水回收率，保证凝结水的质量，是蒸汽供热系统设计与运行的关键性技术问题。

凝结水回收系统按其是否与大气相通，可分为开式凝结水回收系统和闭式凝结水回收系统。

按凝结水流动的方式不同，凝结水可分为单相流和两相流两大类。单相流又可分为满管流和非满管流两种流动方式。满管流是指凝结水靠水泵动力或位能差，充满整个管道截面进行有压流动的方式；非满管流是指凝结水并不充满整个管道断面，靠管路坡度流动的方式。

按凝结水流动的动力不同，凝结水可分为机械回水和重力回水。机械回水是利用水泵动力驱使凝结水满管有压流动；重力回水是利用凝结水位能差或管线坡度，驱使凝结水满管或非满管流动。

凝结水回收系统往往包括多种流动状态的凝水管段。凝结水回收系统主要按热用户通往锅炉房或分站凝结水箱的凝结水管段的流动方式和驱动力进行命名，有下列几种。

1. 非满管流的凝结水回收系统(低压自流式系统)

工厂内各车间的低压蒸汽经用热设备放热后，流出疏水器(或不经疏水器)的凝结水压力接近零。凝结水依靠重力，沿着坡向锅炉房凝结水箱的凝结水管道，自流返回锅炉房凝结水箱，如图 7-5 所示。

低压自流式系统只适用于供热面积小，根据地形坡向设置凝结水箱的场合，锅炉房应位于全厂的最低处，其应用范围受到很大限制。

2. 两相流的凝结水回收系统(余压回收系统)

工厂内各车间的高压蒸汽供热后的凝结水，经疏水器后仍具有一定的背压。依靠疏水器后的背压将凝结水直接接到室外凝结水管网，送回锅炉房或分站的凝结水箱，如图 7-6 所示。

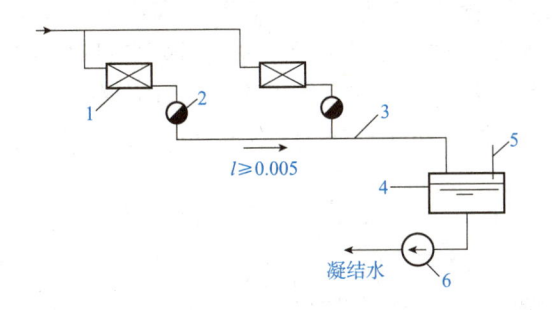

图 7-5 低压自流式系统
1—车间用热设备；2—疏水器；3—室外自流凝结水管道；
4—凝结水箱；5—排汽管；6—凝结水泵

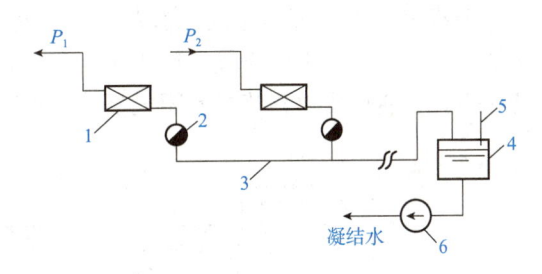

图 7-6 余压回收系统
1—用汽设备；2—疏水器；3—室外凝结水管网；
4—凝结水箱；5—排汽管；6—凝结水泵

余压回收系统的一个主要特点如下：由于饱和凝结水通过疏水器及其后管道造成压降，产生二次蒸汽，以及不可避免的疏水器漏汽，所以凝结水在疏水器后管道中的流动属于两相流的流动状态，凝结水管道的管径较大。但是，余压回收系统设备简单，根据疏水器的背压高低，系统作用半径一般可达 500～1 000 m。因此，余压回收系统是应用最广的一种凝结水回收系统，适用于全厂耗汽量较少、用汽点分散、用汽参数(压力)比较一致的蒸汽供热系统。

3. 重力式满管流凝结水回收系统

工厂中各车间用热设备排出的凝结水，经余压凝结水管道，首先集中到一个承压的高位水箱(或二次蒸发箱)，在箱中排出二次蒸汽后，纯凝结水直接流入室外凝结水管网，如图 7-7 所示。靠着高位水箱(或二次蒸发箱)与锅炉房或凝结水分站的凝结水箱顶部回形管之间的水位差，凝结水充满整个凝水管道流回凝结水箱。由于室外凝结水管网不含二次蒸汽，所以凝结水管径可小些。重力式满管流凝结水回收系统工作可靠，适用于地势较平坦且坡向热源蒸汽供热的系统。

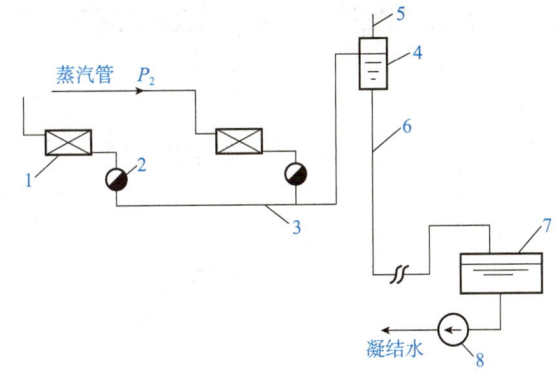

图 7-7 重力式满管流凝结水回收系统
1—车间用热设备；2—疏水器；3—余压凝结水管道；
4—高位水箱(或二次蒸发箱)；5—排汽管；
6—室外凝结水管网；7—凝结水箱；8—凝结水泵

上面介绍的三种凝结水回收系统均属于开式凝结水回收系统。系统中的凝结水箱或高位水箱与大气相通。在系统运行期间，二次蒸汽通过凝结水箱或高位水箱顶的排气管排出，

· 111 ·

凝结水的水量和热量未能得到充分的利用或回收。在系统停止运行期间，空气通过凝结水箱或高位水箱进入系统，使凝结水含氧量增加，凝结水管道易腐蚀。

4. 闭式余压凝结水回收系统

闭式余压凝结水回收系统（图7-8）的工作情况与上述余压凝结水回收系统无原则性的区别，只是凝结水箱必须是承压水箱并且需要设置一个安全水封，安全水封的作用是使凝结水回收系统与大气隔断。当二次蒸汽压力过高时，二次蒸汽从安全水封排出；在系统停止运行时，安全水封可防止空气进入。

室外凝结水管道的凝结水进入凝结水箱后，大量的二次蒸汽和漏汽被分离出来，可通过一个蒸汽-水加热器，利用二次蒸汽和漏汽的热量。这些热量可用于加热锅炉房的软化水或加热上水用于热水供应或生产工艺。为了使闭式凝结水箱在系统停止运行时能保持一定的压力，宜通过压力调节器向闭式凝结水箱进行补汽，补汽压力一般不高于5 kPa。

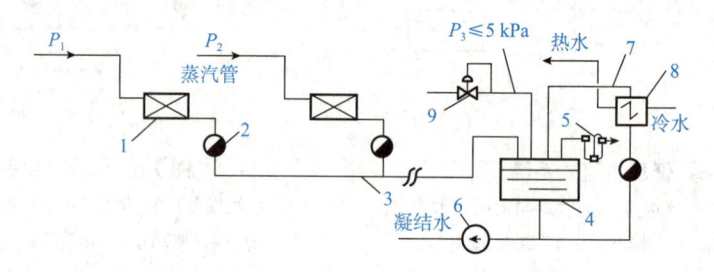

图7-8 闭式余压凝结水回收系统
1—车间用热设备；2—疏水器；3—余压凝结水管；4—闭式凝结水箱；5—安全水封；
6—凝结水泵；7—二次汽管道；8—蒸汽-水加热器；9—压力调节器

5. 闭式满管流凝结水回收系统

闭式满管流凝结水回收系统如图7-9所示，车间生产工艺用热设备的凝结水集中送到各车间的二次蒸发箱，产生的二次蒸汽可用于供暖。

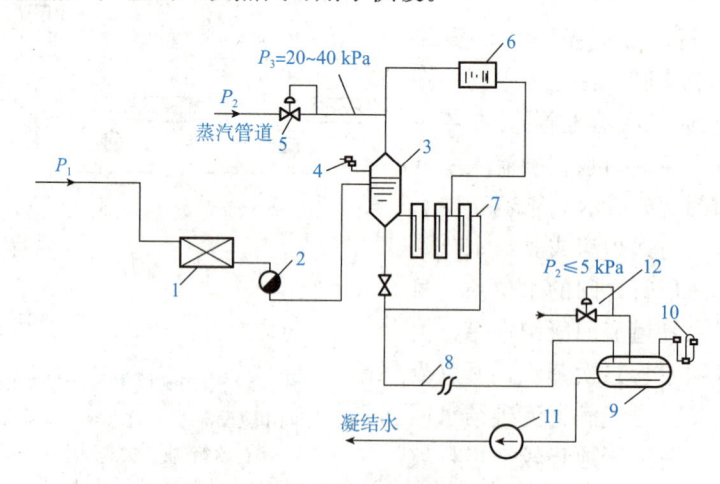

图7-9 闭式满管流凝结水回收系统
1—车间生产工艺用热设备；2—疏水器；3—二次蒸发箱；4—安全阀；5—补汽的压力调节阀；
6—散热器；7—多级水封；8—室外凝结水管道；9—凝结水箱；10—安全水封；11—凝结水泵；12—压力调节器

· 112 ·

二次蒸发箱的安装高度一般为 3.0~4.0 m，设计压力一般为 20~40 kPa，在运行期间，二次蒸发箱的压力取决于二次蒸汽利用的多少。当生成的二次蒸汽少于所需量时，可通过减压阀补汽，满足需要和维持箱内压力。

二次蒸发箱内的凝结水经多级水封引入室外凝水管网，靠多级水封与凝结水箱顶的回形管的水位差，使凝结水返回凝结水箱，凝结水箱应设置安全水封，以保证凝结水回收系统不与大气相通。

闭式满管流凝结水回收系统适用于能分散利用二次蒸汽、厂区地形起伏不大、根据地形坡向设置凝结水箱的场合。由于该系统利用了二次蒸汽，且热能利用好、回收率高，外网管径通常较余压回收系统小，但各季节的二次蒸汽供求不易平衡，设备增加，目前在国内应用尚不普遍。

6. 加压回水系统

加压回水系统如图 7-10 所示。对较大的蒸汽供热系统，如选择余压回水或闭式满管重力回水方式，要相应选择较粗的凝水管径，在经济上不合理。可在一些热用户处设置凝结水箱，收集该热用户或邻近几个热用户的凝结水，然后用凝结水泵将凝结水输送回热源的总凝结水箱。这种利用水泵的机械动力输送凝结水的系统称为加压回水系统。在该系统中，凝结水满管流动。该系统可以是开式系统，也可是闭式系统，取决于它是否与大气相通。

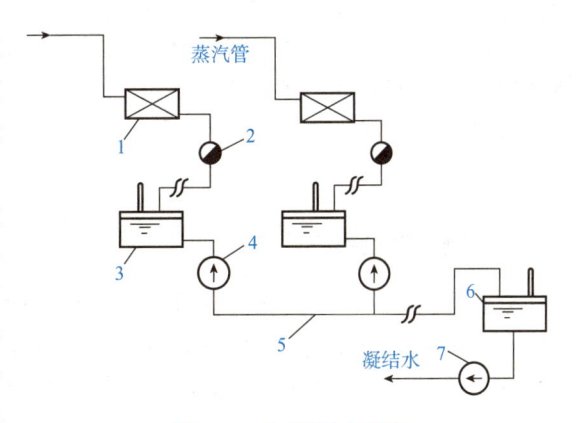

加压回水系统增加了设备和运行费用，一般多用于较大的蒸汽供热系统。

图 7-10 加压回水系统

1—车间用热设备；2—疏水器；
3—车间或凝结水泵分站内的凝结水箱；
4—车间或凝结水泵分站内的凝结水泵；
5—室外凝结水管道；6—热源的总凝结水箱；7—凝结水泵

上述几种系统是目前最常用的凝结水回收系统。选择凝结水回收系统时，必须全面考虑热源、外网和热用户的情况；各热用户的回水方式应相互适应，不得各自为政，干扰整个系统的凝结水回收，同时，要尽可能地利用凝结水的热量。

任务四　热网形式与多热源联合供热

热网是集中供热系统的主要组成部分，负责输送热能。热网的形式取决于热媒（蒸汽或热水）、热源（热电厂或区域锅炉房等）与热用户的相互位置和供热地区热用户种类、热负荷大小和性质等。

热网按照形状可分为枝状管网和环状管网；按照热源的个数可分为单一热源管网和多热源管网。传统的热网大部分为单一热源的枝状管网，近年来集中供热面积达到数十万至数百万平方米。以热电厂为热源或具有几个大型区域锅炉房的热水供热系统，其供暖建筑面积甚至达到数千万平方米，因此多热源联合供热系统逐渐增多。热网形式与多热源联合供热系统的选择应遵循供热的可靠性、经济性和灵活性的基本原则。

一、蒸汽供热系统

蒸汽作为热媒，主要用于工厂的生产工艺用热。热用户主要是工厂的各生产设备，比较集中且数量不多，因此单根蒸汽管和凝结水管的形式是最普遍的热网形式，同时采用枝状管网布置，如图7-11所示。

在凝结水质量不符合回收要求或凝结水回收率很低，敷设凝结水管道明显不经济时，可不敷设凝结水管道，但应在热用户处充分利用凝结水的热量。当工厂的生产工艺用热不允许中断时，可采用复线蒸汽管供热的热网形式。当工厂各热用户所需的蒸汽压力相差较大，或季节性热负荷占总热负荷的比例较大时，可考虑采用两根蒸汽管或多根蒸汽管的热网形式。

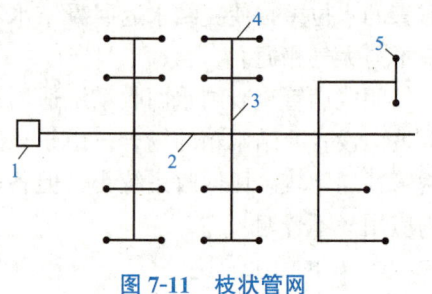

图7-11 枝状管网
1—热源；2—主干线；3—支干线；
4—热用户支线；5—热用户引入口
注：双管热网以单线表示，各种附件未标出

二、热水供热系统

枝状管网布置简单，投资较节省，运行管理方便。供热管道的直径随与热源距离的增大而逐渐减小。枝状管网不具有后备供热的性能。当枝状管网某处发生故障时，在故障点以后的热用户都将停止供热。但由于建筑物具有一定的蓄热能力，通常可采用迅速消除热网故障的办法，以使建筑物室温不致大幅降低。因此，枝状管网是热网最普遍的方式。

为了在热网发生故障时缩小事故的影响范围和迅速消除故障，在与干管连接的管路分支处、与分支管路连接的较长的热用户支管处，均应装设阀门。

图7-12所示是大型热水供热系统示意。热网供水从热源沿输送干线、输配干线、支干线、热用户支线进入二级热力站；热网回水从各热力站沿相同线路返回热源。后面的热网通常称为二级管网，按枝状管网布置，它将热能由热力站分配到一个或几个街区的建筑物中。

管线上阀门的配置基本原则与前述相同。对于大型热网，在长度超过2 km的输送干线（无分支管的干线）和输配干线（指有分支管线接出的主干线和支干线）上，还应设置分段阀门。《城镇供热管网设计标准》(CJJ/T 34—2022)规定：输送干线每隔2 000~3 000 m，输配干线每隔1 000~1 500 m，长输管线每隔4 000~5 000 m宜装设一个分段阀门。

对具有几根输配干线的热网，宜在输配干线之间设置连通管（如图7-12中虚线所示）。在正常工作情况下，连通管上的阀门关闭。当一根干线出现故障时，可通过关闭干线上的分段阀门，开启连通管上的阀门，由另一根干线向出现故障的干线的一部分热用户供热。连通管的配置提高了整个热网的供热后备能力。连通管的流量应按热负荷较大的干线切除故障段后，供应其余热负荷的70%确定。当然，增加干线之间的连通管的数目和减小输送干线两个分段阀门之间的距离可以提高热网供热的可靠性，但热网的基建费用也相应增加。

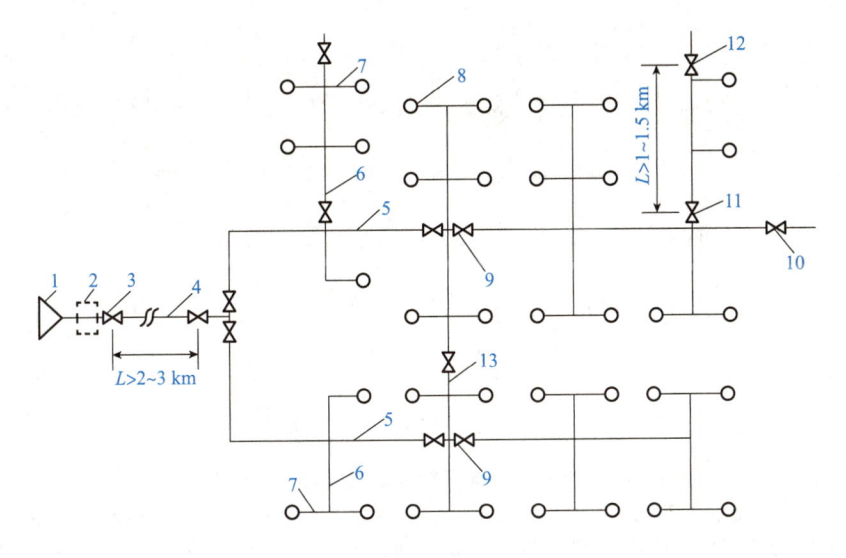

图 7-12 大型热水供热系统示意

1—热电厂；2—区域锅炉房；3—热源出口分段阀门；4—输送干线；5—输配干线；
6—支干线；7—热用户支线；8—二级热力站；9~12—输配干线上的分段阀门；13—连通管

注：双线管路以单线表示

对供热范围较大的区域锅炉房供热系统，通常也需设置热力站。热网布置的基本原则与上述相同。《城镇供热管网设计标准》(CJJ/T 34—2022)规定：供热面积大于(1 000×10 000) m² 的供热系统应采用多热源联合供热的方式。

目前，多热源联合供热系统主要有热电厂与区域锅炉房联合供热、几个区域锅炉房联合供热、几个热电厂联合供热三种热源组合方式。下面主要介绍热电厂与区域锅炉房联合供热系统。

(1)在热电厂与区域锅炉房联合供热系统中，区域锅炉房可设置在热电厂出口处，也可远离热电厂分散布置。

图 7-12 所示是区域锅炉房设在热电厂出口处的示意(图中的虚线方框表示区域锅炉房)。在室外气温较高时，只由热电厂向全区供热，当室外温度降低到热电厂不能满足供热量需求时，区域锅炉房开始投入运行，以提高供水温度补充不足的供热量，并向整个热网供热。

区域锅炉房设在热源出口处，集中加热热网循环水，这样可统一按各热力站所要求的供水温度和流量分配热能，使热网的水力工况和热力工况趋于一致，运行管理容易。

(2)图 7-13 所示是热电厂与外置区域锅炉房联合供热系统示意。

(3)图 7-14 所示是由两个热电厂和外置区域锅炉房组成的多热源环状管网联合供热系统示意。热网的特点是输配干线(有分支接出的干线)呈环状，支干线从环状管网分出，再送到各热力站。环状管网的最大优点是具有很高的供热可靠性。当输配干线某处出现事故时，切除故障管段后，通过环状管网由另一方向保证供热。热电厂与几个外置热源联合供热的运行方式有多热源联网运行、多热源解列运行和多热源分别运行三种。

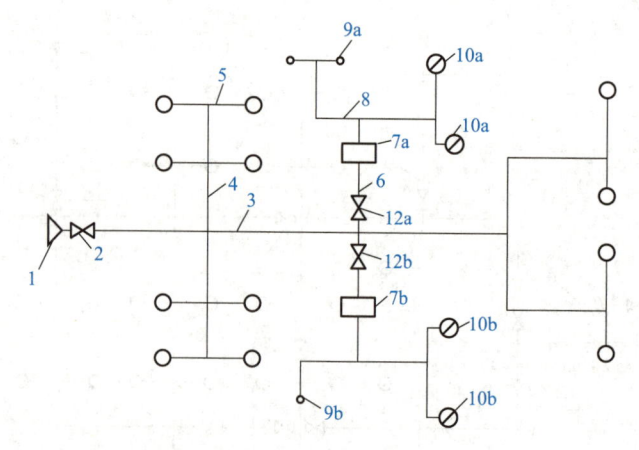

图7-13　热电厂与外置区域锅炉房联合供热系统示意

1—热电厂；2—热源出口阀门；3—主干线；4—支干线；5—热用户支线；6—通向区域锅炉房的输配干线；7a，7b—区域锅炉房；8—区域锅炉房供热范围内的管线；9a，9b，10a，10b—区域锅炉房供热范围内的热用户引入口和热力站；11—整个供暖季只由热电厂供热的热力站；12a，12b—隔绝阀门

注：双线管路以单线表示

1) 多热源联网运行是指在采暖期基本热源（热电热源）首先投入运行，随气温变化基本热源满负荷后，把调峰热源（区域锅炉房热源）投入热网，让它与基本热源共同在热网中供热的运行方式。在整个采暖期，基本热源满负荷运行，调峰热源负责随气温变化增减的负荷。各热源的热媒统一送入热网，统一调度，统一分配到各热用户，水力工况相关。

2) 多热源解列运行是指在采暖期基本热源首先投入运行，随气温变化用阀门逐步调整基本热源和调峰热源的供热范围的运行方式。基本热源满负荷后，分隔出部分管网划归调峰热源供热，并随气温变化逐步扩大或缩小分割出的管网范围，使基本热源在运行期间接近满负荷。这种方式实质还是多个单热源的供热系统分别运行，各热源的供热区域可通过改变隔断阀的位置进行调整，水力工况互不相干。因此，多热源解列运行管理简单，但不能最大限度地发挥并网运行的优势。

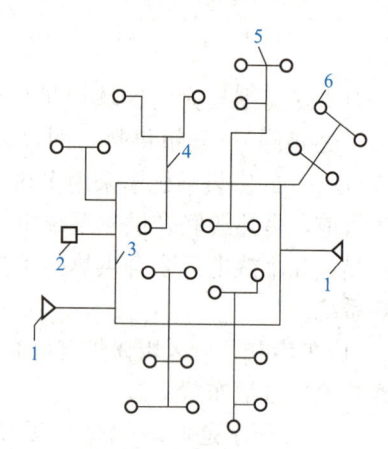

图7-14　多热源环状管网联合供热系统示意

1—热电厂；2—区域锅炉房；3—环状管网；4—支干线；5—分支管线；6—热力站

注：双线管路以单线表示，阀门未标出

3) 多热源分别运行是指用阀门分割各热源的供热范围，即在采暖期将热网用阀门分隔成多个供热区域，由各热源分别供热的运行方式。这种运行方式实质是多个单热源的供热系统独立运行。

目前我国三种运行方式都有应用实例，但后两种居多。

若将图7-13所示系统设计为多热源解列运行方式，则在热电厂供热量不能满足整个系统的热需求时，将输配干线的隔绝阀门12a关断，区域锅炉房7a开始向该区域供热，热电厂供热量转移到其他热区。当气温继续下降时，热电厂供热量又不能满足所剩区域时，再关闭隔绝阀 12b,区域锅炉房 7b 投入运行。此时三个热源独立向各自的系统供热,水力工况互不相关。

若将图 7-13 所示系统设计为多热源分别运行方式,则在整个采暖期,不管气温如何变化,隔绝阀门始终处于关闭状态,热电厂和区域锅炉房始终独立向所辖区域供热,水力工况互不相关。这种多热源并网仅在某热源出现故障时提供最低的供热保证率。

若将图 7-14 所示系统设计为多热源联网运行方式,就要依据热负荷延续图规定的热源启动顺序和时间,依次投入运行,联合向热用户进行足量供热。三个热源位于同一热网中,热网在任何时刻、任何节点的压力、流量具有唯一性。供热系统的最不利压差控制点随各热源供热能力的调配而变化。热源之间水力工况密切相关。在多热源联网运行方式中,需要对热源、热网、换热站等进行自动监测和控制,以及通过各热源循环水泵的变速运行来保持热网最不利压差控制点满足资用压差的要求。多热源环状管网也可采取解列运行方式和分别运行方式,当采取解列运行方式时,环状管网上也应设置相应的截断阀门。

由此可见,在热电厂与外置区域锅炉房联合供热系统中,在整个供暖期间,各热源的供热区域、热网的压力状况、流量状况等与联合运行方式有关。联网运行时,整个热网的水力工况与热力工况比较复杂,需要配以自动监测和自动控制系统。相比而言,联网运行最复杂,解列运行较为简单,分别运行最简单。前两种运行方式都需要逐年随着热用户的变化制定相应的运行调节方案。

外置区域锅炉房的热源布置灵活,便于利用城市中已有的大型热水锅炉房与热电厂联合供热。

另外,环状管网和枝状管网相比,热网投资增大,运行管理更为复杂,需要采取自动控制措施。若几个热电厂的输送干线设置连通管,而不采用环状管网的方式,则在一定程度上也可以提高整个热网的供热可靠性。

多热源联合供热系统与单热源供热系统相比具有如下主要优点:热电厂与区域锅炉房联合供热有利于最大限度地发挥热电厂的供热能力,从而整体提高燃料的利用效率,实现不同品位能量的梯级利用,最大化节能与保护环境;区域锅炉房联合供热,通过增加燃料价格较低的区域锅炉房的供热小时数、相对减少燃料价格高的锅炉房的运行时数,通过优化区域锅炉房的位置、各热源的供热能力及其比例、管网布置等来整体提高供热的经济性。

由于热源数目较多,所以整个系统的供热安全率得到保证,个别热源出现事故不致影响整个系统的供热能力;配置相应的环状管网,可以提高整个系统的供热后备能力。

思考题与实训练习题

1. 思考题

(1)集中供热系统方案的确定原则是什么?

(2)集中供热系统的分类有哪些?

(3)热水供热系统主要采用哪两种形式?

(4)闭式系统和开式系统的区别有哪些?

(5)什么叫作直接连接?什么叫作间接连接?它们各适用于什么场合?

(6)热水供应热用户与热网的连接方式有哪几种？
(7)一般的住宅和公共建筑热水供热系统采用哪种连接方式？
(8)闭式热水供热系统的优、缺点有哪些？
2. 实训练习题
根据给定条件，确定某建筑供暖系统与热网的连接方式。

项目八　热水网路水力计算

知识目标

1. 了解集中供热系统水力计算任务；
2. 熟悉热水网路水力计算原理；
3. 掌握热水网路水力计算方法。

能力目标

能够根据给定条件，进行热水网路水力计算。

素质目标

基于水力平衡原理，调整管径至合理范围，养成精益求精的工作作风。

任务一　热水网路水力计算原理

热水网路水力计算的主要任务是根据热媒和允许比摩阻，选择各管段的管径，或者根据管径和允许压降，校核系统需要输送带热体的流量，或者根据流量和管径计算管路压降，为设计热源和选择循环水泵提供必要的数据。

对于热水网路，还可以根据水力计算结果和沿管线建筑物的分布情况、地形变化等绘制管网水压图，进而控制和调整热水网路的水力工况，并为确定管网与用户的连接方式提供依据。

根据流体力学的基本原理可知，水在管道内流动，必然要克服阻力产生能量损失。水在管道内流动有两种形式的阻力和损失，即沿程阻力与沿程损失、局部阻力与局部损失。

一、沿程损失的计算

沿程损失是由沿程阻力引起的能量损失，而沿程阻力是流体在断面和流动方向不变的直管道中流动时产生的摩擦阻力。

单位长度沿程损失可根据达西-维斯巴赫公式计算：

$$R = \frac{\lambda}{d} \cdot \frac{\rho V^2}{2} \tag{8-1}$$

式中　R——单位长度沿程损失(Pa/m)；
　　　d——管道内径(m)；
　　　V——流体的平均流速(m/s)；

ρ——流体的密度(kg/m^3);

λ——沿程阻力系数。

实际工程计算中往往已知流量，则流速可用流量表示：

$$V = \frac{G}{3\,600 \times \frac{\pi}{4} \times d^2 \rho} \tag{8-2}$$

式中，流量 G 的单位为 kg/h。将式(8-2)代入式(8-1)，经整理后，可得

$$R = 6.25 \times 10^{-8} \frac{\lambda}{\rho} \cdot \frac{G^2}{d^5} \tag{8-3}$$

由于室外热水网路的水流量很大，所以一般工程上通常以 t/h 为单位，这样式(8-3)可改写为

$$R = 6.25 \times 10^{-2} \frac{\lambda}{\rho} \cdot \frac{G^2}{d^5} \tag{8-4}$$

由于室外热水网路的水的流动速度通常高于 0.5 m/s，蒸汽的流动速度通常高于 7 m/s，所以管网内流体的流动状态大多处于紊流的阻力平方区，其摩擦阻力系数 λ 多按下式计算：

$$\lambda = 0.11(K/d)^{0.25} \tag{8-5}$$

式中 K——管道内壁面的绝对粗糙度。

K 值推荐值：室外热水网路，$K=0.5$ mm；室内热水管道，$K=0.2$ mm；蒸汽管道，$K=0.2$ mm；闭式凝结水管道，$K=0.5$ mm；开式凝结水管道，$K=1.0$ mm；生活热水管道，$K=1.0$ mm。上式中其余符号意义同前。

将式(8-5)代入式(8-4)得

$$R = 6.88 \times 10^{-3} K^{0.25} \frac{G^2}{\rho d^{5.25}} \tag{8-6}$$

按上式中各变量之间的函数关系制成不同形式的计算图表供计算使用，可以大大简化计算工作。附表 8-1 为热水网路水力计算表，它们都是在一定的管壁粗糙度和一定的热媒密度下编制而成的，若使用条件与制表条件不同，则应注意对有关数值进行修正。

(1)管道的实际绝对粗糙度与制表的绝对粗糙度不符，则

$$R_{sh} = (K_{sh}/K_b)^{0.25} \cdot R_b = mR_b \tag{8-7}$$

式中 R_b，K_b——制作条件下的管壁绝对粗糙度和表中比摩阻值，$K_b = 0.5$ mm；

K_{sh}——实际条件下的当量绝对粗糙度(mm)；

R_{sh}——相应 K_{sh} 情况下的实际比摩阻值(Pa/m);

m——K 值修正系数，见表 8-1。

表 8-1 K 值修正系数 m 和 β

K/mm	0.1	0.2	0.5	1.0
m	0.669	0.795	1.0	1.189
β	1.495	1.26	1.0	0.84

(2)流体的实际密度与制表的密度不符会导致流速、比摩阻及管径的不同，则

$$V_{sh} = (\rho_b/\rho_{sh})V_b \tag{8-8}$$

$$R_{sh} = (\rho_b/\rho_{sh})R_b \tag{8-9}$$

$$d_{sh}=(\rho_b/\rho_{sh})^{0.19}d_b \tag{8-10}$$

式中　ρ_b，V_b，R_b，d_b——制表条件下的密度、流速、比摩阻、管道内径；

ρ_{sh}，V_{sh}，R_{sh}，d_{sh}——实际条件下的密度、流速、比摩阻、管道内径。

需要指出的是，水的密度值随温度的变化很小，实际温度与编制图表时的温度值偏差不大时，热水网路水力计算不必考虑密度不同的修正。但对于蒸汽网路和余压凝结水管网，由于流体密度在沿管道输送过程中变化很大，故应按上述公式进行不同密度的修正计算。

二、局部损失的计算

在室外管网的水力计算中，通常采用当量长度法进行计算，即将管段的局部损失折合成相当量的沿程损失。流体力学基本原理告诉我们，局部损失 $Z=\sum\xi\dfrac{\rho V^2}{2}$，假设某一管件的局部损失恰好相当于某一管段的沿程损失，则可表示为

$$l_d \frac{\lambda}{d}\cdot\frac{\rho V^2}{2}=\sum\xi\times\frac{\rho V^2}{2}$$

由此可得

$$l_d=\frac{d}{\lambda}\sum\xi \tag{8-11}$$

将式(8-5)代入上式得

$$l_d=\frac{d}{0.11(K/d)^{0.25}}\sum\xi=9.1\frac{d^{1.25}}{K^{0.25}}\sum\xi \tag{8-12}$$

式中　l_d——管段局部阻力当量长度(m)；

$\sum\xi$——管段的总局部阻力系数。

其余符号同前。

附表 8-2 为 $K=0.5$ mm 条件下热水网路一些配件(附件)的当量、长度和局部阻力系数值。若使用条件中 K 值与制表条件不符，则应用下式对当量长度进行修正：

$$l_{d\cdot sh}=(K_b/K_{sh})^{0.25}l_{d\cdot b}=\beta l_{d\cdot b} \tag{8-13}$$

式中　K_b，$l_{d\cdot b}$——制表条件下的 K 值及当量长度(m)；

K_{sh}——计算管网实际的绝对粗糙度(m)；

$l_{d\cdot sh}$——实际粗糙度条件下的当量长度(m)；

β——绝对粗糙度的修正系数，见表 8-1。

三、管段总损失的计算

通常把流量和管段均不变化的一段管道叫作计算管段，简称管段。每个管段的压力损失应为沿程损失与局部损失之和，即

$$\Delta P_i=Rl+Rl_d=R(l+l_d)=Rl_{zh} \tag{8-14}$$

式中　ΔP_i——计算管段总损失(Pa)；

l——管段的实际长度(m)；

l_{zh}——管段折算长度(m)。

其余符号同前。

热水网路的总损失，按阻力叠加方法就应等于各串联管段总损失之和，即

$$\Delta P = \sum P_i \tag{8-15}$$

式中　ΔP——热水网路总损失(Pa)。

任务二　热水网路水力计算方法

室外热水网路水力计算是在确定了各热用户的热负荷、热源位置及热媒参数,并且绘制出管网平面布置图后进行的。绘制管网平面布置图时,必须标注清楚热源与各热用户的热负荷(或流量)等参数,计算管段长度及节点编号、管道附件、补偿器以及有关设备位置等。

微课：热水供暖系统水力计算任务和原理

一、热水网路水力计算方法及步骤

1. 确定各管段的设计流量

各管段的设计流量可根据管段热负荷和热水网路供、回水温差来确定：

$$G = 3.6 \frac{Q}{c(t_g - t_h)} \tag{8-16}$$

式中　G——计算管段的设计流量(t/h);

　　　Q——计算管段的热负荷(kW);

　　　t_g, t_h——热水网路的设计供、回水温度(℃);

　　　c——水的比热容,取 $c = 4.187$ kJ/kg·℃。

2. 确定主干线并选择管径

热水网路水力计算应从主干线开始,所谓主干线是指热水网路中允许平均比摩阻最小的管线。在一般情况下,若管网中各热用户均为中、小型供暖热用户,则各热用户要求的作用压差基本相同,这时从热源到最远热用户的管线为主干线。

按城市热力网设计规范规定,主干线的管径宜采用经济比摩阻。经济比摩阻宜根据工程具体条件计算确定。在一般情况下,主干线经济比摩阻可采用 30~70 Pa/m。当管网设计温差较小或供热半径大时取较小值,反之取较大值。

依据各管段设计流量和经济比摩阻即可按附表 8-1 选择管段管径。

3. 计算主干线的压力损失

由上一步骤可知,各管段的管径和实际比摩阻,依据各管段的局部阻力形式、数量,查附表 8-2 确定相应的局部阻力当量长度,按式(8-14)计算主干线各管段的压降,按式(8-15)计算主干线总压降。

4. 计算各分支干线或支线

主干线水力计算完成后,便可以进行热水管网分支线的水力计算。分支线应按管网各分支线始、末两端的资用压力差选择管径,并尽量消耗剩余压力,以使各并联环路之间的压力损失趋于平衡,但应控制管内介质流速不应高于 3.5 m/s,也可以按下式计算：

$$R_{pj} = \frac{\Delta p_z}{\sum L(1 + \alpha_j)} \tag{8-17}$$

式中 Δp_z——管线的总资用压降(Pa);
$\sum L$——管线的总长度(m);
α_j——局部阻力与沿程阻力的比值。

同时,比摩阻不应大于 300 Pa/m,对于只连接一个热用户的支线,比摩阻可大于 300 Pa/m。在实际计算中,由于各环路长短往往差别很大,势必会造成距热源较近的热用户剩余压差过大的情况,所以还需要根据剩余压差的大小在热用户引入口处设置调压板、调节阀门或流量调节器。

对选用 $d/DN<0.2$ 的孔板,调压板的孔径可近似用下式计算:

$$d=10^4\sqrt{\frac{G^2}{H}}\quad(\text{mm}) \tag{8-18}$$

式中 d——调压板的孔径(mm),为了防止堵塞,孔径应不小于 3 mm;
G——管段的计算流量(t/h);
H——调压板需要消耗的剩余压头(mH_2O)。

对选用 $d/DN>0.2$ 的调压板,宜根据有关节流装置的专门资料,利用计算公式或线算图来选择调压板的孔径。

当调压板的孔径较小时易于堵塞,而且调压板不能随意调节,手动调节阀门,运行效果较好。通过手动调节阀门阀杆的启升程度,能调节要求消除的剩余压头值,并对流量进行控制。此外,可以装设自控型的流量调节器,自动消除剩余压头,保证用户的流量。

二、热水网路水力计算举例

【例 8-1】 某工厂厂区热水供热系统,其热水网路平面布置图(各管段的长度、阀门及方形补偿器的布置)如图 8-1 所示。热水网路的计算供水温度 $t_g=130\ ℃$,计算回水温度 $t_h=70\ ℃$。用户 $E、F、D$ 的设计热负荷 Q 分别为 1 000 kW、700 kW 和 1 400 kW。热用户内部的阻力为 $\Delta P=5\times10^4$ Pa。试进行该热水网路水力计算。

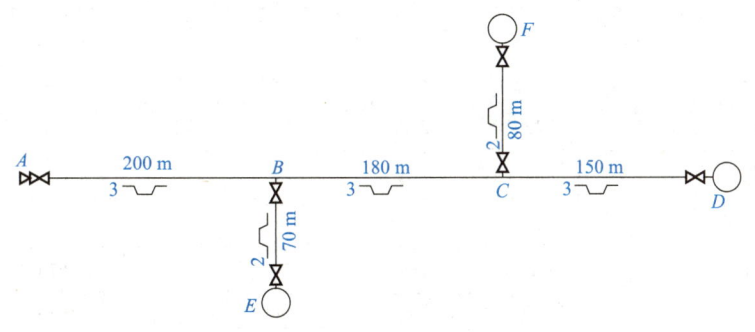

图 8-1 热水网路水力计算

【解】 (1)确定各热用户的设计流量 G。

$$G_D=3.6\frac{Q}{c(t_g-t_h)}=3.6\times\frac{1\ 400}{4.187\times(130-70)}=20(\text{t/h})$$

其他热用户和各管段的设计流量的计算方法同上。将各管段的设计流量列入表 8-2 的第 2 栏,并将已知各管段的长度列入表 8-2 的第 3 栏。

(2)进行热水网路主干线计算。因为各热用户内部的压力损失相等,所以从热源到最远热用户 D 的管线是主干线。

首先取主干线的平均比摩阻为 30~70 Pa/m，确定主干线各管段的管径。

管段 AB：计算流量 $G_{AB}=14+10+20=44(\text{t/h})$。

根据管段 AB 的计算流量和 R 值的范围，由附表 8-1 可确定管段 AB 的管径和相应的比摩阻 R 值。

$$DN=150 \text{ mm}; \quad R=44.8 \text{ Pa/m}$$

管段 AB 中局部阻力的当量长度 l_d，可由热水网路局部阻力当量长度表查出。

闸阀：$1\times2.24=2.24(\text{m})$；方形补偿器：$3\times15.4=46.2(\text{m})$。

局部阻力当量长度之和：$l_d=2.24+46.2=48.44(\text{m})$。

管段 AB 的折算长度：$l_{zh}=200+48.44=248.44(\text{m})$。

管段 AB 的压力损失：$\Delta P=R_m l_{zh}=44.8\times248.44=11\,130(\text{Pa})$。

用同样的方法，可计算干线的其余管段 BC，CD，确定其管径和压力损失。将结果列入表 8-2。

管段 BC 和 CD 的局部阻力当量长度 l_d 如下。

管段 BC：DN=125 mm；　　管段 CD：DN=125 mm；
直流三通：$1\times4.4=4.4(\text{m})$；　直流三通：$1\times3.3=3.3(\text{m})$；
异径接头：$1\times0.44=0.44(\text{m})$；　异径接头：$1\times0.33=0.33(\text{m})$；
方形补偿器 $3\times12.5=37.5$ m　　　闸阀 $1\times1.65=1.65$
总当量长度 $l_d=42.34$ m　　　　　总当量长度 $l_d=34.68$ m

表 8-2　热水网路水力计算表

管段编号	计算流量 $G'/(\text{t}\cdot\text{h}^{-1})$	管段长度 l/m	局部阻力当量长度之和 l_d/m	折算长度 l_{zh}/m	公称直径 d/mm	流速 $v/(\text{m}\cdot\text{s}^{-1})$	比摩阻 $R_m/(\text{Pa}\cdot\text{m}^{-1})$	管段压力损失 $\Delta P/\text{Pa}$
1	2	3	4	5	6	7	8	9
主干线									
AB	44	200	48.44	248.44	150	0.74	44.8	11 130
BC	30	180	42.34	222.34	125	0.73	54.6	12 140
CD	20	150	34.68	184.68	100	0.76	79.2	14 627
支线									
BE	14	70	18.6	88.6	70	1.09	278.5	24 675
CF	10	80	18.6	98.6	70	0.77	142.2	14 021

(3)进行支线计算。

管段 BE 的资用压差为

$$\Delta P_{BE}=\Delta P_{BC}+\Delta P_{CD}=12\,140+14\,627=26\,767(\text{Pa})$$

设局部损失与沿程损失的估算比值 $\alpha_j=0.6$，则比摩阻大致可控制为

$$R'=\Delta P_{BE}/[l_{BE}(1+\alpha_j)]=26\,767/[70\times(1+0.6)]=239(\text{Pa/m})$$

根据 R' 和 G'_{BE}，由附表 8-1 查得

$DN_{BE}=70$ mm，$R_{BE}=278.5$ Pa/m；$v=1.09$ m/s

管段 BE 中局部阻力的当量长度 l_d，可由热水网路局部阻力当量长度表查出。

三通分流：1×3.0=3.0(m)；方形补偿器 2×6.8=13.6(m)；闸阀 2×1.0=2.0(m)，总当量长度 $l_d=18.6$ m。

管段 BE 的折算长度：$l_{zh}=70+18.6=88.6$(m)。

管段 BE 的压力损失：$\Delta P_{BE}=R_m l_{zh}=278.5×88.6=24\ 675$(Pa)。

用同样方法计算支管 CF，计算结果见表 8-2。

(4) 计算系统总压力损失。

$$\sum \Delta P=\Delta P_{AD}+\Delta P_n=11\ 130+12\ 140+14\ 627+5×10^4=87\ 897\text{(Pa)}$$

任务三 热水网路水压图绘制

一、水压图的基本概念

室外热水网路是由多个热用户组成的复杂管路系统，各热用户既相互联系，又相互影响。管网中各点的压力分布是否合理直接影响系统的正常运行，水压图可以清晰地表示管网和热用户各点的压力高低和分布状况，是分析研究管网压力状况的有力工具。

微课：水压图的原理

水压图是以流体力学中的恒定流实际液体总流的能量方程——伯努利方程为理论基础的。当流体流过某一管段时，根据伯努利方程可以列出 1—1 断面和 2—2 断面之间的能量方程：

$$Z_1+p_1/(\rho g)+\alpha_1 v_1^2/(2g)=Z_2+p_2/(\rho g)+\alpha_2 v_2^2/(2g)+\Delta H_{1-2} \tag{8-19}$$

式中 Z_1，Z_2——断面 1，2 中心线至基准面 0—0 的垂直距离(m)；

p_1，p_2——断面 1，2 处的压力(Pa)；

v_1，v_2——断面 1，2 处的断面平均流速(m/s)；

ρ——水的密度(kg/m)；

g——重力加速度，$g=9.8$ m/s²；

α_1，α_2——断面 1，2 处的动能修正系数，取 $\alpha_1=\alpha_2=1$；

ΔH_{1-2}——断面 1，2 间的水头损失(mH_2O)。

通过分析能量方程的意义可知，能量方程中的各项都可以用"水头"来表示：Z 称为位置水头；$p/(\rho g)$ 称为压强水头；$v^2/(2g)$ 称为流速水头；ΔH_{1-2} 称为水头损失。它们都具有长度的单位，可以用线段表示水头的大小，用几何图形表示总水头沿流程的变化。位置水头 Z、压强水头 $p/(\rho g)$ 和流速水头 $v^2/(2g)$ 三项之和表示断面 1，2 间任意一点的总水头，而在整个热水网路中，各点水的流速变化不大，则 $v_1^2/(2g)-v_2^2/(2g)$ 的值很小，可以忽略不计，那么式(8-19)可简化为

$$Z_1+p_1/(\rho g)=Z_1+p_2/(\rho g)+\Delta H_{1-2} \tag{8-20}$$

或

$$H_1=H_2+\Delta H_{1-2} \tag{8-21}$$

上式就是绘制水压图的理论基础。式中 $H=Z+p/\rho g$ 称为断面测压管水头，各测压管水头所构成的线称为测压管水头线，也称为水压曲线，如图 8-2 中的 CD 所示，AB 称为总水头。H_1 为断面 1 的测压管水头，H_2 为断面 2 的测压管水头，水头损失为两者之差，即

$$\Delta H_{1-2}=H_1-H_2 \quad (8-22)$$

二、热水网路水压图

(一)水压图的组成及作用

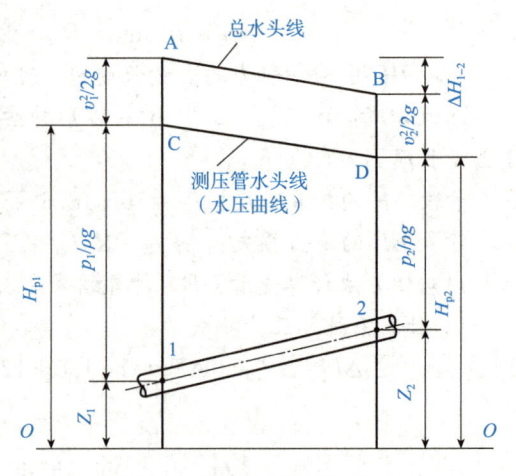

图 8-2 热水网路的水头线

热水网路的水压图是反映热水网路中各点压力分布的几何图形。它由以下三部分组成。

(1)热水网路的平面布置简图(可用单线展开图表示)，位于水压图的下部。

(2)热水网路沿线地形纵剖面图和用户系统高度，位于水压图的中部。

(3)热水网路水压曲线(包括干线与支线)，位于水压图的上部。

现以图 8-3 为例，说明如下。该管网是一个以区域锅炉房为热源的闭式双管系统，用补给水泵定压，有 4 个热用户系统，当管网循环水泵工作时，水泵出口压力最高，其测压管水头为 H_F，入口压力最低，其测压管水头为 H_0。在水泵的驱动下，水在管网中循环流动，因克服阻力，故压力逐渐降低，形成了供、回水管网的动水压线，$ABCDE$ 为供水干管动压线，$A'B'C'D'E'$ 为回水干管动水压线；当循环水泵停止工作时，管网中各点测压管水头均相等，供、回水干管水压曲线合二为一，形成了一条水平的静水压线 $j-j$，静水压线与回水干管动水压线的交点 O 称为定压点，其测压管水头为 H_0 或 H_j。BG 与 $B'G'$、CH 与 $C'H'$、DI 与 $D'I'$ 为热用户供、回水支管动水压力线。

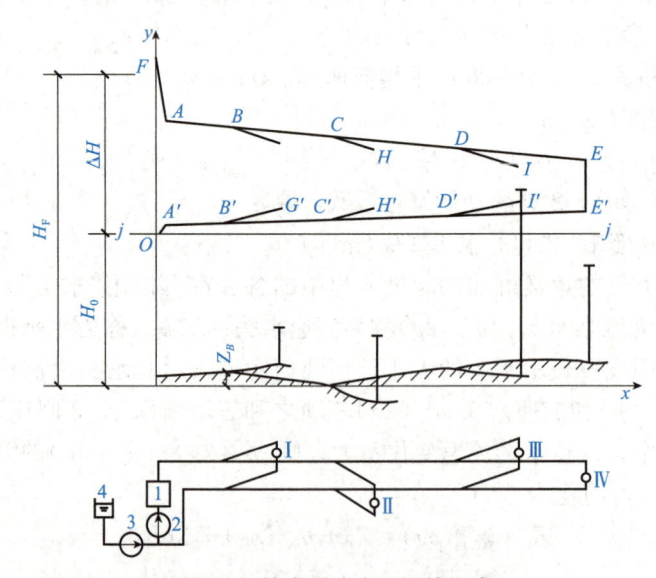

图 8-3 热水网路水压图的组成

1—锅炉；2—循环水泵；3—补给水泵；4—补给水箱；Ⅰ，Ⅱ，Ⅲ，Ⅳ—热用户

通过分析热水网路水压图可知水压图有如下作用。

(1)利用水压图可以确定管网中任意一点的压头。管网中任一点的压头应等于该点测压管水头与位置高度的差。例如 B 与 B' 点，循环水泵运行时：

$$p_B/\rho g = H_B - Z_B \tag{8-23}$$

$$p'_B/\rho g = H'_B - Z_B \tag{8-24}$$

当循环水泵停止运行时：

$$p_B/\rho g = p'_B/\rho g = H_j - Z_B \tag{8-25}$$

(2)确定各管段的压头损失和比压降。管网中任一管段的压头损失，应为该管段起点与终点测压管水头之差。例如管段 AB 的压头损失应为

$$\Delta H_{A-B} = H_A - H_B \tag{8-26}$$

如果管段 AB 的长度为 l_{AB}，则平均比压降为

$$R_{AB} = \Delta H_{AB}/l_{AB} \tag{8-27}$$

(3)利用水压图可知循环水泵的扬程。
(4)利用水压图可知供热管网中任一热用户的资用压力。

(二)绘制水压图的技术要求

绘制水压图时，室外热水网路的压力状况应满足以下基本要求。

(1)与室外热水网路直接连接的热用户系统内的压力不允许超过该热用户系统的承压能力。如果热用户系统使用常用的柱型铸铁散热器，则其承压能力一般为 0.4 MPa，在系统的管道、阀件和散热器中，底层散热器承受的压力最高，因此作用在该热用户系统底层散热器上的压力，无论在管网运行还是停止运行时，都不允许超过底层散热器的承压能力(一般为 0.4 MPa)。

(2)与室外热水网路直接连接的热用户系统，应保证系统始终充满水，不出现倒空现象。无论同路运行还是停止运行，热用户系统回水管出口处的压力必须高于热用户系统的充水高度，以免倒空吸入空气腐蚀管道，破坏正常运行。

(3)在室外高温水网路和高温水热用户系统内，水温超过 100 ℃ 的地方，热媒压力必须高于该温度下的汽化压力，而且应留有 30～50 kPa 的富裕值。如果高温水热用户系统内最高点的水不汽化，那么其他点的水就不会汽化。不同水温下的汽化压力见表 8-3。

表 8-3　不同水温下的汽化压力

水温/℃	100	110	120	130	140	150
汽化压力/mH₂O	0	4.6	10.3	17.6	26.9	38.6

(4)室外管网任何一点的压力都至少比大气压力高出 5 mH₂O，以免吸入空气。

(5)在热用户引入口处，供、回水管之间应有足够的作用压差。各热用户引入口的资用压差取决于热用户与外网的连接方式，应在水力计算的基础上确定各热用户所需的资用压力。

热用户引入口的资用压差与连接方式有关，以下数值可供选用参考。

1)与热水网路直接连接的供暖系统为 10～20 kPa(1～2 mH₂O)。
2)与热水网路直接连接的暖风机供暖系统或大型的散热器供暖系统为 20～50 kPa(2～5 mH₂O)。
3)与热水网路采用水喷射器直接连接的供暖系统为 80～120 kPa(8～12 mH₂O)。

4)与热水网路直接连接的热计量供暖系统约为 50 kPa(5 mH$_2$O)。

5)与热水网路采用水-水换热器间接连接的热用户系统为 30~80 kPa(3~8 mH$_2$O)。

设置混合水泵的热力站,网路供、回水管的预留资用压差值应等于热力站后二级网路及热用户系统的设计压力损失值之和。

(三)绘制水压图的方法与步骤

现以一个连接 4 个热用户的高温水供热管网为例,说明绘制水压图的方法和步骤。

【例 8-2】 如图 8-4 所示,某室外高温水供热管网,其供水温度 $t=130$ ℃,回水温度 $t=70$ ℃,热用户Ⅰ、Ⅱ 为高温水供暖用户,热用户Ⅲ、Ⅳ为低温水供暖用户,各热用户均采用柱型铸铁散热器,各管段的管径和压力损失见表 8-4,试绘制该供热管网的水压图。

微课:水压图的绘制

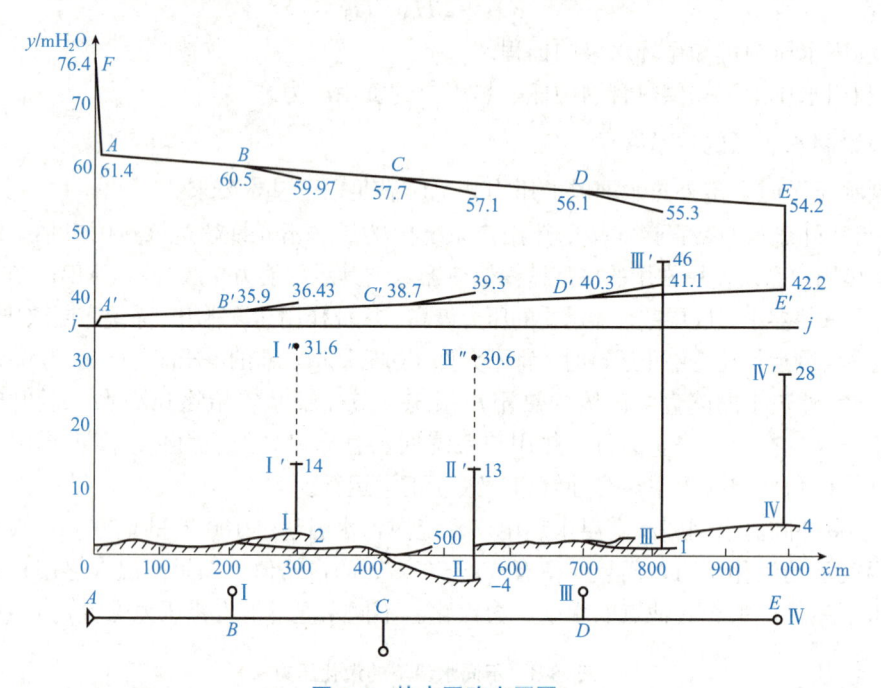

图 8-4 热水网路水压图

表 8-4 各管段的管径及压力损失

管段	流量/ (t·h^{-1})	管径/ mm	长度/ m	压力损失/ mH$_2$O
B	80	200	216	0.937
C	58	150	221	2.755
D	43	150	238	1.634
E	18	100	204	1.831
B-Ⅰ	22	125	113	0.531
C-Ⅱ	15	100	82	0.584
D-Ⅲ	25	125	137	0.834

【解】(1)绘制热水网路的平面布置简图(可用单线展开图表示)。

(2)以热水网路循环水泵中心线的高度(或其他方便的高度)为基准面,沿基准面在纵坐标上按一定的比例尺作出标高刻度,如图8-4中的0—y轴;沿基准面在横坐标上按一定的比例尺作出距离的刻度,如图8-4中的0—x轴。

(3)在横坐标上,找到热水网路中各点或各热用户距热源出口沿管线计算距离的点;在相应点沿纵坐标方向绘制热水网路相对于基准面的标高,构成管线的地形纵剖面图,如图8-4中的阴影部分;还应注明建筑物的高度,如图8-4中的Ⅰ—Ⅰ′、Ⅱ—Ⅱ′、Ⅲ—Ⅲ′、Ⅳ—Ⅳ′;对高温水供暖用户还应在建筑物高度顶部标出汽化压力折合的水柱高度,如虚线Ⅰ′—Ⅰ″、Ⅱ′—Ⅱ″。

(4)绘制静水压曲线。静水压曲线是热水网路循环水泵停止工作时,热水网路中各点测压管水头的连线。因为热水网路中各热用户是相互连通的,所以静止时热水网路中各点的测压管水头均相等,静水压曲线就应该是一条水平直线。

绘制静水压曲线应满足水压图基本技术要求。

1)如各热用户采用铸铁散热器,则与室外热水网路直接连接的热用户系统内压力最大不应超过底层散热器的承压能力,即 H_j = 散热器的承压能力 — 最低热用户系统底层地面标高。

2)与热水网路直接连接的热用户系统内不应出现倒空现象,即 H_j = 最高热用户系统屋顶标高 + 2~5 mH$_2$O(安全余量)。

3)高温水供暖用户最高点处不应出现气化现象,即 H_j = 最高热用户系统屋顶标高 + 供水温度对应的汽化压力 + 2~5 mH$_2$O(安全余量)。

从图8-4中可知,热用户Ⅲ为高层建筑,其顶部标高为46 m,超出其他各热用户标高。欲保证其不倒空,则静压线不能低于46 m。如果考虑2~5 m的安全余量,那么静压线高达48~51 m。结果所有热用户(包括热用户Ⅲ本身),底层散热器均超过工作压力400 kPa。为此,所有热用户必须采用隔绝连接,显然不合理、不经济,故不能按热用户Ⅲ要求确定静压线,而应按能满足大多数热用户的要求来确定。如按热用户Ⅰ不汽化要求,静压线高度最低应为14+17.6=31.6(m),如按热用户Ⅱ不超压要求,则静压线的最高位置应为40—4=36(m)。如果取35 m,则除热用户Ⅲ外,各热用户最高点均不汽化或不倒空,最低点也不超压。可见静压线定为35 m比较合理,至于热用户Ⅲ可采用间接连接方式,与外网隔绝。

(5)确定回水干管水压线。该供热系统采用补给水泵定压,定压点在循环水泵吸水口处,它是静压线与回水干管水压线的交点0,也就是说回水干管末端的测压管水头已定,即35 m。这样根据各管段的压力损失就可顺次计算出 B'、C'、D' 及 E' 各点的测压管水头值,回水干管起端的测压管水头为35+0.937+2.755+1.634+1.831≈42.2(m)。在图中标出各点测压管水头值,将各点连接起来就构成了回水干管的动水压线,该线已高出静压线,故也满足第(1)~(3)条要求,同时满足第(4)条要求。

(6)确定供水干管水压线。供水干管水压线应满足任何一点不汽化,并应保证热用户有足够资用压力的要求。热用户Ⅳ为低温水供暖用户,考虑能用混水器的直接连接,资用压头应为8~12 mH$_2$O,取12 m,则热用户Ⅳ的入口即供水干管末端 E 测压管水头应为42.2+12=54.2(m)。然后,依次计算出各中间点 D、C、B 及供水干管起端 A 测压管水头值,连接各点即可构成供水干管的动水压线。结果供水干管起端 A 测压管水头为54.2+

$1.831+1.634+2.755+0.937 \approx 61.4 \text{(m)}$。

(7)确定循环水泵出口总水头及扬程。如锅炉房内部设备管道阻力为 15 mH$_2$O，则循环水泵出口 F 点测压管水头即总水头为 $61.4+15=76.4 \text{(m)}$。

循环水泵的扬程为 $\Delta H=76.4-35=41.4(\text{mH}_2\text{O})$。

(8)确定支管水压线。为了绘制支管水压线，必须知道支管与热水网路干管连接点及热用户引入口处的测压管水头。例如：热用户Ⅰ供水支管与干管连接点水头为 60.5 m，则热用户引入口测压管水头为 $60.5-0.53=59.97\text{(m)}$。

热用户Ⅰ回水支管与干管连接点水头为 35.9 m，则出口测压管水头为 $35.9+0.53=36.42\text{(m)}$。

根据支管与干管连接点水头值和热用户引入口的水头值，即可画出供水支管与回水支管水压线。各热用户支管水压线及其测压管水头如图 8-5 所示。

至此静水压力线，供回水干管、支管的动水压力线已全部绘制完毕。j—j 为静水压力，$ABCDE$ 为供水干管动水压力线，$A'B'C'D'E'$ 为回水干管动水压力线，BⅠ与 B'Ⅰ$'$、CⅡ与 C'Ⅱ$'$、DⅢ与 D'Ⅲ$'$为各支管动水压力线。由于动态和静态水压线的位置是按绘制水压图的各项基本要求确定的，所以整个管网的压力分布是合理的，完全可以满足热用户要求。只要在运行过程中控制好循环水泵的出口和定压点的压力，就可保证管网在水压图所确定的压力工况下安全可靠地运行。

(四)利用水压图分析热用户与管网的连接方式

(1)热用户Ⅰ。该热用户为规模较大的高温热水供暖系统。根据水压图可知，静压线高度可以保证热用户Ⅰ不汽化也不超压，而且热用户引入口处回水管的测压管水头也不超压。热用户引入口处供回水管的压差为 $59.97-36.43=23.54\text{(m)}$，可采用简单的直接连接方式。但热用户所需资用压头为5 mH$_2$O，则要求供水测压管水头为 $36.43+5=41.43\text{(m)}$。剩余压头为 $59.97-41.43=18.54\text{(m)}$，应在供水管上设调压板或调节阀，消除剩余压头，如图 8-5(a)所示。

(2)热用户Ⅱ。该热用户也是高温热水供暖系统。静压线高度可保证系统最高点既不汽化，也不超压，但该热用户所处地势低，热用户引入口处回水管的压力为 $39.3-(-4)=43.3$ m，即 433 kPa，已超过一般铸铁散热器的工作压力(400 kPa)，故不能采用简单的直接连接方式。应采用供水管节流降压，回水管上设水泵的连接方式，如图 8-5(b)所示。为此需按以下步骤进行。先定一个安全的回水压力，回水管测压水头最高应不超过 $40-4=36\text{(m)}$，如定为 33(m)；如热用户所需资用压力为 5 mH$_2$O，则供水测压管水头应为 $33+5=38\text{(m)}$，供水管节流压降后应为 $57.1-38=19.1\text{(m)}$；热用户引入口处回水管测压管水头为 39.3 m，故需设水泵加压才能将热用户回水压入外网回水管。水泵扬程应为 $39.3-33=6.3(\text{mH}_2\text{O})$。这是一种特殊情况，事实上很不经济，应尽量避免。因为热水网路供、回水提供资用压差不仅未被利用，反而要节流消耗掉，又要在回水管上装水泵。

(3)热用户Ⅲ。该热用户为高层建筑低温热水供暖系统。由于静压线和回水动压线均低于系统充水高度，不能保证热用户系统始终充满水或不倒空，所以应采用设表面式水加热器的间接连接方式，将热用户系统与室外管网隔绝，如图 8-5(c)所示。由图 8-4 可知，回水管测压管水头为 41.1 m，热用户资用压头为 5 m，则要求供水管测压管水头为 46.1 m，供水管节流压降后为 $55.3-46.1=9.2\text{(m)}$。但应注意，该热用户静水压力为 450 kPa，必须采用承压能力高的散热器。此外也可以不采用间接连接方式，而采用混水器或混合水泵的直接连接方式，但必须采取防止系统倒空的措施。有一种比较简便的方法，只要在热用户引入口的回水管上安装阀前压力调节器或压力保持器等设备，就能保证热用户系统充满水，且不会倒空。

（4）热用户Ⅳ。该热用户为低温水供暖系统，阻力为 1.5 mH$_2$O。管网提供的资用压头为12 mH$_2$O，可采用混水器的直接连接，如图 8-5(d)所示。混水器出口测压管水头为 42.2＋1.5＝43.7(m)。混水器本身的消耗降压为 54.2－43.7＝10.5(m)。

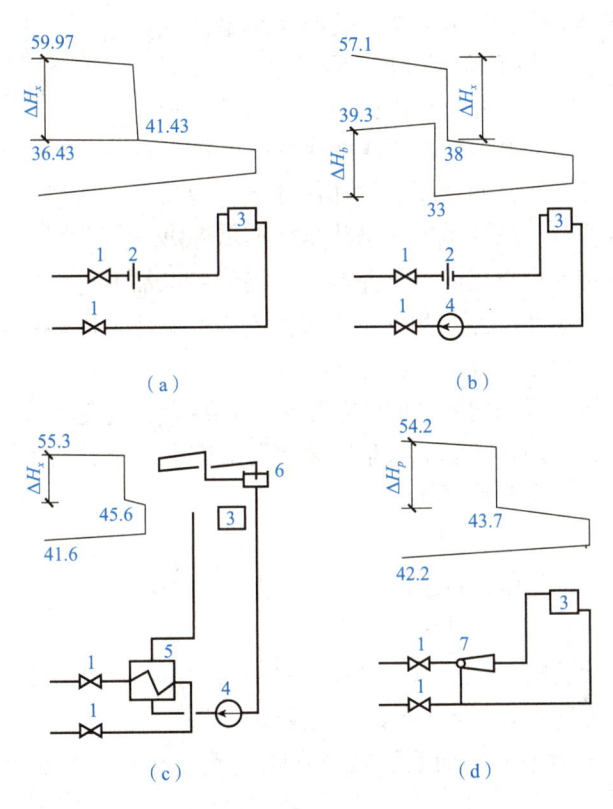

图 8-5　热用户与管网的连接方式及其水压线
(a)热用户Ⅰ；(b)热用户Ⅱ；(c)热用户Ⅲ；(d)热用户Ⅳ
1—阀门；2—调压板；3—散热器；4—水泵；5—水加热器；6—膨胀水箱；7—水喷射器

任务四　热水网路水泵的选择与定压

一、热水供热系统的定压方式

通过绘制水压图可以正确地进行管网分析，分析热用户的压力状况和连接方式，合理地组织热水网路运行。

热水网路应具有合理的压力分布，以保证系统在设计工况下正常运行。对于低温热水供热系统，应保证系统内始终充满水且处于正压运行状态，任何一点都不得出现负压；对于高温热水供热系统，无论是运行还是静止状态，都应保证管网和局部系统内任何地点的水不汽化，即管网的局部系统内各点的压力不得低于该点水温下的汽化压力。

要想使管网按水压图给定的压力状态运行，需采用正确的定压方式和定压点位置，控制好定压点所要求的压力。

热水供热系统常用的定压方式有以下几种。

1. 开式高位水箱定压

开式高位水箱定压（图 8-6）是依靠安装在系统最高点的开式膨胀水箱形成的水柱高度来维持管网定压点（膨胀管与管网连接点）压力稳定。由于开式膨胀水箱与管网相通，所以水箱水位的高度与系统的静压线高度是一致的。

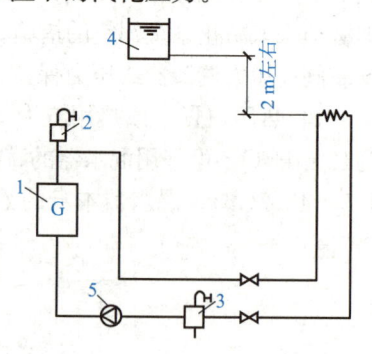

图 8-6　开式高位水箱定压示意
1—热水锅炉；2—集气罐；3—除污器；
4—高位开式膨胀水箱；5—循环水泵

对于低温热水供热系统，当定压点设在循环水泵的吸入口附近时，只要控制静压线高出室内供热系统的最高点（充水高度），就可保证热用户系统始终充满水，任何一点都不会出现负压。确定膨胀水箱安装高度时，一般可考虑 2 m 左右的安全余量。室内低温热水供热系统常用这种设高位膨胀水箱的定压方式，其设备简单，工作安全可靠。

高温热水供热系统如果采用开式高位水箱定压，则为了避免系统倒空和汽化，要求高位水箱的安装高度大大增加，实际上很难在热源附近安装比所有热用户都高很多且能保证不汽化的膨胀水箱，往往需要采用其他定压方式。

2. 补给水泵定压

补给水泵定压是目前集中供热系统广泛采用的一种定压方式。

补给水泵定压主要有以下三种形式。

(1) 补给水泵的连续补水定压。图 8-7 所示是补给水泵的连续补水定压示意，定压点设在热水网路回水干管循环水泵吸入口前的 O 点处。

系统工作时，补给水泵连续向系统内补水，补水量与系统的漏水量平衡，通过补给水调节阀控制补水量，维持补水点压力稳定。系统内压力过高时，可通过安全阀泄水降压。

该方式的补水装置简单，压力调节方便，水力工况稳定。但突然停电，补给水泵停止运行时，不能保证系统所需压力，由于供水压力降低而可能产生汽化现象。为了避免锅炉和管网内的高温水汽化，停电时应立即关闭阀门，使热源与网路断开，上水在自身压力的作用下，将给水止回阀顶开向系统内充水，同时还应打开集气罐上的放气阀排气。考虑到突然停电时可能产生水击现象，在循环水泵吸入管路和压水管路之间可连接一根带止回阀的旁通管作为泄压管。

补给水泵的连续补水定压方式适用于大型供热系统及补水量波动不大的情况。

(2) 补给水泵的间歇补水定压。图 8-8 所示为补给水泵的间歇补水定压示意，补给水泵的启动和停止运行，是由电接点式压力表表盘上的触点开关控制的。压力表指针达到系统定压点的上限压力时，补给水泵停止运行；当网路循环水泵吸入端压力下降到系统定压点的下限压力时，补给水泵启动向系统补水。保持网路循环水泵吸入口处压力在上限值和下限值范围内波动。

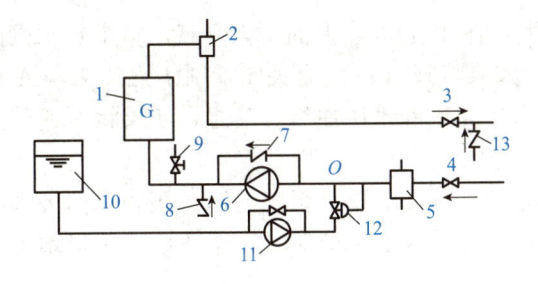

图 8-7 补给水泵的连续补水定压示意

1—热水锅炉；2—集气罐；3，4—供、回水管阀门；
5—除污器；6—循环水泵；7—止回阀，8，13—给水
止回阀；9—安全阀；10—补水箱；11—补给水泵；
12—压力调节器

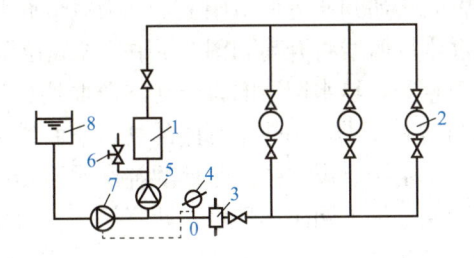

图 8-8 补给水泵的间歇补水定压示意

1—热水锅炉；2—用户；3—除污器；
4—压力控制开关；5—循环水泵；
6—安全阀；7—补给水泵；8—补给水箱

补给水泵的间歇补水定压方式比连续补水定压方式耗电少，设备简单，但其动水压曲线上下波动，压力不如连续补水定压方式稳定。通常波动范围为 5 mH$_2$O 左右，不宜过小，否则触点开关动作过于频繁而易于损坏。

(3)将定压点设在旁通管处的补给水泵定压。前面介绍的补给水泵的连续补水定压和间歇补水定压都是将定压点设在循环水泵的吸入口处，这是较常用的定压方式。在这两种方式中，供、回水干管的动水压曲线都在静水压曲线之上。也就是说，管网运行时热水网路和热用户系统各点均承受较高压力。大型热水供热系统为了适当地降低热水网路的运行压力和便于调节，可采用将定压点设在旁通管处的补给水泵定压方式，如图 8-9 所示。

该方式在热源供、回水干管之间连接一根旁通管，利用补给水泵使旁通管上 J 点压力符合静水压力要求。在热水网路循环水泵运行时，如果定压点 J 的压力低于控制值，则压力调节阀开大，补水量增加；如果定压点 J 的压力高于控制值，则压力调节阀关小，补水量减小。如果由于某种原因(如水温不断急剧升高)，即使压力调节阀完全关闭，压力仍不断升高，则泄水调节阀开启以泄水，一直到定压点 J 的压

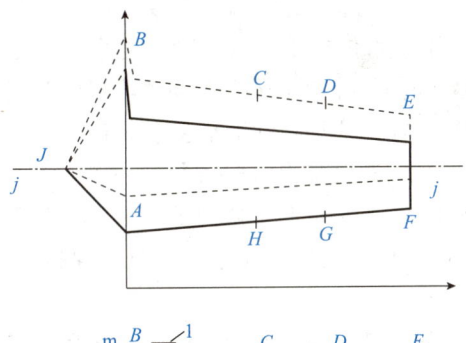

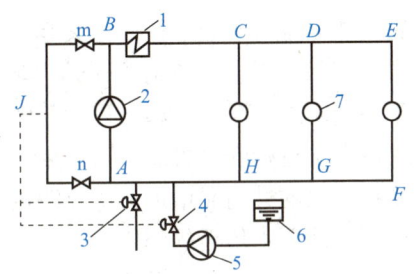

图 8-9 将定压点设在旁通管处的补给水泵定压示意

1—加热装置(锅炉或换热器)；2—热水网路循环水泵；
3—泄水调节阀；4—压力调节阀；
5—补给水泵；6—补给水箱；7—热用户

力恢复正常为止。当热水网路循环水泵停止运行时，整个热水网路的压力先达到运行时的平均值然后下降，通过补给水泵的补水作用，使整个系统压力维持在定压点 J 的静压力上。

该方式可以适当地降低运行时的动水压曲线，热水网路循环水泵吸入端 A 点的压力低于定压点 J 的压力。调节旁通管上的两个阀门 m 和 n 的开启度，可控制热水网路的动水压曲线升高或降低。如果将旁通管上的阀门 m 关小，则旁通管段 BJ 的压降升高，J 点压力

· 133 ·

降低，传递到压力调节阀上，压力调节阀开大，作用在 A 点上的压力升高，整个热水网路的动水压曲线将升高到图 8-9 中的虚线位置。如果将阀门 m 完全关闭，则 J 点压力与 A 点压力相等，热水网路的整个动水压曲线位置都将高于静水压曲线。反之，如果将旁通管上的阀门 n 关小，则热水网路的动水压曲线可以降低。

将定压点设在旁通管处的补给水泵定压方式，可灵活调节系统的运行压力，但旁通管不断通过热水网路循环水，计算循环水泵流量时应计入这部分流量，循环水泵流量增加后会多消耗电能。

3. 惰性气体定压

气体定压大多采用惰性气体（氮气）定压。

图 8-10 所示为热水供热系统采用的变压式氮气定压示意。氮气从氮气瓶经减压后进入氮气罐，充满氮气罐Ⅰ—Ⅰ水位之上的空间，保持Ⅰ—Ⅰ水位时罐内压力 p_1 一定。当热水供热系统内水受热膨胀时，氮气罐内水位升高，气空间减小，气体压力升高，水位超过Ⅱ—Ⅱ，压力达到 p_2 值后，氮气罐顶部设置的安全阀排气泄压。

当系统漏水或冷却时，氮气罐内水位降到Ⅰ—Ⅰ水位之下，氮气罐上的水位控制器自动控制补给水泵启动补水，水位升高到Ⅱ—Ⅱ水位之后，补给水泵停止工作。

罐内氮气如果溶解或漏失，则当水位降到Ⅰ—Ⅰ附近时，罐内氮气压力将低于规定值 p_1，氮气瓶向罐内补气，保持 p_1 压力不变。

氮气加压罐既起定压作用，又起容纳系统膨胀水量、补充系统循环水的作用，相当于一个闭式的膨胀水箱。采用氮气定压方式，系统运行安全可靠。由于罐内压力随系统水温的升高而增加，所以罐内气体可起到缓冲压力传播的作用，能较好地防止系统出现汽化和水击现象。但这种方式需要消耗氮气，设备较复杂，罐体体积较大，主要适用于高温热水供热系统。

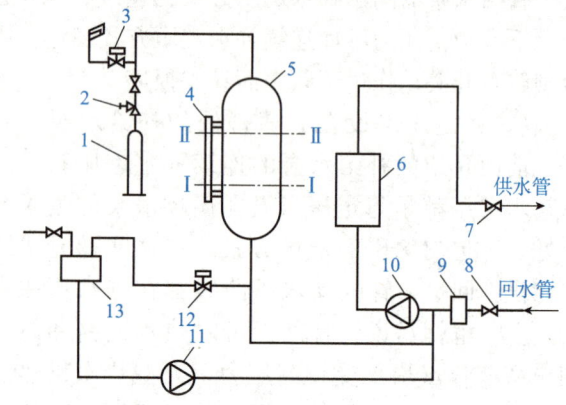

图 8-10　变压式氮气定压示意
1—氮气瓶；2—减压阀；3—排气阀；4—水位控制器；
5—氮气罐；6—热水锅炉；7，8—供、回水管总阀门；
9—除污器；10—网路循环水泵；11—补给水泵；
12—排水电磁阀；13—补给水箱

目前也有采用空气定压罐的方式，它要求空气与水必须采用弹性密封材料（如橡胶）隔离，以免增加水中的溶氧量。

4. 蒸汽定压

(1) 蒸汽锅筒定压方式。图 8-11 所示为蒸汽锅筒定压方式示意。

热水供热系统的热水锅炉通常满水运行。如果采用蒸汽锅筒定压，则要求锅炉非满水运行，或采用蒸汽-热水两用锅炉。

热水供热系统的热水网路回水经热水网路循环水泵加压后送入锅炉上锅筒，在锅炉内被加热到饱和温度后，从上锅筒水面之下引出。为了防止饱和水因压力降低而汽化，锅炉供水应立即引入混水器。在混水器中，饱和水与部分热水网路回水混合，使其水温下降到热水网路要求的供水温度。系统漏水由热水网路补给水泵补水，以控制上锅筒的正常水位。

蒸汽锅筒定压热水供热系统，采用锅炉加热过程中伴生的蒸汽来定压，其经济简单，对于因突然停电产生的系统定压和补水问题比较容易解决。锅炉内部即使出现汽化，也不会出现炉内局部的水击现象。在供应热水的同时，也可以供应蒸汽。但该系统中锅炉燃烧状况不好时，会影响系统的压力状况。锅炉如果出现低水位，则蒸汽易窜入热水网路，引起严重的水击现象。

(2)蒸汽罐定压方式。当区域锅炉房只设置高温热水锅炉时，可采用外置蒸汽罐的蒸汽罐定压方式，如图8-12所示。

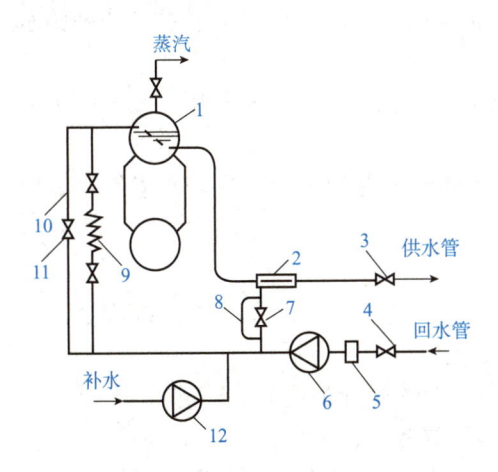

图8-11 蒸汽锅筒定压示意
1—蒸汽-热水两用锅炉；2—混水器；
3、4—供回水总阀门；5—除污器；6—热水网路循环水泵；
7—混水阀；8—混水旁通管；9—锅炉省煤器；10—省煤器旁通管；11—省煤器旁通阀；12—补给水泵

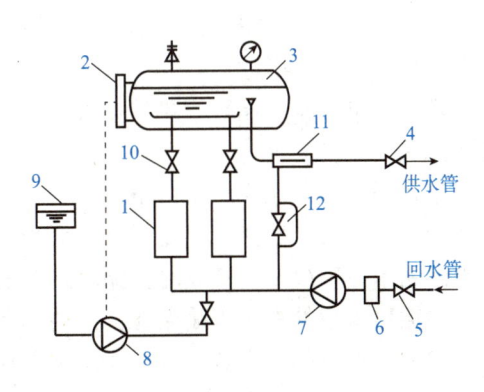

图8-12 蒸汽罐定压示意
1—热水锅炉；2—水位控制器；3—蒸汽罐；
4、5—供、回水总阀门；6—除污器；7—热水网路循环水泵；
8—补给水泵；9—补给水箱；10—锅炉出水管总阀门；
11—混水器；12—混水阀

从充满水的热水锅炉引出高温水，经锅炉出水管总阀门适当减压后送入置于高处的蒸汽罐，在其中因减压而产生少量蒸汽，用以维持罐内蒸汽空间的气压，达到定压目的。热水网路所需热水从蒸汽罐的水空间抽出，通过混水器混合热水网路回水适当降温后，经供水管输送到各热用户。

蒸汽罐内蒸汽压力不随蒸汽空间的大小而改变，只取决于罐内高温水层的水温。

蒸汽罐定压方式适用于大型而又连续供热的系统。

二、循环水泵及补给水泵的选择与计算

1. 循环水泵

(1)循环水泵的总流量。循环水泵的总流量应不小于管网的设计流量，可按式(8-28)确定。

$$G_b = 1.1 G_j \tag{8-28}$$

式中 G_b——循环水泵的总流量(t/h)；

G_j——管网的计算流量(t/h)；

1.1——安全余量。

当热水锅炉出口或循环水泵装有旁通管时，应计入流经旁通管的流量。

（2）循环水泵的扬程。循环水泵的扬程应不小于设计流量条件下，热源内部、供回水干管的压力损失和主干线末端用户的压力损失之和，即

$$H=(1.1\sim1.2)(H_r+H_w+H_y) \tag{8-29}$$

式中　H——循环水泵的扬程（mH_2O 或 Pa）；

　　　H_r——热源内部的压力损失（mH_2O 或 Pa），包括热源加热设备（热水锅炉或换热器）和管路系统的总压力损失，一般取 $H=10\sim15\ mH_2O$；

　　　H_w——热水网路主干线供、回水管的压力损失（mH_2O 或 Pa），可依据热水网路水力计算确定；

　　　H_y——主干线末端用户系统的压力损失（mH_2O 或 Pa），可依据热用户系统的水力计算确定。

需要指出的是，循环水泵的扬程仅取决于循环环路中总的压力损失，与建筑物高度和地形无关。

选择循环水泵时应注意以下问题。

1）循环水泵应选择满足流量和扬程要求的单级泵，因为单级水泵性能曲线较平缓，当热水网路水力工况发生变化时，循环水泵的扬程变化较小。

2）循环水泵的承压和耐温能力应与热水网路的设计参数相适应。

3）循环水泵的工作点应处于循环水泵性能曲线的高效区范围内。

4）应减少并联循环水泵的台数；设置三台或三台以下循环水泵并联运行时，应设备用泵；四台或四台循环水泵以上并联运行时，可不设备用泵；并联水泵型号宜相同。

2. 补给水泵

（1）补给水泵的流量。在闭式热水供热系统中，补给水泵的正常补水量取决于系统的渗漏水量。系统的渗漏水量与系统规模、施工安装质量和运行管理水平有关。补给水泵的流量确定应符合下列规定。

1）闭式热力网路补水装置的流量，不应小于供热系统循环流量的 2%；事故补水量不应小于供热系统循环水量的 4%。

2）开式热力网路补水装置的流量，不应小于生活热水最大设计流量和供热系统泄漏量之和。

（2）补给水泵的扬程。

$$H_b=1.15(H_{bs}+\Delta H_x+\Delta H_c-h) \tag{8-30}$$

式中　H_b——补给水泵的扬程（mH_2O 或 Pa）；

　　　H_{bs}——补给水点的压力值（mH_2O 或 Pa）；

　　　ΔH_x——水泵吸水管的压力损失（mH_2O 或 Pa）；

　　　ΔH_c——水泵出水管的压力损失（mH_2O 或 Pa）；

　　　h——补给水箱最低水位比补水点高出的距离（m）；

　　　1.15——安全余量。

对于闭式热水供热系统，补给水泵宜选两台，可不设备用泵，在正常情况下一台工作；发生事故时，两台全开。对于开式热水供热系统，补给水泵宜设置三台或三台以上，其中一台备用。

任务五　热水供热系统的水力稳定性分析

一、热水供热系统的水力失调

供热管网是由许多串、并联管路和各热用户组成的一个复杂的相互连通的管道系统。在运行过程中，各种因素的影响往往使热水网路的流量分配不符合各热用户的设计要求，各热用户之间的流量要重新分配。在热水供热系统中，各热用户的实际流量与设计流量之间的不一致性称为该热用户的水力失调。

微课：热水网路的水力稳定性

(一)水力失调的原因

造成水力失调的原因很多，例如：

(1)在设计计算时，没能在设计流量下达到阻力平衡，结果运行时管网会在新的流量下达到阻力平衡。

(2)施工安装结束后，没有进行初调节或初调节未能达到设计要求。

(3)在运行过程中，一个或几个热用户的流量变化(阀门关闭或停止使用)，引起热水网路与其他热用户流量的重新分配。

根据流体力学理论，各管段的压力损失可表示为

$$\Delta p = R(L + L_d) = SQ^2 \tag{8-31}$$

式中　Δp——计算管段的压力损失(Pa)；

　　　Q——计算管段的流量(m³/h)；

　　　S——计算管段的特性阻力数[Pa/(m³·h⁻¹)²]。

管路的特性阻力数 S 可用下式计算：

$$S = 6.88 \times 10^{-9} \cdot \frac{K^{0.25}}{d^{5.25}} \cdot (L + L_d) \cdot \rho \tag{8-32}$$

在水温一定(管中流体密度一定)的情况下，热水网路各管段的特性阻力数 S 与管径 d、管长 L、沿程阻力系数 λ 和局部阻力系数 $\Sigma\xi$ 有关，即 S 值取决于管路本身。对一段管段来说，只要阀门开启度不变，其 S 值就是不变的。

(二)串、并联管路的总特性阻力数

任何热水网路都是由许多串联管段和并联管段组成的。下面分析串、并联管路的总特性阻力数。

1. 串联管路

在串联管路(图8-13)中，各管段流量相等($Q_1 = Q_2 = Q_3$)，总压力损失等于各管段压力损失之和，即

$$\Delta p = \Delta p_1 + \Delta p_2 + \Delta p_3 \tag{8-33}$$

则有

$$S = S_1 + S_2 + S_3 \tag{8-34}$$

式(8-34)说明,在串联管路中,管路的总特性阻力数等于各串联管段特性阻力数之和。

2. 并联管路

在并联管路(图 8-14)中,各管段的压力损失相等,管路总流量等于各管段流量之和,即 $\Delta p = \Delta p_1 + \Delta p_2 + \Delta p_3$,管路总流量等于各管段流量之和,即

$$Q = Q_1 + Q_2 + Q_3 \tag{8-35}$$

则有

$$\frac{1}{\sqrt{S}} = \frac{1}{\sqrt{S_1}} + \frac{1}{\sqrt{S_2}} + \frac{1}{\sqrt{S_3}} \tag{8-36}$$

式(8-36)说明,在并联管路中,管路总特性阻力数平方根的倒数等于各并联管段特性阻力数平方根的倒数和。

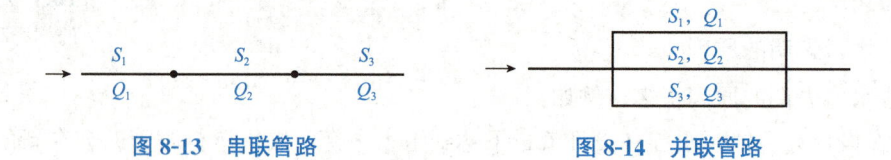

图 8-13 串联管路　　图 8-14 并联管路

各管段的流量关系也可用下式表示。

$$Q_1 : Q_2 : Q_3 = \frac{1}{\sqrt{S_1}} : \frac{1}{\sqrt{S_2}} : \frac{1}{\sqrt{S_3}} \tag{8-37}$$

总结上述原理,可以得到如下结论。

(1)各并联管段的特性阻力数 S 值不变时,热水网路的总流量在各管段中的流量分配比例不变,热水网路总流量增加或减少多少,各并联管段的流量也相应地增加或减少多少。

(2)在各并联管段中,任何一个管段的特性阻力数 S 值发生变化,热水网路的总特性阻力数也会随之改变,总流量在各管段中的分配比例也相应地发生变化。

(三)水力失调的计算

根据上述水力工况的基本计算原理,可以分析和计算热水网路中的流量分配情况,研究它们的水力失调状况。其计算步骤如下。

(1)根据正常水力工况下的流量和压降,求出热水网路各管段和热用户系统的阻力数。

(2)根据热水网路中管段的连接方式,利用求串联管段和并联管段总阻力数的计算公式,逐步求出正常水力工况改变后整个系统的总阻力数。

(3)得出整个系统的总阻力数后,可以利用图解法,画出热水网路的特性曲线,与热水网路循环水泵的特性曲线相交,求出新的工作点;或者可以联立水泵特性函数式和热水网路水力特性函数式,确定新的工作点的 Q 和 Δp 值。当水泵特性曲线较平缓时,也可近似视为 Δp 不变,利用下式求出水力工况变化后的网路总流量 Q':

$$Q' = \sqrt{\frac{\Delta p}{S}} \tag{8-38}$$

式中　Q'——热水网路水力工况变化后的总流量(m^3/h);

Δp——热水网路循环水泵的扬程,设水力工况变化前后的扬程不变(Pa);

S——热水网路水力工况改变后的总阻力数[$Pa/(m^3 \cdot h^{-1})^2$]。

(4)依次按各串、并联管段流量分配的计算方法分配流量,求出热水网路各管段及各热

用户在正常工况改变后的流量。

水力失调的程度可以用实际流量与规定流量的比值 x 来衡量，x 称为水力失调度，即

$$x=\frac{Q_s}{Q_g} \tag{8-39}$$

式中　x——水力失调度；

Q_s——该热用户的实际流量；

Q_g——该热用户的规定流量。

对于整个系统来说，各热用户的水力失调状况是多种多样的，可分为以下几种。

1) 一致失调。热水网路中各热用户的水力失调度都大于1(或都小于1)的水力失调状况称为一致失调。一致失调又分为以下几种。

①等比失调。所有热用户的水力失调度 x 值都相等的水力失调状况称为等比失调。

②不等比失调。各热用户的水力失调度 x 值不相等的水力失调状况称为不等比失调。

2) 不一致失调。热水网路中各热用户的水力失调度有的大于1，有的小于1，这种水力失调状况称为不一致失调。

(四)水力失调的分析

下面以几种常见的水力工况变化为例，利用上述原理和水压图，分析热水网路水力失调状况。

如图8-15所示，该热水网路有四个热用户，均无自动流量调节装置，假定热水网路循环水泵扬程不变。

1. 阀门A节流(阀门A关小)

当阀门A节流时，热水网路总特性阻力数 S 将增大，总流量 Q 将减小。由于没有对各热用户进行调节，所以各热用户分支管路及其他干管的特性阻力数均未改变，各热用户的流量分配比例也没有变化，各热用户流量将按同一比例减小，各热用户的作用压差也将按同一比例减小，热水网路产生了一致的等比失调。图8-16所示为阀门A节流时的工况，实线表示正常工况下的水压曲线，虚线为阀门A节流后的水压曲线，由于各管段流量减小，压降减小，所以干管的水压曲线(虚线)将变得平缓一些。

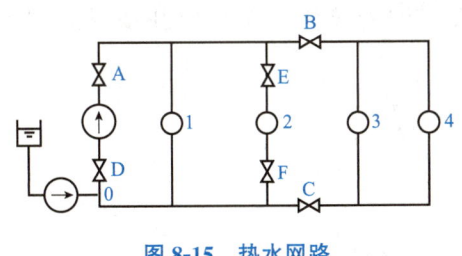

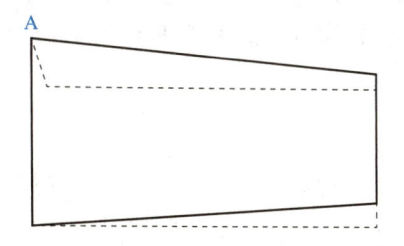

图8-15　热水网路　　　　图8-16　阀门A节流时的工况

2. 阀门B节流

当阀门B节流时，热水网路总特性阻力数 S 增加，总流量 Q 将减小，压降减少，如图8-17所示，供、回水干管的水压线将变得平缓一些，供水管水压线在阀门B处将出现一个急剧下降。阀门B之后的热用户3、4本身特性阻力数虽然未变，但由于总的作用压力减小了，所以热用户3、4的流量和作用压力将按相同比例减小，热用户3、4出现了一致的等比失

· 139 ·

调；阀门 B 之前的热用户 1、2，虽然本身特性阻力数并未变化，但由于其后面管路的特性阻力数改变了，阀门 B 之前的热水网路总的特性阻力数也会随之改变，总流量在各管段中的流量分配比例也相应地发生了变化，热用户 1、2 的作用压差和流量按不同的比例增加，热用户 1、2 将出现不等比的一致失调。

对于热水网路的全部热用户来说，流量有的增加，有的减少，整个热水网路发生的是不一致失调。

3. 阀门 E 关闭，热用户 2 停止工作

阀门 E 关闭，热用户 2 停止工作后，热水网路总特性阻力数 S 将增加，总流量 Q 将减小，如图 8-18 所示，热源到热用户 2 之间的供、回管中压降减少，水压曲线将变得平缓，热用户 2 之前用户的流量和作用压差均增加，但比例不同，是不等比失调。由水压图分析可知，热用户 2 处供、回水管之间的作用压差将增加，热用户 2 之后供、回水干管水压线坡度变陡，热用户 2 之后的热用户 3、4 的作用压差将增加，流量也将按相同比例增加，是等比失调。

对于整个热水网路而言，除热用户 2 外，所有热用户的作用压差和流量均增加，属于一致失调。

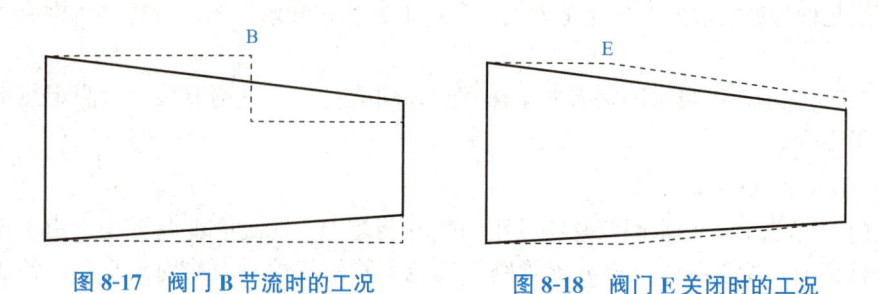

图 8-17　阀门 B 节流时的工况　　图 8-18　阀门 E 关闭时的工况

二、热水供热系统的水力稳定性

水力稳定性是指热水网路中各热用户在其他热用户流量改变时保持本身流量不变的能力。通常用热用户的水力稳定性系数 y 来衡量热水网路的水力稳定性。

水力稳定性系数是指热用户的规定流量 Q_g 与工况变化后可能达到的最大流量 Q_{max} 的比值，即

$$y = \frac{1}{x_{max}} = \frac{Q_g}{Q_{max}} \tag{8-40}$$

式中　y——热用户的水力稳定性系数；
　　　Q_g——热用户的规定流量；
　　　Q_{max}——热用户可能出现的最大流量；
　　　x_{max}——工况改变后热用户可能出现的最大水力失调度，即

$$x_{max} = \frac{Q_{max}}{Q_g} \tag{8-41}$$

由式(8-40)得热用户的规定流量为

$$Q_g = \sqrt{\frac{\Delta p_y}{S_y}} \tag{8-42}$$

式中 Δp_y——热用户在正常工况下的作用压差(Pa);

S_y——热用户系统及热用户支管的总阻力数$[Pa/(m^3 \cdot h^{-1})^2]$。

一个热用户可能有的最大流量出现在其他热用户全部关断时,这时热水网路干管中的流量很小,阻力损失接近零,热源出口的作用压差可认为是全部作用在这个热用户上。因此,

$$Q_{max} = \sqrt{\frac{\Delta p_r}{S_y}} \tag{8-43}$$

式中 Δp_r——热源出口的作用压差(Pa)。

Δp_r 可近似地认为等于热水网路在正常工况下的干管压力损失 Δp_w 和这个热用户在正常工况下的压力损失 Δp_y 之和,即 $\Delta p_r = \Delta p_w + \Delta p_y$。

因此,式(8-43)可写成

$$Q_{max} = \sqrt{\frac{(\Delta p_w + \Delta p_y)}{S_y}} \tag{8-44}$$

热用户的水力稳定性系数为

$$y = \frac{Q_g}{Q_{max}} = \sqrt{\frac{\Delta p_y}{(\Delta p_w + \Delta p_y)}} = \sqrt{\frac{1}{\left(1 + \frac{\Delta p_w}{\Delta p_y}\right)}} \tag{8-45}$$

式(8-45)分析如下。

在 $\Delta p_w = 0$ 时(理论上,热水网路干管直径为无限大),$y=1$。此时,这个热用户的水力失调度 $x_{max} = 1$,也就是说无论工况如何变化,它都不会水力失调,它的水力稳定性最好。这个结论对热水网路中每个热用户都成立,这种情况下任何热用户的流量变化都不会引起其他热用户流量的变化。

当 $\Delta p_y = 0$ 或 $\Delta p_w = \infty$ 时(理论上,热用户系统管径无限大或热水网路干管管径无限小),$y=0$。此时,热用户的最大水力失调度 $x_{max} = \infty$,水力稳定性最差,任何其他热用户流量的改变将全部转移到这个热用户上去。

实际上,热水网路的管径不可能无限大,也不可能无限小,热水网路的水力稳定性系数 y 总是 $0 \sim 1$。当水力工况变化时,任何热用户的流量改变,其中的一部分流量都将转移到其他热用户中。

提高热水网路的水力稳定性,可以减少热能损失和电耗,以便于系统初调节和运行调节。提高热水网路水力稳定性的主要方法如下。

(1)减小热水网路干管的压降,增大热水网路干管的管径。也就是,进行热水网路水力计算时选用较小的平均比摩阻 R_{Pj}。

(2)增大热用户系统的压降,可以在热用户系统内安装调压板、水喷射器、安装高阻力小管径的阀门等。

(3)运行时合理地进行初调节和运行调节,尽可能将热水网路干管上的所有阀门开大,把剩余的作用压差消耗在热用户系统上。

(4)对于供热质量要求高的热用户,可在各热用户引入口处安装自动调节装置(如流量调节器)等。

思考题与实训练习题

1. 思考题

(1)流体在管道内流动有哪两种阻力形式?

(2)如何计算沿程损失,沿程损失与哪些状态参数有关?

(3)室外热水网路中水的流动状态一般多处于什么区域?管壁的绝对粗糙度为何值?

(4)什么叫作当量长度?局部阻力当量长度与哪些因素有关?

(5)按当量长度法如何确定供热管网中各管段压力损失?

(6)对于供热管网,在哪些参数发生变化时需要考虑修正计算?

(7)室外供热管网水力计算的任务是什么?

(8)如何计算确定各管段的设计流量?

(9)什么是热力管网主干线?热力管网设计规范推荐的主干线经济比摩阻为多少?

(10)什么是水压图?水压图由哪几部分组成?其作用是什么?

(11)绘制水压图应满足哪些要求?

(12)绘制水压图的方法和步骤是什么?

(13)怎样利用水压图分析热用户与管网的连接方式?

(14)热水供热系统的定压方式有哪几种?

(15)采用补给水泵的连续和间歇补水定压方式时,热水网路的水压图有什么不同?

(16)如何确定循环水泵与补给水泵的流量和扬程?

(17)什么是水力失调?产生水力失调的原因有哪些?

(18)如何确定串、并联管路的总阻力数?说明并联管路各管段流量的分配与阻力数的关系。

(19)什么叫作水力稳定性?提高水力稳定性的途径是什么?

2. 实训练习题

(1)给定集中供暖系统施工图,试对该系统进行水力计算。

(2)绘制某室外热水供热管网水压图。

(3)分析某热用户的水力失调状况。

项目九　集中供热系统热力站工艺流程图识读

> **知识目标**
>
> 1. 了解热力站的作用；
> 2. 掌握热力站设备选型方法。

> **能力目标**
>
> 能够识读热力站工艺流程图。

> **素质目标**
>
> 通过理实结合，培养知行合一的能力。

任务一　热力站的作用及设备组成

一、热力站的作用

集中供热管网通过小区热力站向一个或几个街区的多幢建筑分配热能，热力站是热量分配、传输、调节、计量的枢纽。热力站可以是单独的独立建筑，也可设在某幢建筑（多为大型公用建筑）的地下室内。从集中热力站输送热能到各热用户的管网，称为二级供热管网。

热力站应设置必要的检测、计量和自控装置。随着城市集中供热技术的发展，在热力站安装流量调节器及用微机控制热力站流量的方法逐步发展起来。

微课：集中供热系统热力站

二、热力站的设备组成

采用集中热力站比分散的热用户引入口便于管理，易于实现计量、检测的现代化，以提高管理水平和供热质量，节约能源。图 9-1、图 9-2 所示为两种民用集中热力站示意。在图 9-1 中，供暖热用户与热网直接连接。当热网供水温度高于供暖热用户设计的供水温度时，在热力站内设置混合水泵，抽引供暖系统回水，与热网的供水混合，再送回各供暖热用户。如果热网供、回水有足够的压差（0.08～0.12 MPa），则在满足水喷射器工作条件时，也可以把混合水泵改成水喷射器以减少电能消耗。而热水供应热用户与热网采用间接连接，热水供应热用户的回水和城市生活给水一起进入水-水换热器被热网水加热，热水供应热用户供水靠循环泵提供动力在热水供应热用户循环管路中流动。热网与热水供应热用户水力工况完全隔开，温度调节器依据所用的供水温度调节进入水-水换热器的热网循环水量，设置上水流量计，计量热水供应热用户的用水量。

在图9-2中，供暖热用户与热网通过水-水换热器间接连接，图中二级网路为独立的供热管网，其循环水泵、补给水泵、补给水箱等的设计方法与热源设备完全相同，图中的热水供应系统的加热、循环等应与图9-1相同。

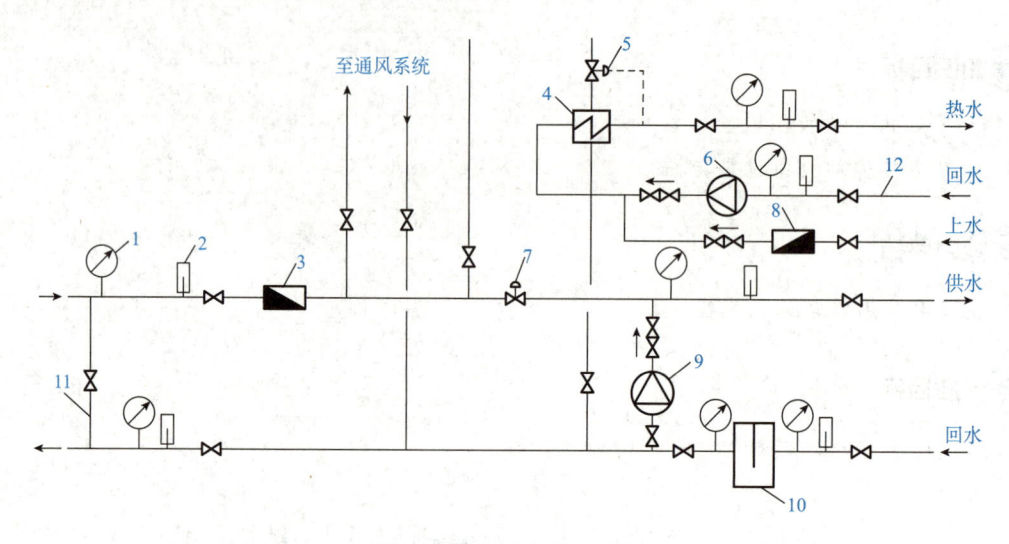

图 9-1 供热用户直接连接

1—压力表；2—温度计；3—热网流量计；4—水-水换热器；5—温度调节器；6—热水供应循环水泵；7—手动调节阀；
8—上水流量计；9—供暖混合水泵；10—除污器；11—旁通管；12—热水供应循环管路

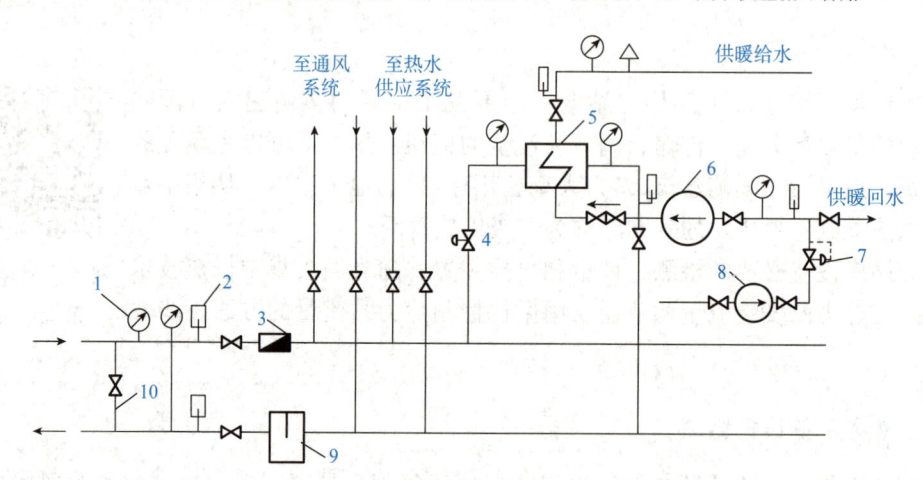

图 9-2 供热用户间接连接

1—压力表；2—温度计；3—热网流量计；4—手动调节阀；5—水-水换热器；6—热水供应循环水泵；
7—补给水泵调节阀；8—补给水泵；9—除污器；10—旁通管

在热力站中不同类型热用户（如供暖、热水供应、通风、空调等）与热网应采用并联连接。并联热用户在三个或三个以上时应设分/集水器（图中为避免图面拥挤，分/集水器未画出）。

· 144 ·

即使仅有供暖热用户，当其分布不均或供暖面积较大时，也应尽量采用分/集水器的并联连接，以有利于分别控制和调节，避免水力失调。

热力站内水加热器、水泵、水箱、除污器等设备表面距建筑物墙面应有足够的净空距离，以保证设备检修、安装的操作空间，一般应有不小于0.7 m的净空距离；热力站内所有阀门均应设置在便于控制操作和便于检修时拆卸的位置。

民用小区热力站的最佳供热规模应通过技术经济比较确定，以便热力站及室外管网的总基建费用与运行费用最少。一般来说，对新建的居住小区，每一热力站供热规模在5万～15万 m^2 建筑面积为宜。

以上介绍的两种热力站的设备组成均以高温热水作为热媒，当供热管网以高压蒸汽作为热媒时，则热力站如图9-3所示。

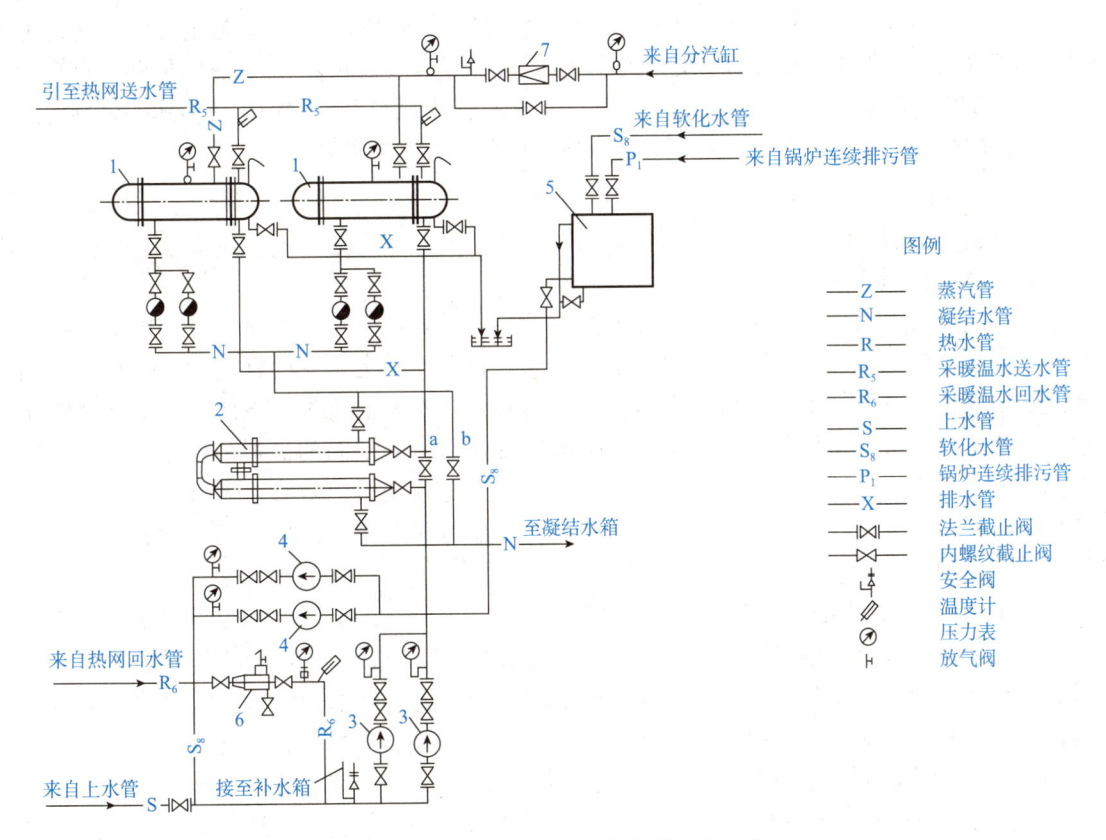

图 9-3　全部使用高压蒸汽的热力站示意

1—汽-水换热器；2—水-水换热器；3—循环水泵；4—补给水泵；5—补给水箱；6—除污器；7—减压器

来自分汽缸的高压蒸汽经减压阀减压后，先进入汽-水换热器凝结放热，高温凝结水再进入水-水换热器继续放出显热，冷却后的凝结水进入凝结水箱，再用凝结水泵送回锅炉。热用户回水则先经水-水换热器预热，再进入汽-水换热器继续加热至热用户需要的供水温度后送入热用户系统。

为便于调节水温和维修，在水-水换热器和汽-水交换器之间应设旁通管，如图9-3中的a、b管段。

· 145 ·

任务二 热力站内设备选择

一、换热器

换热器是用来把温度较高流体的热能传递给温度较低流体的一种热交换设备。被加热介质是水的换热器在集中供热系统中得到了广泛的应用。热水换热器可加热设在热电厂、锅炉房内的热网水和锅炉给水，也可以根据需要加热供暖和热水供应热用户系统的循环水和上水。

根据参与热交换的介质的不同，换热器可分为汽-水换热器和水-水换热器；根据换热方式的不同，换热器可分为表面式换热器（被加热热水与热媒不直接接触，通过金属壁面进行传热，如壳管式、容积式、板式和螺旋板式换热器等）和混合式换热器（冷、热两种介质直接接触进行热交换，如淋水式、喷管式换热器等）。目前，集中供热系统常用的表面式换热器有用蒸汽作为热媒的汽-水换热器，也有用高温水作为热媒的水-水换热器。

1. 表面式换热器

(1)壳管式换热器。

1)壳管式汽-水换热器。

①固定壳管式汽-水换热器。这种换热器的典型构造如图 9-4(a)所示。它是由带有蒸汽进出口连接短管的圆柱形外壳、多根管子所组成的管束、固定管束的管栅板、带有被加热水进出口连接短管的前水室及后水室组成。蒸汽从管束外表面流过，被加热水在管束内流过，两者通过管束的壁面进行热交换。为了增加流体在管外空间的流速，强化传热，通常在前水室、后水室间加折流隔板，使管束中的水由单行程变成二行程、多行程。为了便于检修，行程通常取偶数，使进出水口在同一侧。管束通常采用锅炉碳素钢钢管、铜管、黄铜管或不锈钢管。

固定壳管式汽-水换热器结构简单，制造方便，造价低，因此广泛地应用于集中供热系统中。但壳体、管板等是固定连接，当壳体与管束之间温差较大时，其热膨胀的不同会引起管子扭弯，管束与管栅板、管栅板与壳体之间开裂，造成漏水。此外，管间污垢的清洗较困难。因此，其常用于温差小、单行程、压力不高及结垢不严重的场合。

为了克服固定管板式汽-水换热器的上述缺点，可在其基础上，在壳体中部加波形膨胀节，以达到热补偿的目的。图 9-4(b)所示是带膨胀节的壳管式汽-水换热器构造示意。

②U 形壳管式汽-水换热器。U 形壳管式汽-水换热器构造如图 9-4(c)所示。它是将换热器换热管弯成 U 形，两端固定在同一管板上，因此，每个换热管可以自由伸缩，这解决了热膨胀问题，同时管束可以随时从壳体中整体抽出进行清洗，但其管内无法用机械方法清洗，管束中心部位的管子拆卸不方便。U 形壳管式汽-水换热器多用于温差大、管束内流体较干净、不易结垢的场合。

③浮头式壳管式汽-水换热器。浮头式壳管式汽-水换热器构造如图 9-4(d)所示。一端管板与壳体固定，而另一端的管板可以在壳体内自由浮动，不相连的一头称为浮头。即使两介质温差较大，管束和壳体之间也不产生温差应力。浮头端可拆卸，便于检修和清洗，但其结构较复杂。

· 146 ·

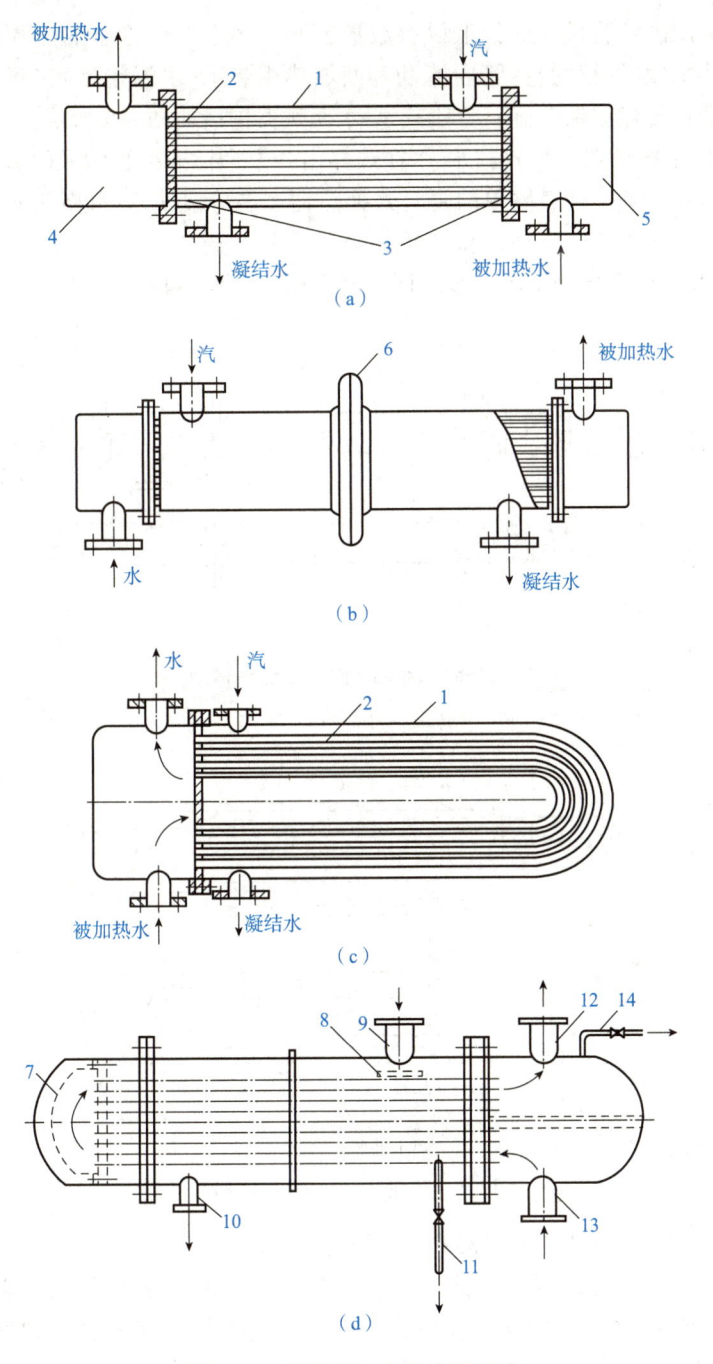

图9-4 壳管式汽-水换热器构造

(a)固定壳管式汽-水换热器；(b)带膨胀节的壳管式汽-水换热器；
(c)U形壳管式汽-水换热器；(d)浮头式壳管式汽-水换热器
1—外壳；2—管束；3—管栅板；4—前水室；5—后水室；6—膨胀节；7—浮头；8—挡板；
9—蒸汽入口；10—凝结水出口；11—汽侧排气管；12—被加热水出口；13—被加热水入口；14—水侧排气管

2)壳管式水-水换热器。

①分段式水-水换热器。分段式水-水换热器由带有管束的几个分段组成，各段之间用法

兰连接。每段采用固定管板，外壳上设有波形膨胀节，以补偿管子的热膨胀。为了便于清除水垢，被加热水（水温较低）在管内流动，而加热用热水（水温较高）在管外流动，且两种流体为逆向流动，传热效果较好。分段式水-水换热器构造如图9-5所示。

②套管式水-水换热器。套管式水-水换热器由若干个标准钢管做成的套管焊接而成，形成"管套管"的形式，是一种最简单的壳管式换热器。与分段式水-水换热器一样，为了提高传热效果，换热流体为逆向流动。套管式水-水换热器构造如图9-6所示。

壳管式水-水换热器结构简单、造价低、易于清洗，但传热系数较小，占地面积大。

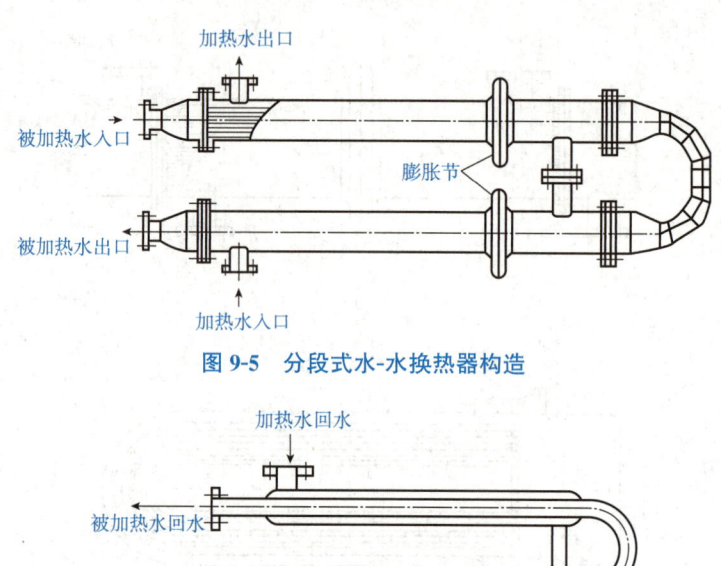

图 9-5　分段式水-水换热器构造

图 9-6　套管式水-水换热器构造

(2)容积式换热器。容积式换热器的内部设有并联在一起的U形弯管管束，蒸汽或加热水自管内流过。容积式换热器分为容积式汽-水换热器和容积式水-水换热器。容积式换热器有一定的储水作用，传热系数小，热交换效率低。图9-7所示为容积式汽-水换热器构造。

(3)板式换热器。板式换热器是一种传热系数很大、结构紧凑、容易拆卸、热损失小、不需保温、质量小、体积小、适用范围大的新型换热器。其缺点是板片间截面面积较小，易堵塞，且周边很长，密封麻烦，容易渗漏，金属板片薄，刚性差。板式换热器不适用于高温高压系统，主要应用于水-水换热系统。

板式换热器是由许多平行排列的传热板片叠加而成，板片之间用密封垫密封，冷、热水在板片之间的间隙里流动。换热板片的结构形式有很多种，我国目前生产的主要是"人"字形板片，它是一种典型的"网状板"板片(图9-8)，左侧上、下两孔通加热流体，右侧上、下两孔通被加热流体。板

· 148 ·

片的形状既有利于增强传热，又可以增大板片的刚性。为增大换热效果，冷、热水应逆向流动。

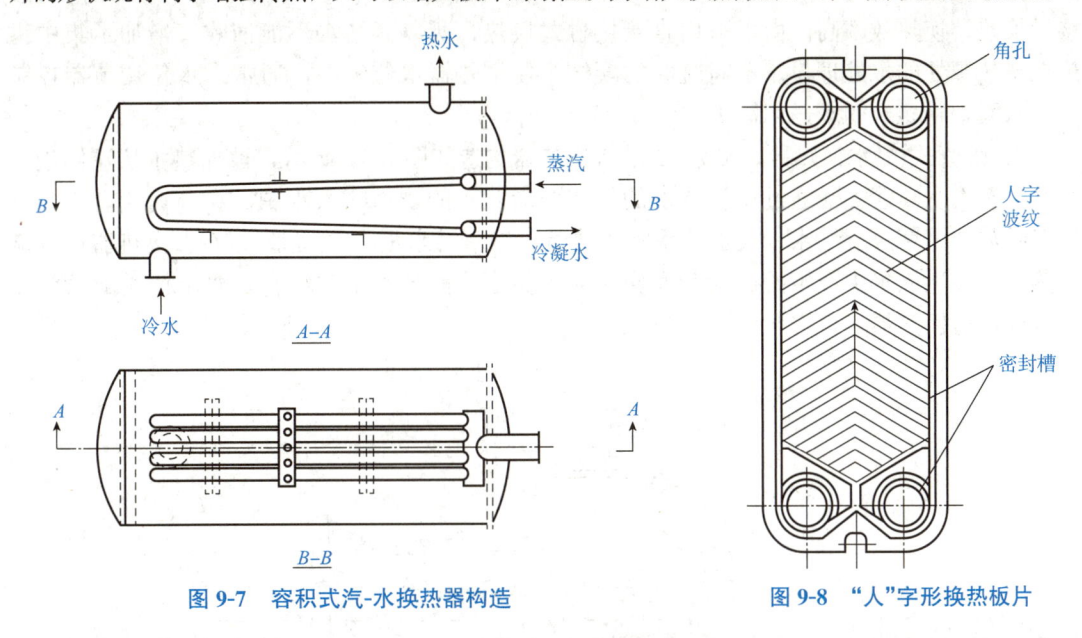

图 9-7 容积式汽-水换热器构造

图 9-8 "人"字形换热板片

板片之间的密封垫片形式如图 9-9 所示，密封垫片不仅把流体密封在换热器内，而且将换热流体分隔开，不互相混合。通过改变垫片的左、右位置，使加热与被加热流体在换热器中交替通过"人"字形板片。通过信号孔可检查内部是否密封，如果密封不好而有渗漏，流体就会从信号孔流出。板式换热器两侧流体(加热侧与被加热侧)的流程配合很灵活。

2. 混合式换热器

(1)淋水式换热器。淋水式换热器是由壳体和带有筛孔的淋水板组成的圆柱形罐体，如图 9-10 所示。被加热水由换热器顶部进入，经过淋水盘上的筛孔及溢流板流下；蒸汽由上侧部进入，与被加热水进行热交换，被加热后的热水从下部引出，被送至热用户。

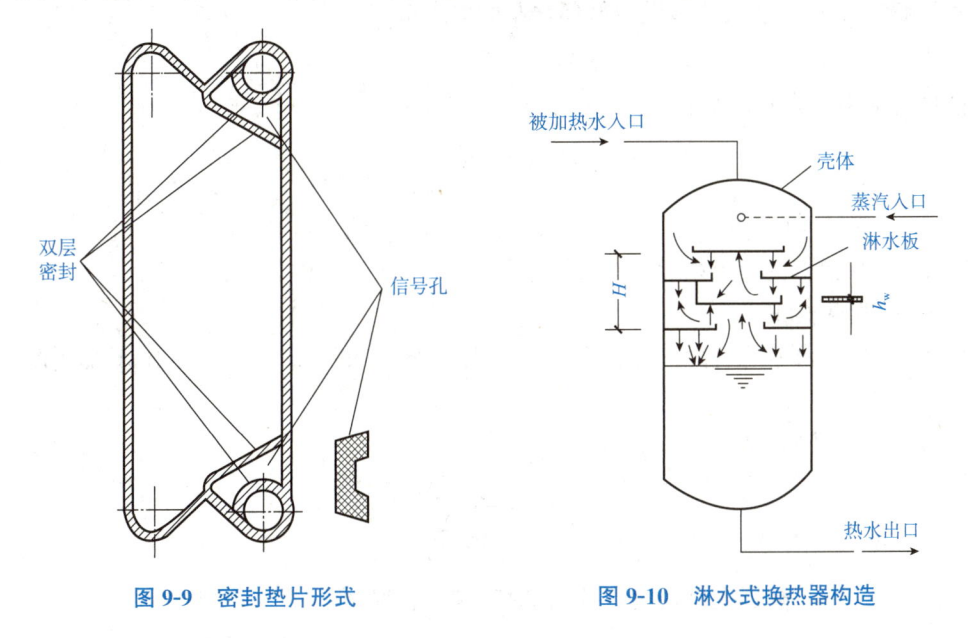

图 9-9 密封垫片形式

图 9-10 淋水式换热器构造

淋水式换热器的特点是容量大，可兼作膨胀水箱起储水、定压作用；汽、水之间直接接触换热，换热效率高。由于采用直接接触式换热，所以凝结水不能回收，增加了集中供热系统热源处的水处理量。不断凝结的凝结水使加热器水位升高，通常设水位调节器控制循环水泵，将多余的水送回锅炉。

（2）喷管式汽-水换热器。喷管式汽-水换热器构造如图9-11所示，被加热水从左侧进入喷管，蒸汽从喷管外侧通过在管壁上的许多向前倾斜的喷嘴喷入水中。在高速流动中，蒸汽凝结放热，变成凝结水；被加热水吸收热量，与凝结水混合。喷管式汽-水换热器可以减少蒸汽直接通入水中产生的振动和噪声。为了保证蒸汽与水正常混合，要求使用的蒸汽压力至少应比换热器入口水压高0.1 MPa。

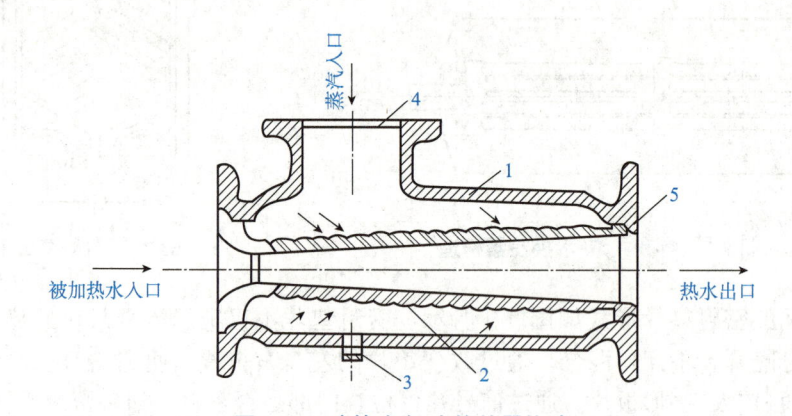

图9-11 喷管式汽-水换热器构造
1—外壳；2—多孔喷管；3—泄水阀；4—网盖；5—填料

喷管式汽-水换热器的构造简单，体积小，加热效率高，安装维修方便，运行平稳，调节灵敏，但其换热量不大，一般只用于热水供应和小型热水采暖系统。应根据额定热水流量的大小选择喷管式汽-水换热器，直接由产品样本或手册选择型号及接管直径。用于采暖系统时，喷管式汽-水换热器多设于循环水泵的出水口侧。

3. 换热器选型

换热器选型计算公式如下：

$$F=\frac{Q}{K \cdot B \cdot \Delta t_{pj}}$$

式中　Q——热流量（W）；

　　　K——换热器的传热系数[W/(m² · ℃)]；

　　　F——换热面积（m²）；

　　　B——考虑水垢的系数：对于汽-水换热器，$B=0.9～0.85$；对于水-水换热器，$B=0.8～0.7$；

　　　Δt_{pj}——对数平均温差（℃）：

$$\Delta t_{pj}=\frac{\Delta t_a - \Delta t_b}{\ln \dfrac{\Delta t_a}{\Delta t_b}}$$

式中　Δt_a、Δt_b——热媒入口及出口处的最高、最低温差（℃）。

二、水泵

1. 循环水泵

循环水泵是驱动热水在热水供热系统中循环流动的机械设备。若循环水泵选型合理，则不仅能使系统达到预期的运行效果，而且能保证系统运行的经济性和可靠性。

(1) 循环水泵的流量和扬程。循环水泵的输送能力主要由流量 G 和扬程 H 确定，其值一般按如下公式进行计算：

$$G=(1.05\sim1.15)\times0.86Q/(\Delta t)$$
$$H=(1.05\sim1.15)h$$

式中　G——循环水泵流量(m^3/h)；

　　　H——循环水泵扬程(mH_2O)；

　　　Q——循环系统热负荷(kW)；

　　　h——循环系统阻力损失(mH_2O)，包括换热站内部阻力损失 h_1、管网阻力损失 h_2、用户资用压力 h_2 及裕量 h_4（后者一般取 $3\sim5\ mH_2O$）；

　　　Δt——供、回水温差，一般取 25 ℃。

若循环水泵输送能力过低，则反映在循环水泵的流量和扬程上，其流量和扬程均将小于按上式设计的计算值。若循环水泵的流量仅为设计工况的 1/2，则在不改变系统阻力特性的条件下，循环水泵的扬程仅为设计工况的 1/4。在这种工况下，换热器只能在部分负荷下运行，否则就会出现循环水泵输送能力过低导致供水温度过高甚至沸腾的现象。同时，这将导致系统供回水温差加大和热用户得热量不足。

若循环水泵输送能力过高，则将导致循环系统流量和阻力损失的增大，从而造成电能的巨大浪费。假设系统流量增加 1 倍，在不改变系统阻力特性的条件下，由公式 $H=S\cdot G^2$ 及 $N=(H\cdot G)/\eta$（S 为管网的阻力系数）可知，循环水泵扬程 H 将增加 3 倍，而在循环水泵效率 η 大致不变的条件下，循环水泵的功率 N 将增大 7 倍。

(2) 循环水泵台数的确定和型号选择。循环水泵台数的确定和型号选择，应根据热水供热系统的规模，并考虑其可备用性及能耗因素确定。

在中小型选煤厂换热站系统中，宜选用两种不同容量的循环水泵。其中，一种循环水泵的流量和扬程应按系统设计工况下计算值的 100% 选择，在供热负荷较大时运行；另一种循环水泵的流量按设计工况计算值的 75%，扬程按设计工况计算值的 56% 选择，在供热负荷较小时运行。由公式 $H=S\times G^2$ 及 $N=(H\times G)/\eta$ 可知，在循环水泵效率 η 大致相等的条件下，两种循环水泵的功率比大致为 100：42。这两种循环水泵可互为备用。

在大型选煤厂换热站系统中，循环水泵可按三档选择，流量分别为设计工况的 100%，80% 及 60%，扬程分别为设计工况的 100%，62% 及 36%。三种循环水泵分别在大、中、小三种负荷状态下运行。在循环水泵效率 η 大致相等的条件下，三种循环水泵的功率比大致为 100：51：21.6，并且这三种循环水泵中相邻型号的水泵可互为备用。可见，合理地进行循环水泵台数的确定和型号选择，系统运行时的节能效果是显著的。

2. 补给水泵

补给水泵的作用是补充系统的漏水损失和保持系统的补水点的压力在给定范围内波动。

(1)补给水泵的选择。

1)开式热水供热系统,补给水泵的流量应根据热水供热系统的最大设计用水量和系统正常补水量之和确定:

$$G_b = G_{xt \cdot max} + G_{bs}$$

2)闭式热水供热系统,一般取正常补水量的4倍计算:

$$G_b = 4G_{bs}$$

式中　G_b——补水量(t/h);

　　　$G_{xt \cdot max}$——最大设计用水量(t/h);

　　　G_{bs}——系统正常补水量(t/h)。

(2)热水供热系统补给水泵的选择原则。

1)闭式热水供热系统的补给水泵的台数不应少于两台,可不设备用泵。

2)开式热力供热系统补给水泵不宜少于三台,其中一台备用。

3)在进行事故补水时,若软化除氧水量不足,则可补充工业水。

三、除污器选型布置

除污器是热水供热系统中一个不可缺少的装置,如果在热水供热系统中没有除污器或者除污器的安装没有按操作规程执行,就会把杂质、污物带入系统,造成散热器堵塞、供回水循环不畅、散热器不热、室内温度低,给人们的生活和生产带来许多烦恼。例如,杂质和污物进入锅炉,易造成锅炉的水冷壁管堵塞,导致水冷壁管爆裂,造成生产事故。

除污器的形式有立式和卧式两种,应根据现场的实际情况选用适当的形式。

对于除污器的过滤网,立式直通除污器采用直径4 mm孔的花管,卧式直通和角通除污器采用32×18目镀锌钢丝网。

除污器的公称压力应适应热水供热系统的工作压力。

除污器接管直径应与干管直径相同。

在选择除污器时,除污器横断面中水的流速宜取0.05 m/s,并且压力损失可以通过公式进行计算。

思考题与实训练习题

1. 思考题

(1)供暖热用户与热水网路的连接方式有哪些?有哪些必要设备?适用于什么场合?

(2)换热器如何选择?

(3)循环水泵如何选择?

(4)补给水泵如何选择?

(5)除污器如何选择?

2. 实训练习题

进行壳管式加热器的选择计算。

项目十　供热管网施工图识读

◉ **知识目标**

1. 熟悉供热管网布置原则与敷设要求；
2. 了解供热管网管材、附件及防腐保温材料；
3. 熟悉供热管网补偿器的类型及特点。

◉ **能力目标**

能够识读供热管网施工图。

◉ **素质目标**

通过用理论指导实践，培养严谨的工作作风。

集中供热系统由热源、供热管网（即前面所述热网）和热用户组成。简单直连集中供热系统的管网由将热媒从热源输送和分配到各热用户的管线系统所组成。在大型集中供热系统中，管网由一级网、二级网及分配到各热用户的管线系统和中继泵站、二级换热站、混水泵站等组成。

微课：集中供热管网

供热管线的敷设分为地上敷设和地下敷设两大类型。供热管线的构造包括供热管道及其附件、保温结构、补偿器、供热管道支座及地上敷设的供热管道支架、操作平台和地下敷设的地沟、检查室等构筑物。

供热管网布置形式及供热管道在平面位置的确定（"定线"），是供热管网布置的两个主要内容。供热管网布置形式有枝状管网和环状管网两大类型。

供热管网布置原则是在城市建设规划的指导下，考虑热负荷分布、热源布置、与各种管道及构筑物、园林绿地的关系和水文、地质条件等多种因素，经技术经济比较确定。

供热管道平面位置的确定应遵守如下基本原则。

（1）经济上合理。主干线力求短直，主干线尽量走热负荷集中区。要注意供热管道上的阀门、补偿器和某些附件（如放气、放水、疏水等装置）的合理布置，因为这将涉及检查室（或操作平台）的位置和数量，应尽可能使其数量少。

（2）技术上可靠。供热管道应尽量避开采空区、土质松软地区、地震断裂带、滑坡危险地带以及地下水水位高等不利地段。

（3）对周围环境影响小而协调。供热管道应少穿越主要交通线，一般平行于道路中心线并应尽量敷设在车行道以外的地方。当必须设置在车行道下时，宜将检查小室人孔引至车

· 153 ·

行道外。在通常情况下，供热管道应只沿街道的一侧敷设。地上敷设的供热管道不应影响城市环境美观，不妨碍交通。供热管道与各种管道、构筑物应协调安排，其相互之间的距离应能保证运行安全、施工及检修方便。

供热管道与建筑物、构筑物或其他管道的最小水平净距和最小垂直净距，可按《城镇供热管网设计标准》(CJJ/T 34—2022)的规定确定。

任务一　供热管道敷设

供热管道敷设是指将供热管道及其附件按设计要求组成整体并使其就位的工作。供热管道的敷设形式分为地上(架空)敷设和地下敷设两类。

一、地上敷设

地上敷设在地面上或附墙支架上敷设供热管道的方式，按照支架的高度，其可分为以下三种。

(1)低支架敷设(图10-1)。在不妨碍交通，不影响厂区扩建的场合，可采用低支架敷设。通常沿着工厂的围墙或平行于公路或铁路敷设。为了避免雨雪的侵袭，在低支架敷设中，供热管道保温结构底面距地面净高不得小于0.3 m。

低支架敷设可以节省大量土建材料、建设投资少、施工安装方便、维护管理容易，但其适用范围太小。

(2)中支架敷设(图10-2)。在人行频繁和非机动车辆通行地段，可采用中支架敷设。供热管道保温结构底面距地面净高为2.0～4.0 m。

(3)高支架敷设(图10-2)。供热管道保温结构底面距地面净高在4 m以上，一般为4.0～6.0 m。在跨越公路、铁路或其他障碍物时采用。

地上敷设的供热管道可以和其他管道敷设在同一支架上，但应便于检修，且不得架设在腐蚀性介质管道的下方。

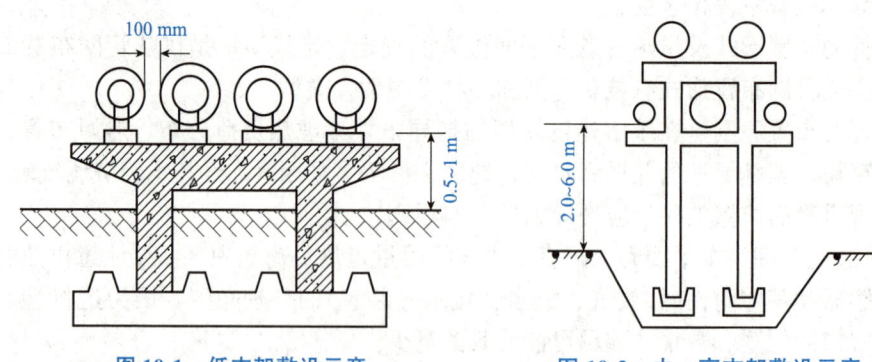

图10-1　低支架敷设示意

图10-2　中、高支架敷设示意

地上敷设是较为经济的一种供热管道敷设方式。它不受地下水水位和土质的影响，便于运行管理，易于发现和消除故障，但占地面积较大，供热管道的热损失较大，影响城市美观。

二、地下敷设

地下敷设不影响市容和交通,因此地下敷设是城镇供热管道广泛采用的敷设方式。

(一)地沟敷设

地沟是地下敷设供热管道的围护构筑物。地沟的作用是承受土压力和地面荷载并防止水的侵入。

地沟分为砌筑、装配式和整体式等类型。砌筑地沟采用砖、石或大型砌体砌筑墙体,配合钢筋混凝土预制盖板。装配式地沟一般用钢筋混凝土预制构件现场装配,施工速度较高。整体式地沟用钢筋混凝土现场灌筑而成,防水性能较好。地沟的横截面常做成矩形或拱形。

根据地沟内人行通道的设置情况,地沟分为通行地沟、半通行地沟和不通行地沟。

1. 通行地沟

通行地沟是工作人员可以在其内直立通行的地沟(图10-3)。通行地沟内的供热管道可采用单侧布管或双侧布管两种方式。通行地沟中人行通道的高度不小于1.8 m,宽度不小于0.6 m,并应允许通行地沟内直径最大的供热管道通过人行通道。为了便于运行管理,通行地沟应设事故人孔。装有蒸汽管道的通行地沟,不大于100 m应设一个事故人孔;无蒸汽管道的通行地沟,不大于400 m应设一个事故人孔。对整体混凝土结构的通行地沟,每隔200 m宜设一个安装孔,以便于检修和更换供热管道。

通行地沟应设置自然通风或机械通风,以便在检修时保持通行地沟内温度不超过40 ℃。在经常有人工作的通行地沟内要有照明设施。

通行地沟的主要优点是操作人员可以在其中进行供热管道的日常维修以至大修,但其造价高。

2. 半通行地沟

半通行地沟的净高不小于1.2 m,人行通道宽度不小于0.5 m(图10-4)。操作人员可以在半通行地沟内检查供热管道和进行小型修理工作,但进行更换供热管道等大修工作仍需挖开地面进行。当无条件采用通行地沟时,可用半通行地沟代替。半通行地沟利于维修供热管道和判断故障地点,可以缩小大修时的开挖范围。

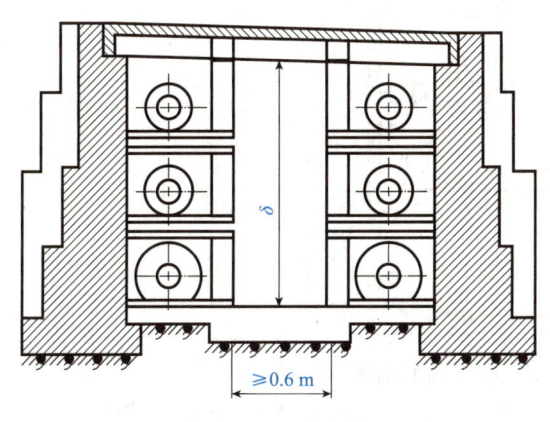

图 10-3 通行地沟

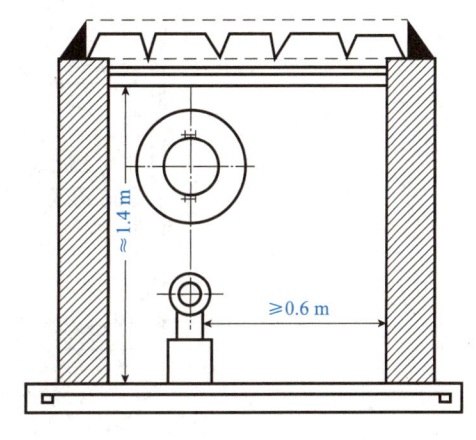

图 10-4 半通行地沟

3. 不通行地沟

不通行地沟的横截面较小，只需保证供热管道施工安装的必要尺寸即可（图 10-5）。不通行地沟的造价较低，占地较少，是城镇供热管道经常采用的地下敷设形式。其缺点是检修供热管道时必须挖开地面。

上面介绍的地沟都属于砌筑地沟。图 10-6 所示为预制钢筋混凝土椭圆拱形地沟，它可以是通行地沟，也可以是不通行地沟。图 10-7 所示为整体式钢筋混凝土综合管廊断面。根据《城市综合管廊工程技术标准》（GB/T 50838—2015），天然气管道、蒸汽热力管道等应在独立仓室内敷设；热力管道不应与电力电缆同仓敷设；110 kV 电力电缆不应与通信电缆同侧布置。在综合管廊内，热力管道可以与上水管道、再生水管道、通信电缆、压缩空气管道、压力排水管道、污水管道和重油管道一起敷设。给水管道宜布置在热力管道的下方；雨水可利用结构本体排出或采用管道排水方式排出；污水管道宜设置在管廊底部。

为了便于供热管道的安装和维修，各种地沟的净高、人行通道宽度及供热管道保温表面离地沟内表面的最小尺寸，应按表 10-1 的规定设计。地沟盖板的覆土深度不应小于 0.2 m。

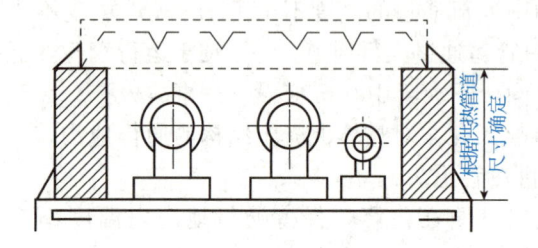

图 10-5 不通行地沟

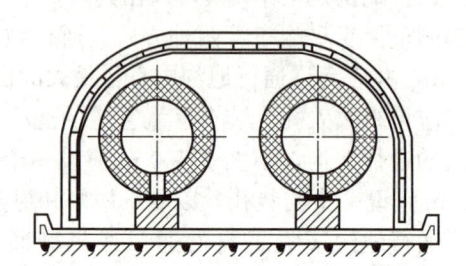

图 10-6 预制钢筋混凝土椭圆拱形地沟

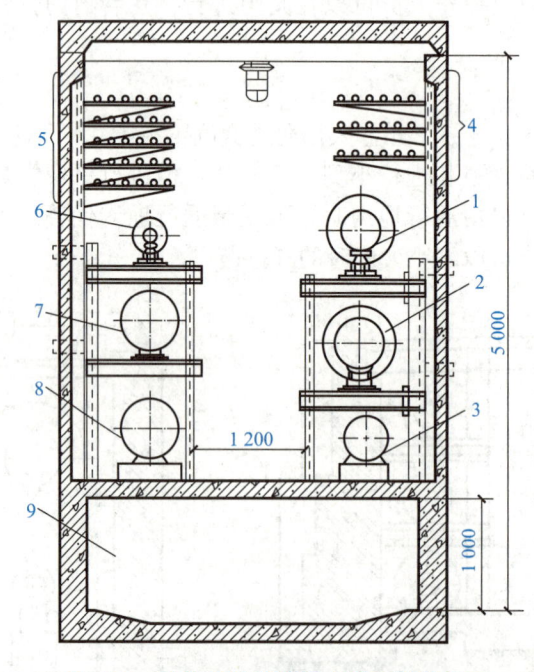

图 10-7 整体式钢筋混凝土综合管廊断面

1、2—供水管与回水管；3—自来水管；4—通信电缆；5—光缆；6—卫生热水管；7—再生水管；
8—污水管；9—雨水仓

表 10-1 地沟敷设有关尺寸

地沟类型	地沟净高/m	人行通道宽度/m	供热管道保温表面与沟墙净距/m	供热管道保温表面与沟顶净距/m	供热管道保温表面与沟底净距/m	供热管道保温表面的净距/m
通行地沟	≥1.8	≥0.6*	≥0.2	≥0.2	≥0.2	≥0.2
半通行地沟	≥1.2	≥0.5	≥0.2	≥0.2	≥0.2	≥0.2
不通行地沟			≥0.1	≥0.05	>0.15	≥0.2

注：* 当必须在地沟内更换供热管道时，人行通道宽度还不应小于供热管道外径 0.1 m

地沟内积水极易破坏保温结构，增大散热损失，腐蚀供热管道，缩短使用寿命。为了防止地面水渗入，地沟壁内表面宜用防水砂浆粉刷。地沟盖板之间、地沟盖板与地沟壁之间要用水泥砂浆或沥青封缝。地沟盖板横向应有 0.01~0.02 的坡度；地沟底应有纵向坡度，其坡向与供热管道坡向一致，不宜小于 0.002，以便渗入地沟内的水流入检查室的集水坑内，再用水泵抽出。如果地下水水位高于地沟底，则应考虑采用更可靠的防水措施。在防水层上用沥青粘贴数层油毛毡并外涂沥青或在外面增加砖护墙。

(二)直埋敷设

直埋敷设又称为无沟敷设，是将供热管道直接埋设在土壤中的敷设方式。供热管道保温结构外表面与土壤直接接触。目前，采用最多的形式是供热管道、保温层和保护外壳三者紧密黏结在一起，形成整体式的预制保温管结构形式，如图 10-8 所示。

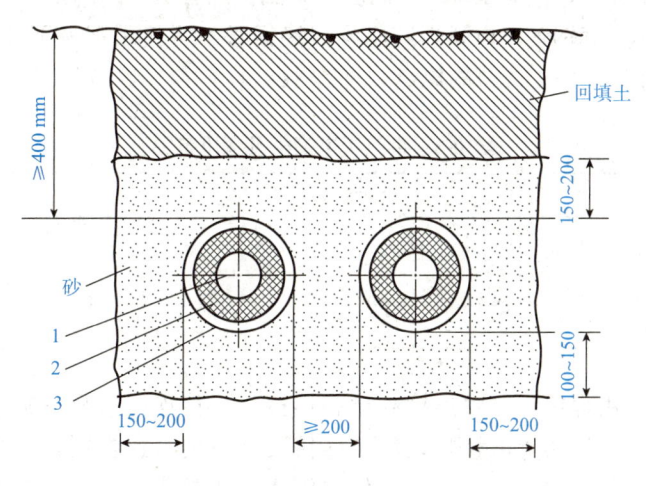

图 10-8 预制保温管直埋敷设示意

1—钢管；2—聚氨酯硬质泡沫塑料保温层；3—高密度聚乙烯保温外壳

预制保温管(也称为"管中管")由钢管、保温层、保护外壳结合成一体，其性能应符合《城镇供热管网设计标准》(CJJ/T 34—2022)的有关规定。

预制保温管的保温层一般为聚氨酯硬质泡沫塑料，保护外壳一般采用高密度聚乙烯硬质塑料或玻璃钢，也有采用钢管(钢套管)做保护外壳的。预制保温管应采用无缝钢管。

预制保温管在工厂或现场制造。预制保温管的两端留有约 200 mm 长的裸露钢管，以便在现场的沟槽内焊接，最后将接口处做保温处理。

施工安装时在供热管道沟槽底部预先铺 100～200 mm 厚的 1～8 mm 砂砾，下管后在供热管道四周继续填充砂砾，填砂高度为 100～200 mm，再回填原土并夯实。目前，为了节约材料费用，国内也有采用四周回填无杂物的净土的施工方式。

直埋敷设在我国迅速发展，是当前及今后供热管道的主要敷设方式，详见有关资料。

任务二　供热管道及其附件

供热管道及其附件是供热管道输送热媒的主体部分。供热管道附件是供热管道上的管件（三通、弯头等）、阀门、补偿器、支座和器具（放气、排水、疏水、除污等装置）的总称。这些附件是构成供热管道和保证供热管道正常运行的重要部分。

微课：供热管道附件

一、供热管道

供热管道通常采用钢管。钢管的最大优点是能承受较高的内压力和较大的动荷载，且连接简便；其缺点是内部及外部易受腐蚀。室内供热管道宜选用焊接钢管、镀锌钢管或热镀锌钢管。室内明装支、立管宜选用镀锌钢管、热镀锌钢管、外敷保护层的铝合金衬聚丁烯管，散热器供暖系统的室内埋地暗装供热管道宜选用耐高温的聚丁烯管、交联聚乙烯管等塑料管道或铝塑复合管，地面辐射供暖系统的室内埋地暗装供热管道宜选用耐热聚乙烯管等塑料管。室外供热管道都采用无缝钢管、电弧焊或高频焊接钢管。所使用钢材钢号应符合《城镇供热管网设计标准》（CJJ/T 34—2022）的规定，见表 10-2。

表 10-2　供热管道钢材及适用范围

钢材	设计温度/℃	管壁厚度/mm
Q235B	≤300	≤20
L290	≤200	不限
10、20、Q355B	不限	不限

钢管的连接可采用焊接、法兰连接和丝扣连接。焊接连接可靠、施工简便迅速，广泛用于供热管道之间及补偿器等的连接。法兰连接装卸方便，通常用在供热管道与设备、阀门等需要拆卸的附件的连接上。对于室内供热管道，通常借助三通、四通、管接头等管件进行丝扣连接，也可采用焊或法兰连接。

二、阀门

阀门是用来开闭管路和调节输送介质流量的设备。在供热管道上，常用的阀门形式有截止阀、闸阀、蝶阀、止回阀、调节阀和球阀等。

截止阀按介质流向可分为直通式、直角式和直流式（斜杆式）三种；按阀杆螺纹的位置可分为明杆和暗杆两种。图 10-9 所示是最常用的直通式截止阀。截止阀关闭严密性较好，但阀体长，介质流动阻力大，产品公称直径不大于 200 mm。

闸阀也有明杆和暗杆两种。另外，按闸板的形状及数目，闸阀有楔式与平行式，以及单板与双板的区分。图 10-10 所示是明杆平行式双板闸阀；图 10-11 所示是暗杆楔式单板闸阀。闸阀的优、缺点正好与截止阀相反，它常用在公称直径大于 200 mm 的供热管道上。

截止阀和闸阀主要起开闭管路的作用。由于其调节性能不好，所以不适合用来调节流量。图 10-12 所示为蜗轮传动式蝶阀。阀板沿垂直管道轴线的立轴旋转，当阀板与管道轴线垂直时，阀门全闭；当阀板与管道轴线平行时，阀门全开。蝶阀的阀体长度很小，流动阻力小，调节性能稍优于截止阀和闸阀，但造价高。蝶阀在国内热网直埋工程中应用较多。

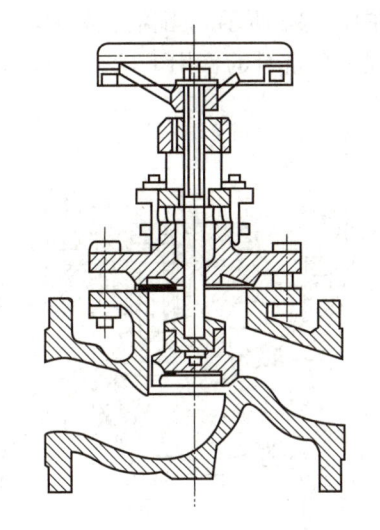

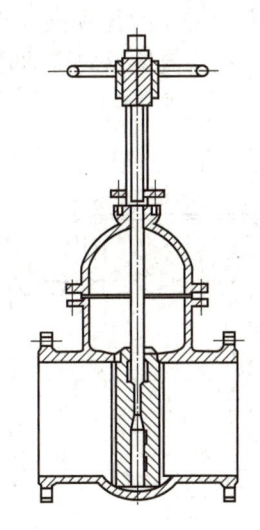

图 10-9　直通式截止阀　　　　图 10-10　明杆平行式双板闸阀

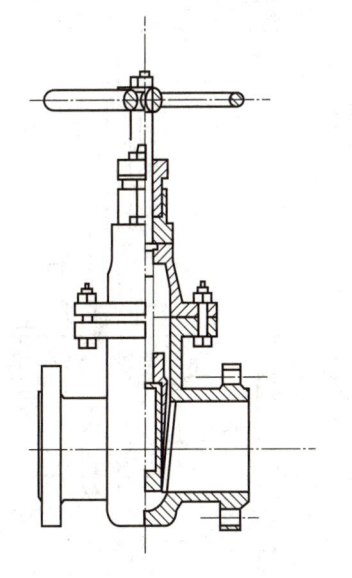

图 10-11　暗杆楔式单板闸阀　　图 10-12　蜗轮传动式蝶阀

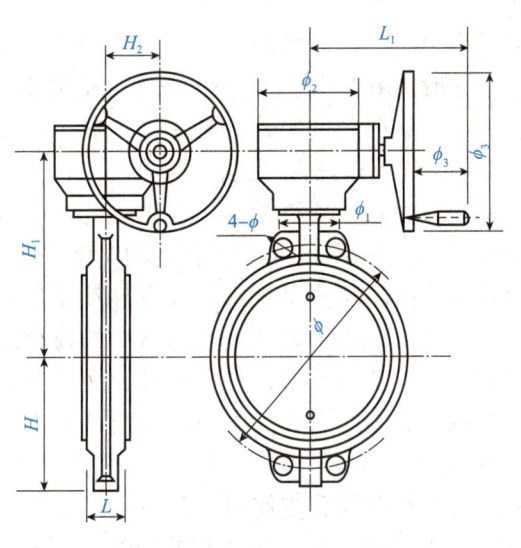

截止阀、闸阀、蝶阀的连接可用法兰连接、螺纹连接或采用焊接。它们可用手动传动(用于小口径)，齿轮、电动、液动和气动等(用于大口径)传动方式。《城镇供热管网设计标准》(CJJ/T 34—2022)规定，对公称直径大于或等于 500 mm 的闸阀，应采用电动驱动装置。

止回阀是用来防止供热管道或设备中介质倒流的一种阀门。它利用流体的动能来开启阀门。在集中供热系统中，止回阀常安装在泵的出口、疏水器的出口上，以及其他不允许流体反向流动的地方。

常用的止回阀主要有旋启式和升降式两种。

图 10-13 所示是旋启式止回阀。它的阀瓣吊挂在本体或阀盖上。当流体不流动时，阀瓣严密地贴合在本体连接管的孔口上。当流体从左向右流动时，阀瓣抬起，阀瓣围绕固定轴从关闭位置自由地转动到开启位置，并且差不多与流体的流向平行。

升降式止回阀由阀瓣、阀体和阀盖组成，如图 10-14 所示。当流体流动时，阀瓣被流体抬起，将通路开启；当流体反向流动时，阀瓣在本身重量的作用下，落到阀体的阀座上，将通路关闭。

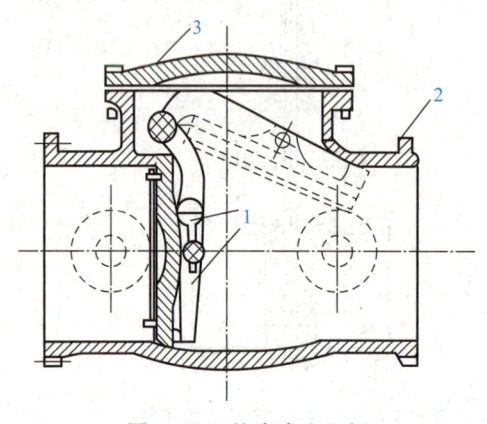

图 10-13　旋启式止回阀
1—阀瓣；2—本体；3—阀盖

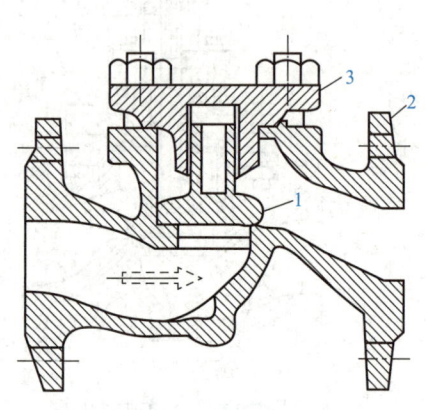

图 10-14　升降式止回阀
1—阀瓣；2—阀体；3—阀盖

升降式止回阀的密封性较好，但只能安装在水平供热管道上，一般多用于公称直径小于 200 mm 的水平供热管道上。旋启式止回阀的密封性较差，一般多用于垂直向上流动或大直径的供热管道上。

当需要调节供热介质流量时，在供热管道上应设置手动调节阀或自动流量调节装置。图 10-15 所示是手动调节阀。手动调节阀的阀瓣呈锥形；通过转动手轮，调节阀瓣的位置，可以改变阀瓣下边与阀体中的通径之间所形成的缝隙面积，从而调节供热介质流量。调节性能好的手动调节阀，其阀瓣启升高度与通过流量的大小应近似呈线性关系。

目前，大型热网的分支阀有采用球阀的趋势，国内生产球阀已经达到 DN1 400 mm。该球阀公称直径为 DN15～DN300 mm，压力等级为 1.0 MPa、1.6 MPa、2.5 MPa，

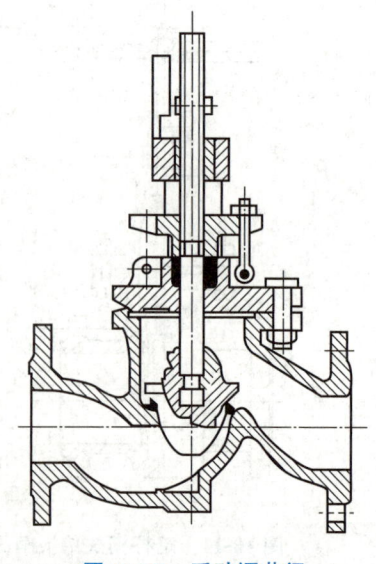

图 10-15　手动调节阀

4.0 MPa，耐温 200 ℃以下。球阀根据传动方式分为蜗轮传动型和手柄型，如图 10-16、图 10-17 所示。其与供热管道的连接方式分为螺纹连接、法兰连接和焊接。球阀采用不锈钢材质，球阀密封采用碳强化 PTFE 材质，阀体用钢制作。

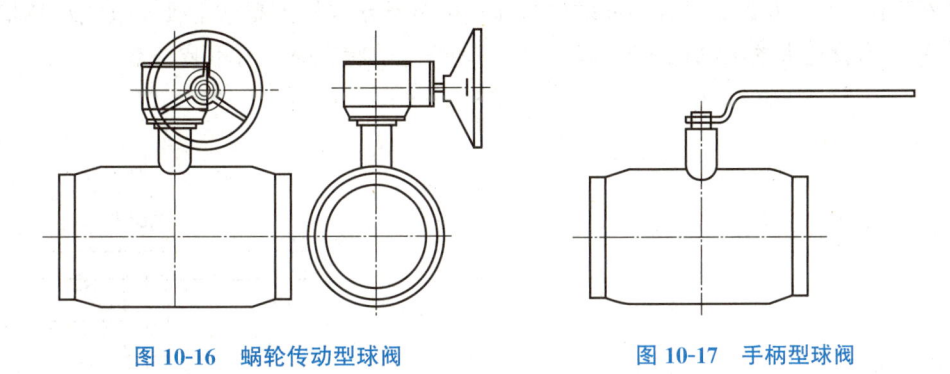

图 10-16　蜗轮传动型球阀　　　　图 10-17　手柄型球阀

根据使用功能，球阀可分为关断球阀和关断调节球阀。关断球阀用作供热管道分支阀和大口径主供热管道的旁通阀门。关断调节球阀将关断和调节功能合二为一。根据其压差确定流量，并通过手柄处的刻度盘直观显示，方便了各种要求下对供水量的需求。与此同时，关断调节球阀也是一个普通的关断门。在任何紧急维修需要下，其关断后再开启，其刻度盘上的锁定装置仍能保证原供水量。

根据安装要求，球阀可分为沟用球阀和直埋球阀。直埋球阀可按照供热管道埋深确定阀杆长度，无须建造阀门小室就可进行操作。直埋球阀方便安装，可缩短施工时间，节约基建投资。

《城镇供热管网设计标准》(CJJ/T 34—2022)规定，热水、蒸汽干线、支干线、支线的起点应安装关断阀门；热水管网输送干线应设置分段阀门。输送干线分段阀门的间距宜为 2 000～3 000 m，长输管线分段阀门的间距宜为 4 000～5 000 m；输配干线分段阀门的间距宜为 1 000～1 500 m；管线在进出综合管廊时，应在综合管廊处设置阀门。

三、放气、排水及疏水装置

为了便于热水管和凝结水管顺利放气和运行或检修时排净供热管道中的存水，以及从蒸汽管中排出沿途凝结水，供热管道必须设置相应的坡度，同时，应配置相应的放气、排水及疏水装置。其措施如下。

供热管道敷设时应有一定的坡度，对于热水管、汽水同向流动的蒸汽管和凝结水管，坡度宜采用 0.003，不得小于 0.002；对于汽水逆向流动的蒸汽管，坡度不得小于 0.005。

放气装置应设置在热水管、凝结水管的高点处(包括分段阀门划分的每个管段的高点处)，放气阀门的管径一般采用 15～32 mm。

在热水管、凝结水管的低点处(包括分段阀门划分的每个管段的低点处)，应安装放水装置。热水管的放水装置应保证一个放水段的放水时间不超过下面的规定：对 DN=300 mm 的热水管，放水时间为 2～3 h；对 DN=350～500 mm 的热水管，放水时间为 4～6 h；对 DN≥600 mm 的热水管，放水时间为 5～7 h，严寒地区采用较小值。规定放水时间主要是考虑在冬季出现事故时能迅速放水，缩短抢修时间，以免供热系统和网路冻结。

热水管和凝结水管的放水和排水装置的位置如图 10-18 所示。为了排除蒸汽管的沿途凝结水，蒸汽管在顺坡时每隔 400～500 m，在逆坡时每隔 200～300 m 应设启动疏水装置和经常疏水装置。在经常疏水管段的低点和垂直升高的管段前应设启动疏水装置和经常疏水装置(图 10-19)。此外，同一坡向的管段排出的凝结水宜排入凝结水管，以减小热量和水量的损失。当管道中的蒸汽在任何运行工况下均为过热状态时，可不装经常疏水装置。

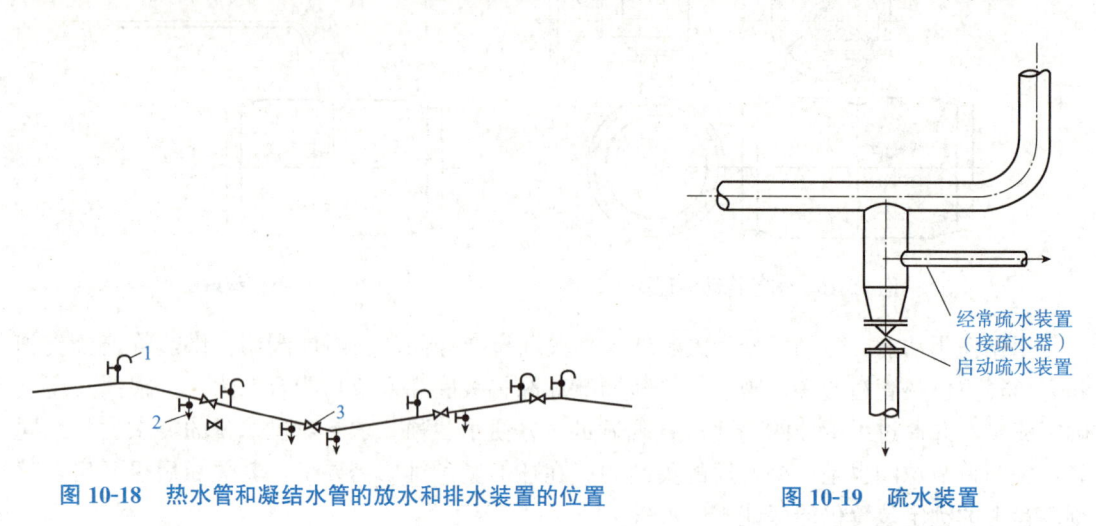

图 10-18　热水管和凝结水管的放水和排水装置的位置

图 10-19　疏水装置

任务三　供热管道的热膨胀及热补偿处理

一、供热管道的热膨胀

供热管道是在热介质的工作温度下运行的，热介质的温度与周围环境温度差别较大，这必然会使供热管道产生热膨胀。

为了防止供热管道升温时，热伸长量或温度应力的作用引起供热管道变形或破坏，需要在供热管道上设置补偿器，以补偿供热管道的热伸长量，从而减小供热管道壁的应力和作用在阀件或支架结构上的作用力。

供热管道的热伸长量可按下式计算：

$$\Delta L = a(t_1 - t_2) \cdot L$$

式中　ΔL——供热管道的热伸长量(m)；

　　　a——供热管道的线膨胀系数，对钢管一般取 $a = 0.012$ mm/(m·℃)；

　　　t_1——供热管道壁最高温度，可取热媒的最高温度(℃)；

　　　t_2——供热管道安装时的环境温度，一般可取当地最冷月平均温度(℃)；

　　　L——计算管段长度(m)。

供热管道所用补偿器的种类很多，主要有自然补偿器、方形补偿器、波纹管补偿器、套筒补偿器、球形补偿器和旋转补偿器等。前三种是利用补偿器材料的变形来吸收热伸长量，后三种是利用补偿器内、外套管之间的相对位移来吸收热伸长量。

二、自然补偿器

自然补偿器利用供热管道自身的弯曲管段（如 L 形或 Z 形等）来补偿管段的热伸长量，如图 10-20 所示。因此，考虑供热管道的热补偿时，应尽量利用其自然弯曲的补偿能力。自然补偿器的缺点是供热管道变形时会产生横向位移，而且补偿的管段不能很长。

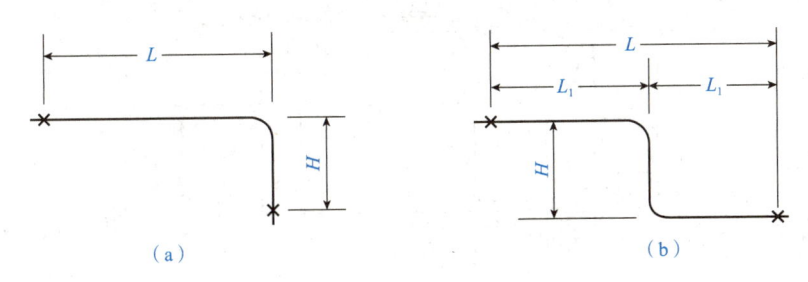

图 10-20 自然补偿器
(a)L 形自然补偿器；(b)Z 形自然补偿器

三、方形补偿器

方形补偿器是由 4 个 90°弯头构成 U 形的补偿器，靠其弯管的变形来补偿管段的热伸长量。方形补偿器通常用无缝钢管煨弯或机制弯头组合而成。此外，也有将钢管弯曲成 S 形或 Ω 形的补偿器，这种补偿器也称为弯管补偿器。

方形补偿器制作、安装方便，不需要经常维修，补偿能力强，作用在固定点上的推力较小，可在各种压力和温度下使用。其缺点是外形尺寸大、占地面积大。

四、波纹管补偿器

波纹管补偿器是用单层或多层薄金属管制成的具有轴向波纹的管状补偿设备。工作时，它利用波纹变形进行热补偿。供热管道上使用的波纹管补偿器多用不锈钢制造。波纹管补偿器按波纹形状主要分为 U 形和 Ω 形；按补偿方式分为轴向式、横向式和铰接式等。轴向式波纹管补偿器可吸收轴向位移，按其承压方式又分为内压式和外压式。图 10-21 所示为内压轴向式波纹管补偿器。横向式补偿器向其轴线的法线方向变形，常用来吸收供热管道的横向变形。铰接式补偿器类似球形补偿器，需要成对安装在转角段上进行热补偿。

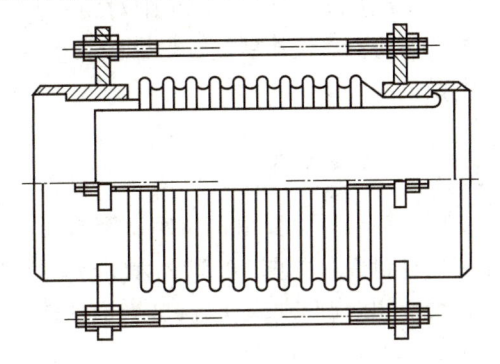

图 10-21 内压轴向式波纹管补偿器

波纹管补偿器的主要优点是占地面积小，不用专门维修，介质流动阻力小。因此，内压轴向式波纹管补偿器在国内热网工程中的应用逐步增多，但其造价较高。

五、套筒补偿器

套筒补偿器主要由芯管和外壳管组成，是两者同心套装并可轴向移动的补偿器。图10-22所示为单向套筒补偿器。芯管与套管之间用柔性密封填料密封，柔性密封填料可直接通过套管小孔注入填料函，因此可以在不停止运行情况下进行维护和抢修，维修工艺简便。

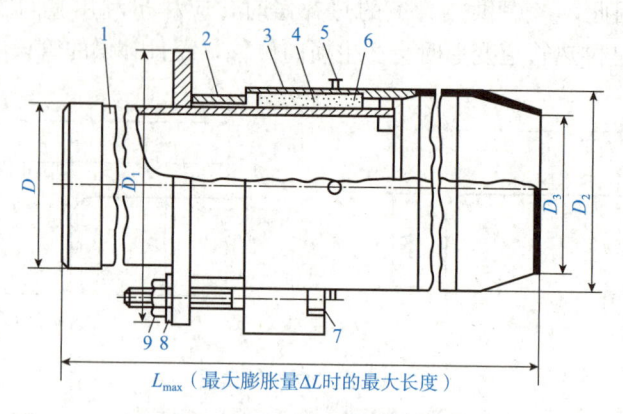

图 10-22　单向套筒补偿器

1—芯管；2—前压兰；3—套管；4—柔性密封填料；5—注料螺栓；6—后压兰；7—T形螺栓；8—垫圈；9—螺母

套筒补偿器的补偿能力强，一般可达 250～400 mm，占地面积小，介质流动阻力小，造价低，但其维修工作量大，同时供热管道采用地下敷设时要增设检查室。套筒补偿器只能用在直线管段上，当其使用在弯管或阀门处时，其轴向产生的盲板推力（由内压引起的不平衡水平推力）也较大，需要设置主固定支座。近年来，国内出现的内力平衡式套筒补偿器可消除盲板推力。

六、球形补偿器

球形补偿器由球体及外壳组成。球体与外壳可相对折曲或旋转一定的角度（一般可达30°），以此进行热补偿。两个配对成一组，其动作原理如图10-23所示。球形补偿器的球体与外壳间的密封性能良好，寿命较长。它的特点是能进行空间变形，补偿能力强，适用于架空敷设。

七、旋转补偿器

旋转补偿器主要由密封座、密封压盖、大小头、减摩定心轴承、密封材料、旋转筒体等构件组成，如图10-24所示。旋转补偿器安装在供热管道上时需要两个以上组对成组，形成相对旋转以吸收供热管道的热位移，从而减小供热管道的应力，其动作原理如图10-25所示。

旋转补偿器的优点如下。

（1）补偿量大，可根据自然地形及供热管道强度布置，最大一组旋转补偿器可补偿500 m管段。

（2）不产生由介质压力产生的盲板推力，固定架可做得很小，特别适用于大口径供热管道。

(3) 密封性能优越，长期运行不需要维护。

(4) 节约投资。

(5) 可安装在蒸汽管和热水管上，可节约投资和提高运行安全性。

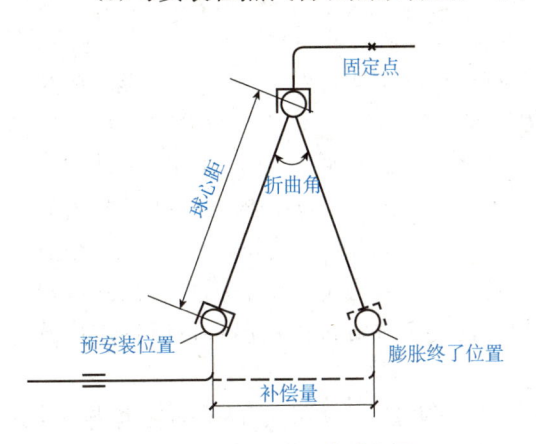

图 10-23　球形补偿器的动作原理

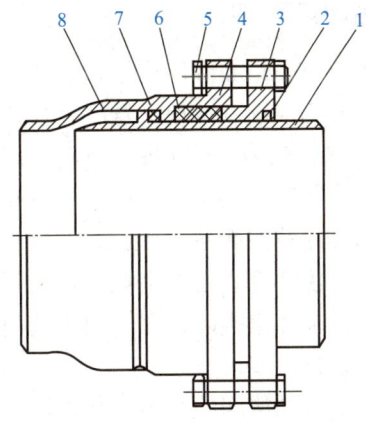

图 10-24　旋转补偿器

1—旋转筒体；2—减摩定心轴承；3—密封压盖；4—密封材料；
5—压紧螺栓；6—密封座；7—减摩定心轴承；8—大小头

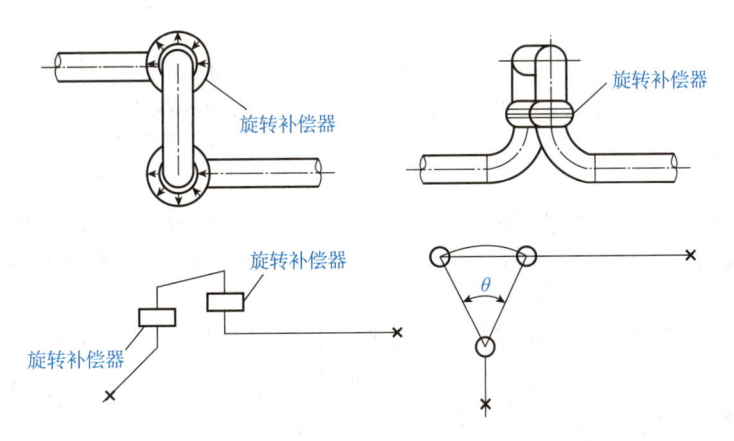

图 10-25　旋转补偿器的动作原理

旋转补偿器在供热管道上一般按 200～500 m 安装一组（可根据自然地形确定），有 10 多种安装形式，可根据供热管道的走向确定布置形式。采用旋转补偿器后，固定支架间距增大，为了避免管段挠曲需要适当增加导向支架，为了减小管段运行的摩擦阻力，需要在滑动支架上安装滚动支座。

任务四　供热管道支座（架）

供热管道支座是直接支承供热管道并承受供热管道作用力的供热管道附件。它的作用

· 165 ·

是支撑供热管道和限制供热管道位移。支座承受供热管道的重力和由内压、外载和温度变化引起的作用力,并将这些荷载传递到建筑结构或地面的供热管道构件上。根据支座(架)对供热管道位移的限制情况,支座(架)分为活动支座(架)和固定支座(架)。

一、活动支座(架)

活动支座(架)是允许供热管道和支承结构有相对位移的支座(架)。活动支座(架)按其构造和功能分为滑动、滚动、悬吊、弹簧和导向等形式。

(1)滑动支座是由安装(采用卡固或焊接方式)在管子上的钢制管托与下面的支承结构构成。它承受供热管道的垂直荷载,允许供热管道在水平方向滑动位移。根据管托横截面的形状,滑动支座有曲面槽式(图10-26)、丁字托式(图10-27)和弧形板式(图10-28)等。在前两种形式中,供热管道由支座托住,滑动面低于保温层,保温层不会受到损坏。弧形板式滑动支座的滑动面直接附着在供热管道壁上,因此安装支座时要去掉保温层,但供热管道安装位置可以低一些。

管托与支承结构间的摩擦通常是钢与钢的摩擦,摩擦系数约为0.3。为了减小摩擦力,有时在管托下放置减摩材料,如聚四氟乙烯塑料等,可使摩擦系数减小到0.1以下。

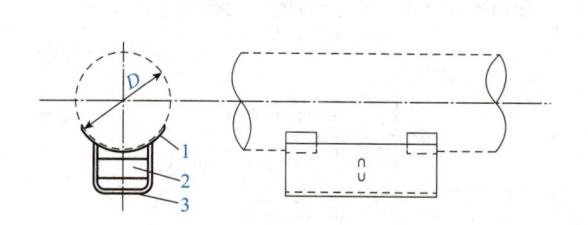

图10-26 曲面槽式滑动支座
1—弧形板;2—肋板;3—曲面槽

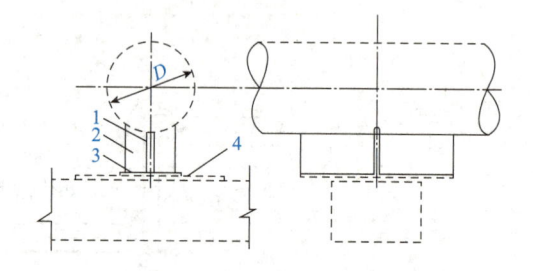

图10-27 丁字托式滑动支座
1—顶板;2—侧板;3—底板;4—支承板

(2)滚动支座由安装(卡固或焊接)在管子上的钢制管托与设置在支承结构上的碾轴、滚柱或滚珠盘等部件构成。滚动支座包括辊轴式滚动支座(图10-29)和滚柱式滚动支座(图10-30)两种。供热管道轴向位移时,管托与滚动部件间产生滚动摩擦,摩擦系数在0.1以下,但供热管道横向位移时仍产生滑动摩擦。需要对滚动支座进行必要的维护,使滚动部件保持正常状态。滚动支座一般只用在架空敷设的供热管道上。

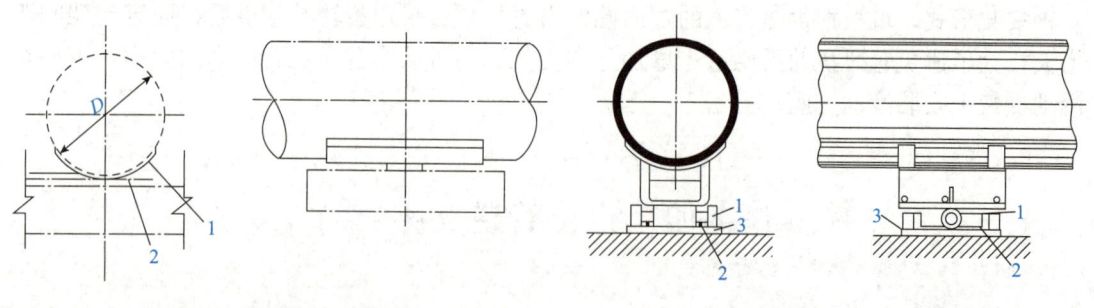

图10-28 弧形板式滑动支座
1—弧形板;2—支撑板

图10-29 辊轴式滚动支座
1—轴;2—导向板;3—支承

图 10-30　滚柱式滚动支座

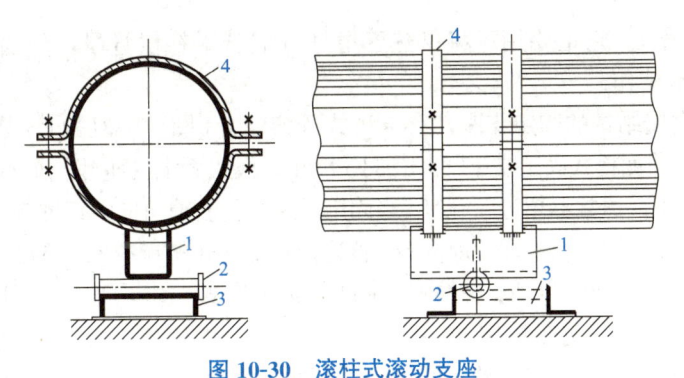

1—槽板；2—滚柱；3—槽钢支承座；4—管箍

(3)悬吊支架常用在室内供热管道上，主要用于供热管道的悬吊和固定。悬吊支架由抱箍、吊杆等杆件组成，通过这些杆件将供热管道悬吊在承力结构下面。图 10-31 所示为几种常见的悬吊支架。悬吊支架构造简单，管道伸缩阻力小。供热管道位移时吊杆摇动，因各吊杆摆动幅度不一，难以保证管道轴线为一直线，所以进行热补偿时需要使用不受供热管道弯曲变形影响的补偿器。

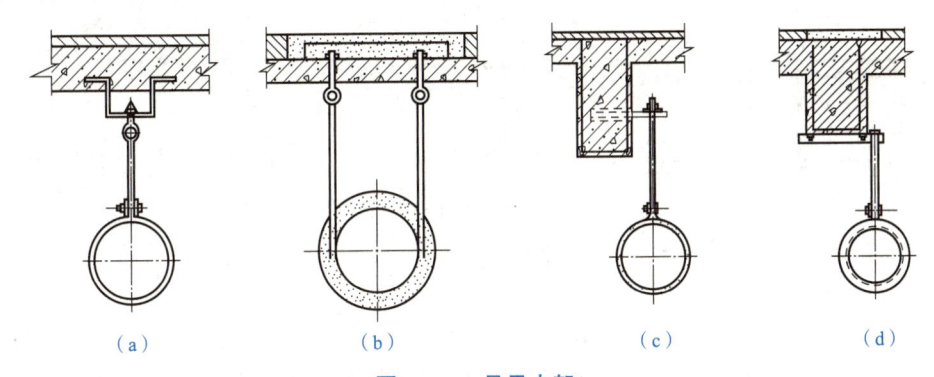

图 10-31　悬吊支架

(a)可在纵向及横向移动；(b)只能在纵向移动；(c)焊接在钢筋混凝土构件中的预埋件上；
(d)箍在钢筋混凝土梁上

(4)弹簧支座一般在滑动支座、滚动支座的管托下或在悬吊支架的构件中加弹簧构成(图 10-32)。其特点是允许供热管道水平位移，并可适应供热管道的垂直位移，使自身所承受的供热管道垂直荷载变化不大。弹簧支座常用于供热管道有较大的垂直位移处，以防止供热管道脱离，致使相邻支座和相应管段受力过大。

(5)导向支座是只允许供热管道轴向伸缩，限制供热管道横向位移的支座形式。其通常在滑动支座或滚动支座沿供热管道轴向的管托两侧设置导向挡板。导向支座的主要作用是防止供热管道纵向失稳，保证补偿器正常工作。

二、固定支座(架)

固定支座(架)是不允许供热管道和支承结构有相对位移

图 10-32　弹簧支座

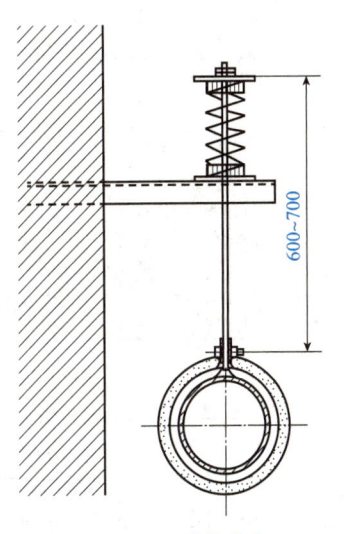

的供热管道支座(架)。它主要用于将供热管道划分成若干补偿管段,分别进行热补偿,从而保证补偿器正常工作。

最常用的是金属结构的固定支座,有卡环式固定支座[图10-33(a)]、焊接角钢式固定支座[图10-33(b)]、曲面槽式固定支座[图10-33(c)]和挡板式固定支座(图10-34)等。前三种支座承受的轴向推力较小,通常不超过50 kN。当固定支座承受的轴向推力超过50 kN时,多采用挡板式固定支座。在无沟敷设或不通行地沟中,固定支座有时也被做成钢筋混凝土固定墩的形式。

图10-35所示为直埋敷设所采用的一种固定支座形式:供热管道从固定墩上部的立板穿过,在管子上焊有卡板进行固定。

室内外供热管道的支座(架)的种种形式详图及其使用要求,可见《动力设施国家标准图集》。

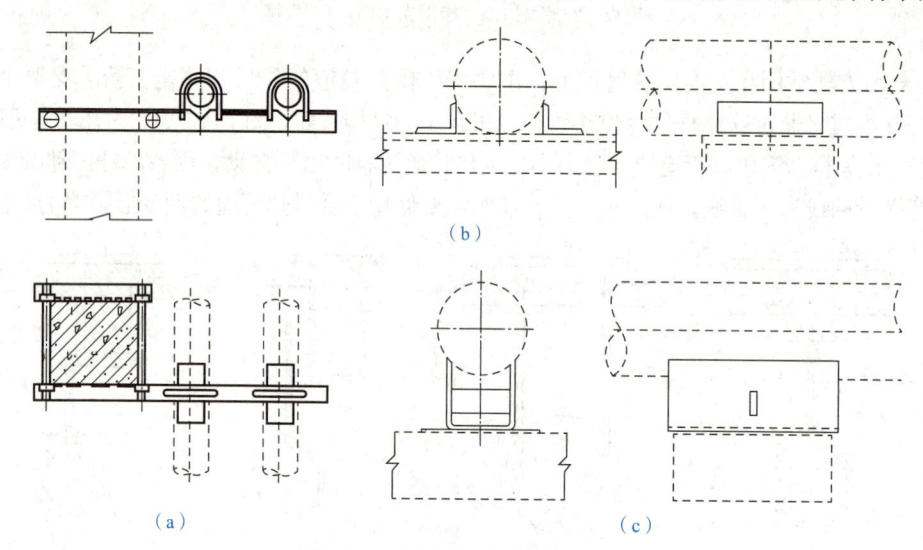

图10-33 金属结构的固定支座
(a)卡环式固定支座;(b)焊接角钢式固定支座;(c)曲面槽式固定支座

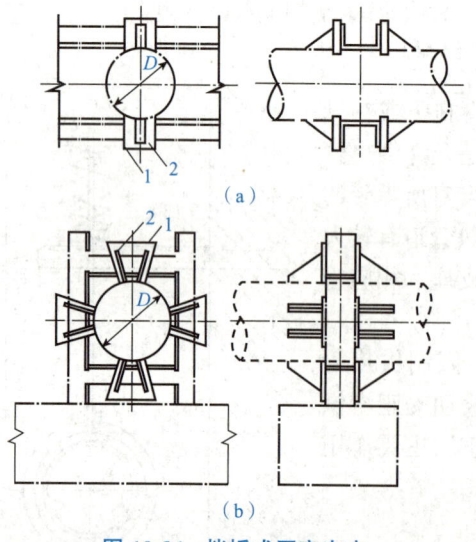

图10-34 挡板式固定支座
(a)双面挡板式固定支座;(b)四面挡板式固定支座
1—挡板;2—肋板

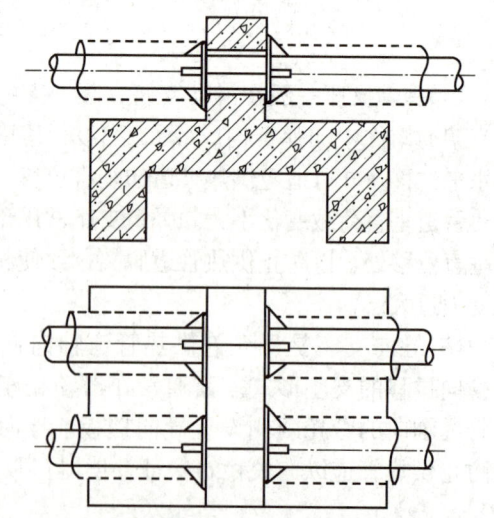

图10-35 直埋敷设所采用的一种固定支座形式

三、活动支座(架)间距的确定

活动支座(架)间距的大小决定着整个热网中支座(架)的数量，影响热网的投资。因此，在确保安全运行的前提下，应尽可能地增大活动支座(架)间距，减少支座(架)的数量，减少热网投资。

活动支座(架)最大间距是由供热管道的允许跨距来决定的，而供热管道的允许跨距又是通过强度条件和刚度条件两个方面来计算确定的。通常选取其中的较小值作为活动支座(架)最大间距。

在工程设计或施工时，若无特殊要求，可按表10-3直接确定活动支座(架)间距。

表 10-3　活动支座(架)间距

公称直径 DN/mm			40	50	65	80	100	125	150	200	250	300	350	400	450
活动支座(架)最大间距/m	保温	架空敷设	3.5	4.0	5.0	5.0	6.5	7.5	7.5	10.0	12.0	12.0	12.0	13.0	14.0
		地沟敷设	2.5	3.0	3.5	4.0	4.5	5.5	5.5	7.0	8.0	8.5	8.5	9.0	9.0
	不保温	架空敷设	6.0	6.5	8.5	8.5	11.0	12.0	12.0	14.0	16.0	16.0	16.0	17.0	17.0
		地沟敷设	5.5	6.0	6.5	7.0	7.5	8.0	8.0	10.0	11.0	11.0	11.0	11.5	12.0

四、固定支座(架)设置要求

为了节省投资，设置固定支座(架)时也应加大其间距，减少其数量，但固定支座(架)间距应满足下列要求。

(1)供热管道的热伸长量不得超过补偿器所允许的补偿量。

(2)供热管道因膨胀及其他作用而产生的推力不得超过固定支座(架)所承受的允许推力。

(3)不应使供热管道产生纵向弯曲。

任务五　供热管道的保温与防腐

一、保温的目的

供热管道的保温是节约能源的有效措施之一。在供热管道及其附件表面敷设保温层，其主要目的是减小热媒在输送过程中的无效热损失，并使热媒维持一定的参数以满足热用户的需要。此外，供热管道保温后其外表面温度不致过高，从而保护运行检验人员，避免烫伤，这也是技术安全所必需的。

设置保温的原则是热媒设计温度高于 50 ℃ 的供热管道应保温。

在不通行地沟敷设或直埋敷设条件下，热水网路的回水管、与蒸汽管并行的凝结水管以及其他温度较低的热水管，在技术经济合理的情况下可不保温。

热网运行经验表明，热水网路即使有良好的保温，其热损失仍占总输热量的 5%～8%，对于蒸汽网，该比例为 8%～12%；与之相应，保温结构费用占热网费用的 25%～40%。因此，保温工作对保证供热质量、节约投资和燃料都有很大影响。

二、保温材料及其制品

良好的保温材料应质量小、导热系数小、在使用温度下不变形或变质、具有一定的机械强度、不腐蚀金属、可燃成分少、吸水率低、易于施工成型，且成本低。

根据《城镇供热管网设计标准》(CJJ/T 34—2022)，保温材料及其制品的主要技术性能要求包括以下几方面。

(1)平均温度为25 ℃时，导热系数不得大于0.08 W/(m·℃)，并应有明确的随温度变化的导热系数方程式和图表。松散或可压缩的保温材料及其制品，应具有在使用密度下的导热系数方程式或图表。

(2)密度不应大于300 kg/m^3。

(3)除软质、散状材料外，硬质预制成型保温材料的抗压强度不应小于300 kPa；半硬质的保温材料压缩10%时的抗压强度不应小于200 kPa。

目前常用的供热管道保温材料有石棉、膨胀珍珠岩、膨胀蛭石、岩棉、矿渣棉、玻璃纤维及玻璃棉、微孔硅酸钙、泡沫混凝土、聚氨酯硬质泡沫塑料等。各种保温材料及其制品的技术性能可从生产厂家或一些设计手册中得出。在选用保温材料时，应因地制宜，就地取材，力求节约。

三、供热管道的保温结构

供热管道的保温结构由保温层和保护层两部分组成。

1. 保温层

保温层是供热管道保温结构的主体部分，根据工艺介质需要、介质温度、材料供应、经济性和施工条件来选择。

供热管道常用的保温方式有涂抹式、预制式、缠绕式、填充式、灌注式和喷涂式等。

(1)涂抹式保温。涂抹式保温是将不定型的保温材料加入胶黏剂等用水拌和成塑性泥团，分层涂抹于需要保温的供热管道表面上，干后形成保温层的保温方式。该方法不用模具，整体性好，特别适用于填堵洞孔和异型表面的保温。涂抹式保温是传统的保温方式，但施工方法落后、进度慢，在室外管网工程中已很少应用。适用此保温方式的保温材料有膨胀珍珠岩、膨胀蛭石及石棉灰、石棉硅藻土等。

(2)预制式保温。预制式保温是将保温材料制成板状、弧形、管壳等形状的制品，用捆扎或黏结方法安装在供热管道上形成保温层的保温方式。该方式由于操作方便和保温材料多以制品形式供货，目前被广泛采用。适用此保温方式的保温材料主要有泡沫混凝土、石棉、矿渣棉、岩棉、玻璃棉、膨胀珍珠岩和硬质泡沫塑料等。预制式保温结构如图10-36所示。

(3)缠绕式保温。缠绕式保温是用绳状或片状的保温材料缠绕捆扎在供热管道上形成保温层的保温方式，如石棉绳、石棉布、纤维类保温毡都采用此方式。其特点是操作方便、便于拆卸。用纤维类(如岩棉、矿渣棉、玻璃棉)保温毡进行供热管道保温，在供热工程中应用较多。图10-37所示为缠绕式保温结构。

(4)填充式保温。填充式保温是将松散的或纤维状保温材料填充于供热管道外围特制的壳体或金属网中或直接填充于安装好的供热管道的地沟或沟槽内形成保温层的保温方式。

填充于供热管道外围的散状保温材料主要有矿渣棉、玻璃棉及超细玻璃棉等。近年来，由于多把松散的或纤维状保温材料做成管壳式，所以填充式保温已使用不多。在地沟或直埋沟槽内填充保温材料时，必须采用憎水性保温材料，以避免水渗入，如用憎水性沥青珍珠岩等。

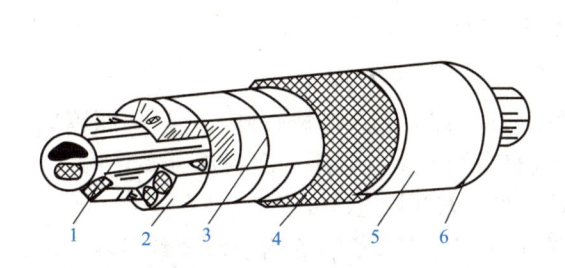

图 10-36 预制式保温结构
1—管道；2—保温层；3—镀锌铁丝；
4—镀锌铁丝网；5—保护层；6—油漆

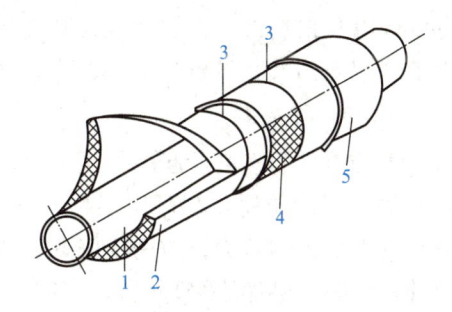

图 10-37 缠绕式保温结构
1—管道；2—保温毡或布；3—镀锌薄钢板；
4—镀锌铁丝网；5—保护层

（5）灌注式保温。灌注式保温是将流动状态的保温材料用灌注方法成型硬化后，在供热管道外表面形成保温层的保温方式，如在套管或模具中灌注聚氨酯硬质泡沫塑料，待其发泡固化后形成供热管道保温层。灌注式保温的保温层为一连续整体，有利于对供热管道的保温和保护。

（6）喷涂式保温。喷涂式保温是利用喷涂设备，将保温材料喷射到供热管道表面形成保温层的保温方式。无机保温材料（膨胀珍珠岩、膨胀蛭石、颗粒状石棉等）和泡沫塑料等有机保温材料均可用这种方式施工。其特点是施工效率高、保温层整体性好。

2. 保护层

供热管道保温结构保护层的作用主要是防止保温层的机械损伤和水分浸入，有时还兼起美化保温结构外观的作用。保护层是保证保温结构性能和寿命的重要组成部分，需要具有足够的机械强度和必要的防水性能。

保护层根据所用的材料和施工方法不同，可分为涂抹式保护层，金属保护层，毡、布类保护层三类。

（1）涂抹式保护层就是将塑性泥团状的材料涂抹在保温层上形成的保护层。常用的材料有石棉水泥砂浆和沥青胶泥等。涂抹式保护层造价较低，但施工进度慢，需要分层涂抹。

（2）金属保护层一般采用镀锌钢板或不镀锌的黑薄钢板，也可采用薄铝板、铝合金板等材料。金属保护层的优点是结构简单、质量小、使用寿命长，但其造价高，易受化学腐蚀，只宜在架空敷设中应用。

（3）毡、布类保护层多采用玻璃布沥青油毡、铝箔、玻璃钢等材料。它具有防水性能好和施工方便的优点，因此近年来得到广泛的应用。玻璃布长期遭受日光暴晒容易断裂，宜在室内或地沟中应用。

四、供热管道的防腐

1. 防腐的作用

由于供热管道及其设备和附件经常与水和空气接触,所以其易受到腐蚀。为了防止或减缓金属管材的腐蚀,保护和延长其使用寿命,应在保温前做防腐处理。常用防腐处理措施是在供热管道及其设备和附件表面涂覆各种防腐涂料。

2. 常用防腐涂料

一般防腐涂料按其所起的作用可分为底漆和面漆,先用底漆打底,再用面漆罩面。防锈漆和底漆都能防锈,都可用于打底。它们的区别如下:底漆的颜料成分高,可以打磨,着重于对物面的附着力;防锈漆偏重于满足耐水、碱等性能的要求。

常用防腐涂料有各种防锈漆、调和漆、醇酸瓷漆、铁红醇酸底漆、环氧红丹漆、磷化底漆、厚漆(铅油)、铝粉漆、生漆(大漆)、耐温铝粉漆、过氯乙烯漆、耐碱漆、沥青漆等。

各种防腐涂料的性能和适用范围可参考有关资料。

任务六　供热管网施工图分析

供热管网施工图主要包括图纸目录、设计说明、供热管网平面布置图、供热管道纵剖面图、供热管道横断面图及热力小室和阀门井节点大样图等。

(1)图纸目录及设计说明。图纸目录主要包括图纸编号及名称。设计说明主要表达供热管道输送热媒的性质,工作压力,供热管道材质;减压阀、疏水器、调压板等规格与型号,补偿器的型号类型和预拉伸量,保温层的厚度及做法,热力入口的做法或参照的标准图集名称等内容。

(2)供热管网平面布置图。供热管网平面布置图,是在城市或厂区地形测量平面图的基础上,将供热管网的线路表示出来的平面图。将供热管网中的所有阀门、补偿器、固定支架、检查井等与管线一同标明在图上,从而形象地展示供热管网的布置形式、敷设方式及规模,具体反映了供热管道的规格和平面尺寸,供热管网中附件和设备的规格、型号和数量,检查井的位置和数量等。供热管网平面布置图是进行供热管网技术经济分析、方案审定的主要依据,也是编制工程概预算、确定工程造价、编制施工组织设计及进行施工的重要依据。在工程设计中,供热管网平面布置图是整个供热管网设计中最重要的图纸,是绘制其他图纸的依据。

为了清晰、确切地把供热管线表示在图上,在绘制供热管网平面布置图时,应满足下列要求。

1)供水管或蒸汽管道应敷设在热媒前进方向的右侧。

2)供水管用粗实线表示,回水管用粗虚线表示。

3)应绘出经纬网格定位线(城市平面测绘图上的坐标尺寸线)。

4)在供热管线的转点及分支点处,应标出其坐标位置。在一般情况下,东西向坐标用"X"表示,南北向坐标用"Y"表示。

5)管路上的所有阀门、补偿器、固定点等的确切位置,各管段的平面尺寸和管道规格,管线转角的度数等均需在图上标明。

6)对检查井、放气井、泄水井、固定点等进行编号。

7)应对局部改变敷设方式的管段予以说明。

8)标出与供热管线相关的街道和建筑物的名称。

从理论上讲,用 X,Y 坐标来确定供热管线的位置是合理的,但从工程的角度看,单纯用 X,Y 坐标定位易出现误差,且施工不便。为此,在工程设计中,通常在供热管线的某些特殊部位以永久性建筑物为基准标定供热管线的具体位置,与坐标定位配合。实践证明该方法是切实可行的。图 10-38 所示是某市供热管网中一段供热管道的平面布置图,制图比例为 1∶500,图中供热管道敷设方式为地下直埋敷设;供热管道采用预制保温管(主管为无缝钢管,采用聚氨酯保温层,外加硬聚氯乙烯保护外套)。

(3)供热管道纵剖面图。供热管道纵剖面图是依据供热管网平面布置图所确定的,在室外地形图的基础上,沿供热管线绘制出供热管道纵剖面图和地形竖向规划图。供热管道纵剖面图应表达以下内容。

1)自然地面和设计地面高程、供热管道的高程。

2)供热管道的敷设方式。

3)供热管道的坡向、坡度。

4)检查井、放气井、泄水井的位置及高程。

5)与供热管线交叉的公路、铁路、桥涵等。

6)与供热管线交叉的设施、电缆、其他管道等。

由于供热管道纵剖面图没能反映出供热管线的平面变化情况,所以需将供热管线平面展开图与供热管道纵剖面图共绘制在同一张图中。

在供热管道纵剖面图中,纵坐标与横坐标的比例并不相同,通常横坐标的比例采用 1∶500,1∶1 000 的比例尺,纵坐标的比例采用 1∶50,1∶100,1∶200 的比例尺。该图纵向比例尺为 1∶100,横向比例尺为 1∶500。

在供热管道纵剖面图(图 10-39)中,长度以"米"为单位;高程以"米"为单位,取至小数点后 2 位数;坡度以千(或万)分之有效数字表示。

(4)供热管道横断面图。对于直埋敷设,供热管道横断面图要表示出地沟断面尺寸、供热管道在地沟内的排列方式、供热管道排列间距以及其与地沟壁的相对尺寸、地沟回填方法及竖向尺寸,如图 10-40 所示;对于地沟敷设,还要给出活动支架和固定支架的类型和做法、型钢的规格等。

(5)节点大样图。在多根供热管道交叉时,平面图中无法表示清楚的内容,如阀门井、热力井、检查平台等处供热管道的具体连接方式,或多根供热管道交叉时的位置及标高均可采用节点大样图作为辅助施工用图进行表示。

为了更清楚地表示具体的安装尺寸、标高,节点大样图一般均放大比例画出。图 10-41 所示为图 10-38 的 1 号检查小室平、剖面图。

(6)院标补充图。如果在供热管网设计中,做法与国家标准图集有差异,可以由设计单位提供院标补充图。图 10-42 所示为图 10-38 的固定支座大样图。

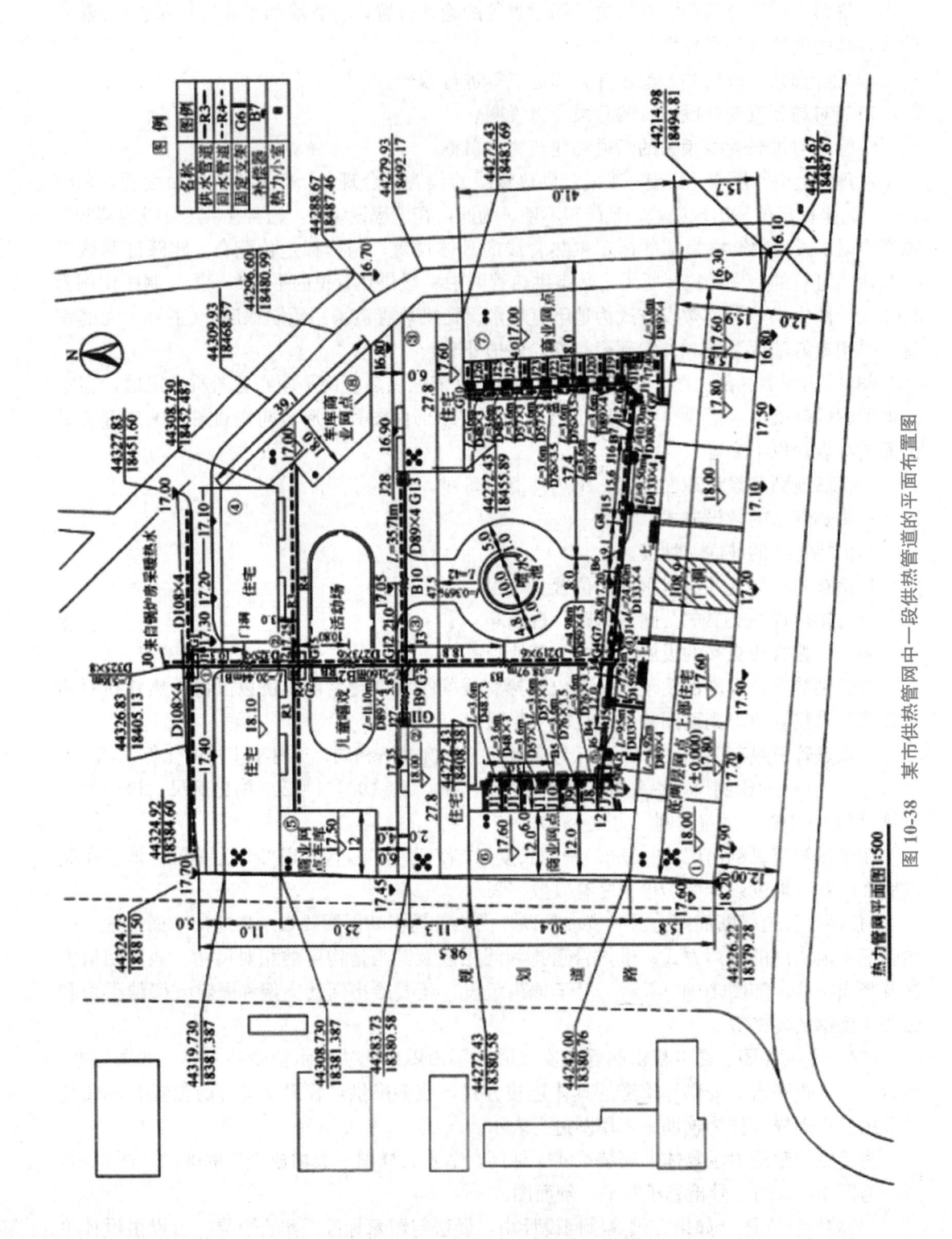

图 10-38 某市供热管网中一段供热管道的平面布置图

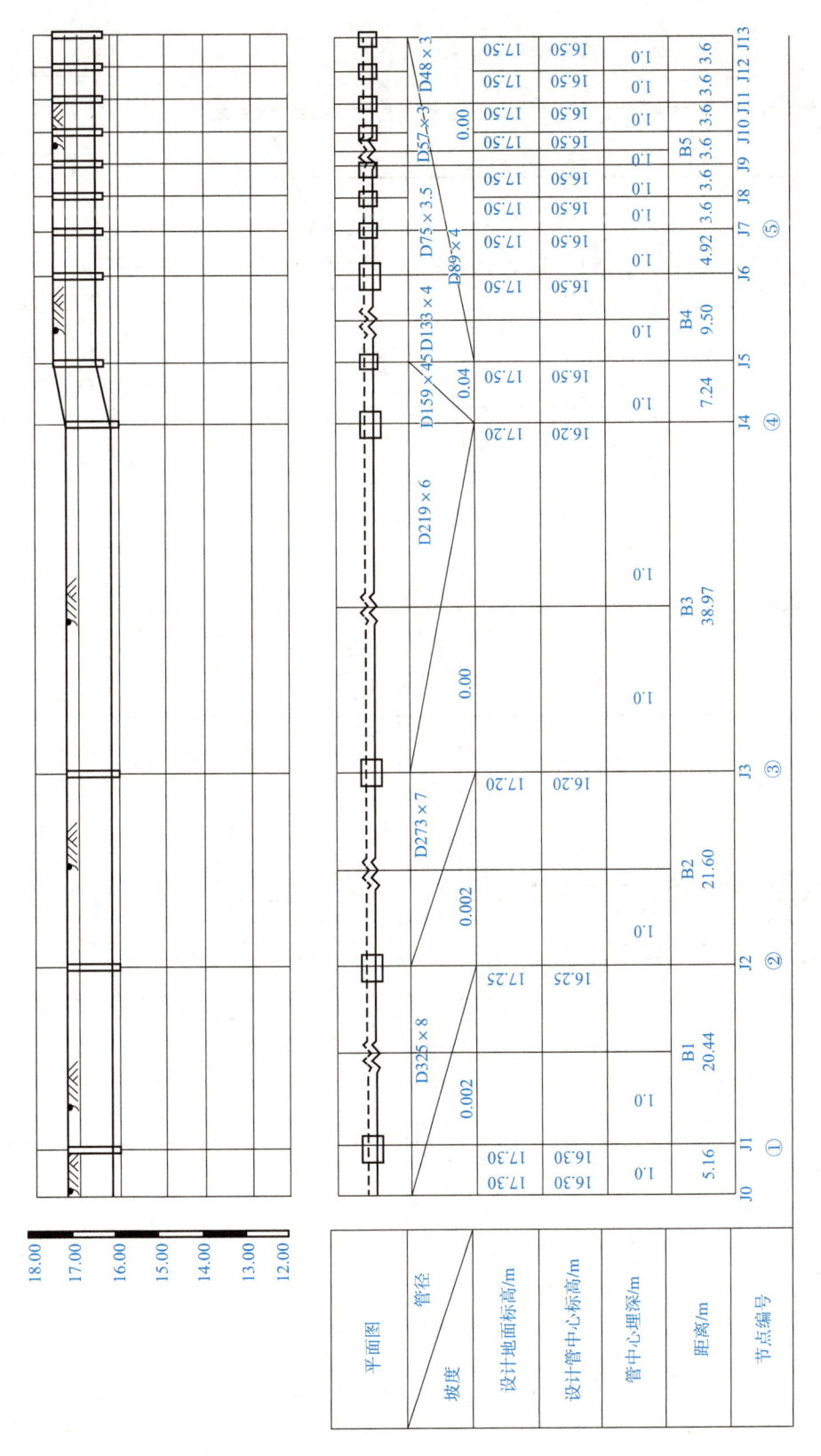

图 10-39 供热管道纵剖面图

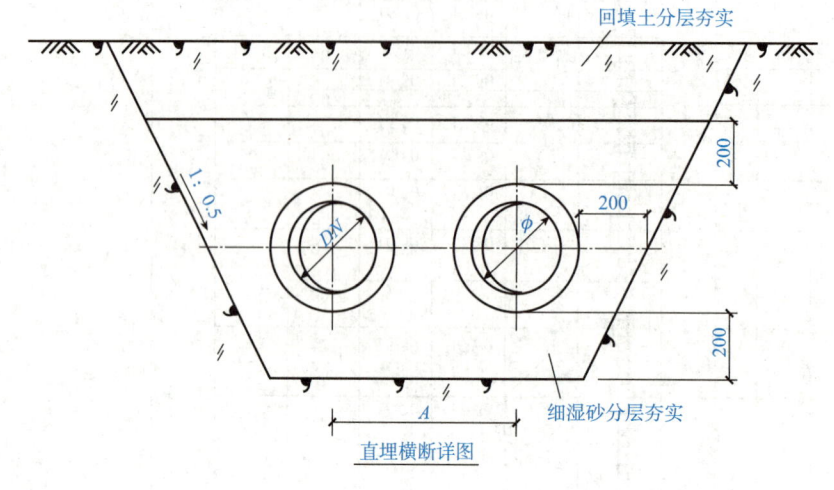

横断面尺寸		
DN	ϕ	A
<70	117	350
70	136	350
80	149	350
100	178	430
125	203	430
150	229	430
200	299	610
250	353	610
300	415	610
350	467	800
400	516	800
500	619	800

图 10-40　供热管道横断面图

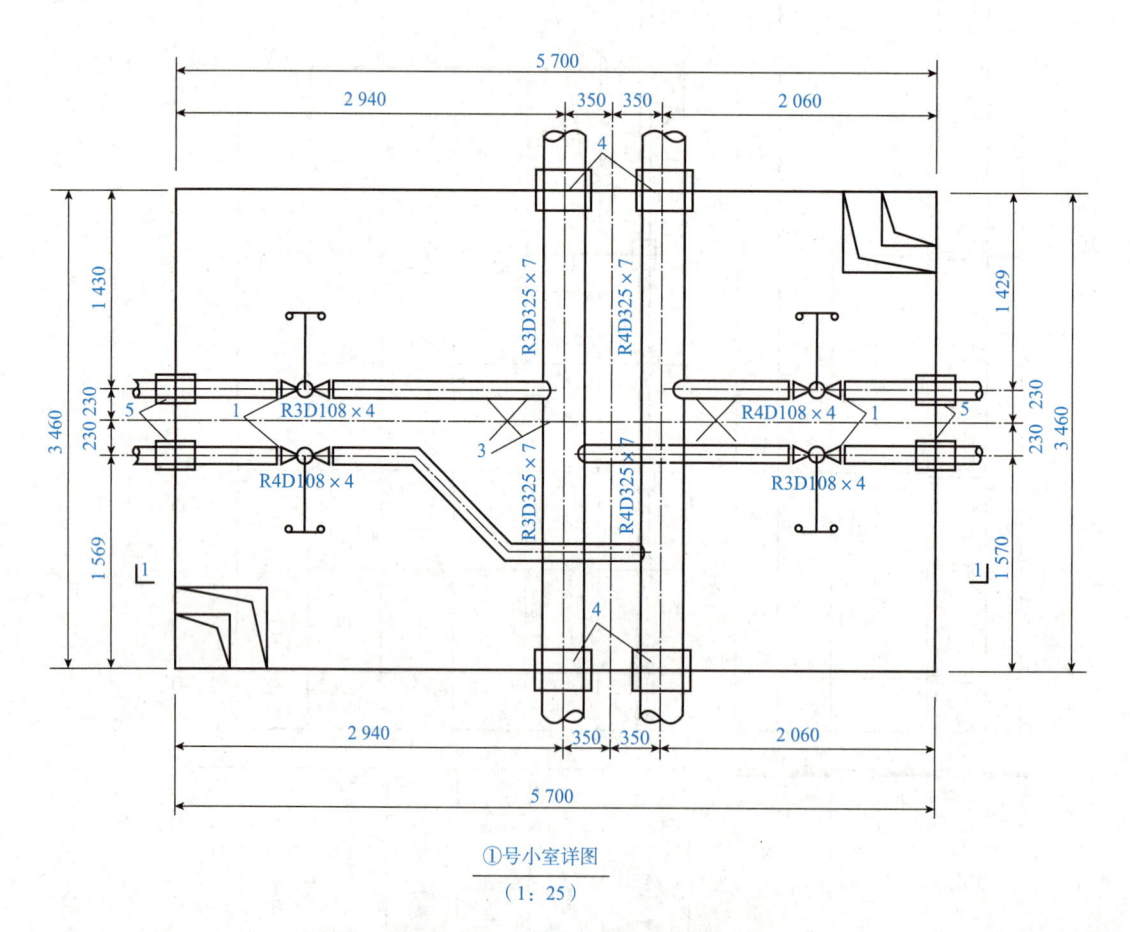

①号小室详图
（1：25）

图 10-41　1号检查小室平、剖面图

· 176 ·

1-1剖面图

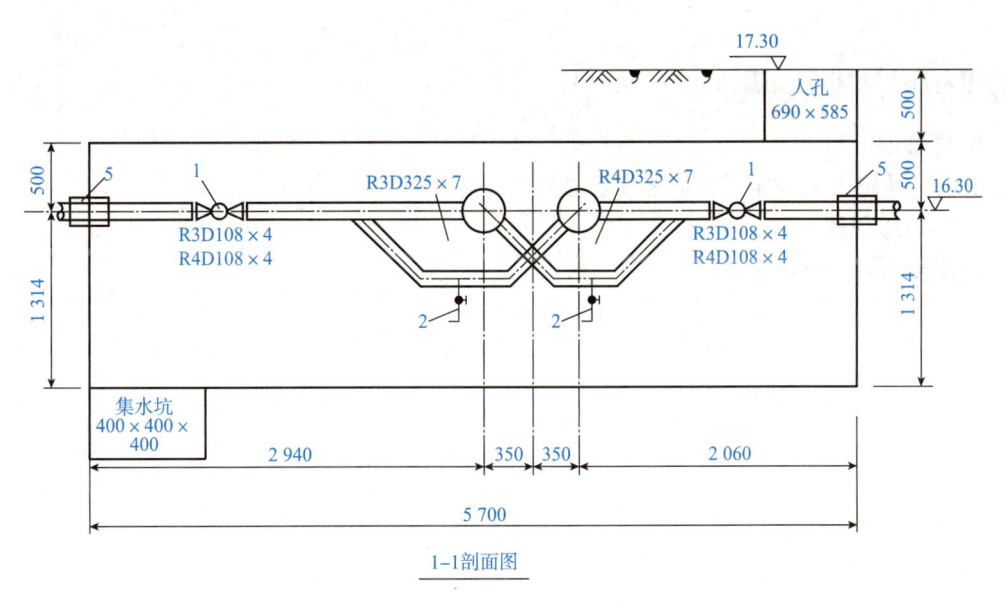

图 10-41 1号检查小室平、剖面图(续)

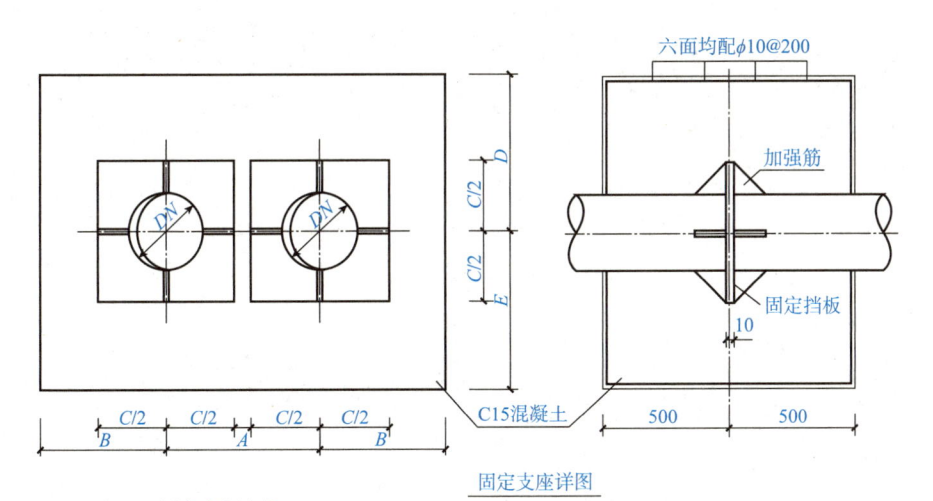

固定支座尺寸

DN	A	B	C	D	E
<70	350	400	300	400	500
70	350	400	300	400	500
80	350	400	300	400	500
100	430	600	400	500	700
125	430	600	400	500	700
150	430	600	400	500	700
200	610	800	550	600	900
250	610	800	550	600	900
300	610	800	550	600	900
350	800	1 000	600	700	1 100
400	800	1 000	600	700	1 100
500	800	1 000	700	700	1 100

说明：
1. 混土墩下垫碎石厚200 mm；
2. 固定支座底部如为回填土应分层夯实，压实系数应≥0.94，固定支座周围2 m内填土分层夯实，压实系数≥0.94；
3. 所有焊缝高度均为10 mm。

图 10-42 固定支座大样图

· 177 ·

思考题与实训练习题

1. 思考题

供热管网施工图的组成及内容有哪些?

2. 实训练习题

识读某供热管网施工图。

附 录

附表 2-1 室外气象参数

地名	供暖室外计算温度/℃	供暖期天数 日平均温度≤+5℃(+8℃)的天数	极端最低温度/℃	极端最高温度/℃	起止日期 日平均温度≤+5℃(+8℃)的天数		冬季大气压力/kPa	室外风速/(m·s⁻¹) 冬季最多风向平均	冬季平均	风向及频率 冬季 风向	频率/%	冬季日照率/%	最大冻土深度/cm
北京	-7.6	123 (144)	-18.3	41.9	11.12—03.14	(11.04—03.27)	102.17	4.7	2.6	C N	12	64	66
天津	-7	121 (142)	-17.8	40.5	11.13—03.13	(11.06—03.27)	102.71	4.8	2.4	C N	11	58	58
张家口	-13.6	146 (168)	-24.6	39.2	11.03—03.28	(10.20—04.05)	93.95	3.5	2.8	N	35	65	136
石家庄	-6.2	111 (140)	-19.3	41.5	11.15—03.05	(11.07—03.26)	101.72	2	1.8	C NNE	25 12	56	56
大同	-16.3	163 (183)	-27.2	37.2	10.24—04.04	(10.14—04.14)	89.99	3.3	2.8	N	19	61	186
太原	-10.1	141 (160)	-22.7	37.4	11.06—03.26	(10.23—03.31)	93.35	2.6	2.0	C N	30 13	57	72
呼和浩特	-17	167 (184)	-30.5	38.5	10.20—04.04	(10.12—04.13)	90.12	4.2	1.5	C NNW	59 9	63	156
抚顺	-20	161 (182)	-35.9	37.7	10.26—04.04	(10.14—04.13)	101.10	2.1	2.3	NE	14	61	143
沈阳	-16.9	152 (172)	-29.4	36.1	10.30—03.30	(10.20—04.09)	102.08	3.6	2.6	C NNE	13 10	56	148
大连	-9.8	132 (152)	-18.8	35.3	11.16—03.27	(11.06—04.06)	101.39	7.0	5.2	NNE	24	65	90
吉林	-24	172 (191)	-40.3	35.7	10.18—04.07	(10.11—04.19)	100.19	4.0	2.6	C WSW	31 18	52	182
长春	-21.2	169 (188)	-33	35.7	10.20—04.06	(10.12—04.17)	99.44	4.7	3.7	WSW	20	64	169
齐齐哈尔	-23.8	181 (198)	-36.4	40.1	10.15—04.13	(10.06—04.21)	100.50	3.1	2.6	NNW	13	68	209
佳木斯	-24	180 (198)	-39.5	38.1	10.16—04.13	(10.06—04.21)	101.13	4.1	3.1	C W	21 19	57	220
哈尔滨	-24.2	176 (195)	-37.7	36.7	10.17—04.10	(10.08—04.20)	100.42	3.7	3.2	SW	14	56	205

· 179 ·

续表

地名	供暖室外计算温度/℃	供暖期天数 日平均温度≤+5℃(+8℃)的天数	极端最低温度/℃	极端最高温度/℃	起止日期 日平均温度+5℃(+8℃)的天数		冬季大气压力/kPa	室外风速/(m·s⁻¹) 冬季最多风向平均	冬季平均	风向及频率 冬季 风向	频率/%	冬季日照率/%	最大冻土深度/cm
牡丹江	−22.4	177 (194)	−35.1	38.4	10.17—04.11	(10.09—04.20)	99.22	2.3	2.2	C WSW	27 13	56	191
上海	−0.3	42 (93)	−10.1	39.4	01.01—02.11	(12.05—03.07)	102.54	3	2.6	NW	14	40	8
南京	−1.8	77 (109)	−13.1	39.7	12.08—02.13	(11.22—3.16)	102.55	3.5	2.4	C ENE	28 10	43	9
杭州	0.0	40 (90)	−8.6	39.9	01.02—02.10	(12.06—03.05)	102.11	3.3	2.3	C N	20 15	36	—
蚌埠	−2.6	83 (111)	−13	40.3	12.07—02.27	(11.23—03.13)	102.40	3.6	2.6	C E	18 11	44	11
南昌	0.7	26 (66)	−9.7	40.1	01.11—02.05	(12.10—02.13)	101.95	5.4	3.8	NE	26	33	—
济南	−5.3	99 (122)	−14.9	40.5	11.22—03.03	(11.13—03.14)	101.91	3.7	2.9	E	16	56	35
郑州	−3.8	97 (125)	−17.9	42.3	11.26—03.02	(11.12—03.16)	101.33	4.9	2.7	C NW	22 12	47	27
武汉	−0.3	50 (98)	−18.1	39.3	12.22—02.09	(11.27—03.04)	102.35	3.0	1.8	C NE	28 13	37	9
长沙	0.3	48 (88)	−11.3	39.7	12.26—02.11	(12.06—03.03)	101.96	3.0	2.3	NNW	32	26	—
桂林	0.3	— (28)	−3.6	38.5	—	(01.10—02.06)	100.30	4.4	3.2	NE	48	24	—
拉萨	−5.2	132 (179)	−16.5	29.9	11.01—03.12	(10.19—04.15)	65.06	2.3	2.0	C ESE	27 15	77	19
兰州	−9	130 (160)	−19.7	39.8	11.05—03.14	(10.20—03.28)	85.15	1.7	0.5	C N	74 5	53	98
西宁	−11.4	165 (190)	−24.9	36.5	10.20—04.02	(10.10—04.17)	77.44	3.2	1.3	C SSE	49 18	68	123
乌鲁木齐	−19.7	158 (180)	−32.8	42.1	10.24—03.30	(10.14—04.11)	92.46	2.0	1.6	C SSW	29 10	39	139
哈密	−15.6	141 (162)	−28.6	43.2	10.31—03.20	(10.18—03.28)	93.96	2.1	1.5	C ENE	37 16	72	127
银川	−13.1	145 (169)	−27.7	38.7	11.03—03.27	(10.19—04.05)	89.61	2.2	1.8	C NNE	26 11	68	88

附表 2-2　一些建筑材料的热物理特性

材料名称	密度 $\rho/(kg \cdot m^{-3})$	导热系数 $\lambda/[W \cdot (m \cdot ℃)^{-1}]$	蓄热系数 $S(24 \cdot h)/[W \cdot (m^2 \cdot ℃)^{-1}]$	比热 $c/[J \cdot (kg \cdot ℃)^{-1}]$
混凝土				
钢筋混凝土	2 500	1.74	17.20	920
碎石、卵石混凝土	2 300	1.51	15.36	920
加气泡沫混凝土	700	0.22	3.56	1 050
砂浆和砌体				
水泥砂浆	1 800	0.93	11.26	1 050
石灰、水泥、砂、砂浆	1 700	0.87	10.79	1 050
石灰、砂、砂浆	1 600	0.81	10.12	1 050
重砂浆黏土砖砌体	1 800	0.81	10.53	1 050
轻砂浆黏土砖砌体	1 700	0.76	9.86	1 050
热绝缘材料				
矿棉、岩棉、玻璃棉板	<150	0.064	0.93	1218
	150～300	0.07～0.093	0.98～1.60	1 218
水泥膨胀珍珠岩	800	0.26	4.16	1 176
	600	0.21	3.26	1 176
木材、建筑板材				
橡木、枫木（横木纹）	700	0.23	5.43	2 500
橡木、枫木（顺木纹）	700	0.41	7.18	2 500
松枞木、云杉（横木纹）	500	0.17	3.98	2 500
松枞木、云杉（顺木纹）	500	0.35	5.63	2 500
胶合板	600	0.17	4.36	2 500
软木板	300	0.093	1.95	1 890
纤维板	1 000	0.34	7.83	2 500
石棉水泥隔热板	500	0.16	2.48	1 050
石棉水泥板	1 800	0.52	8.57	1 056
木屑板	200	0.065	1.41	2 100
松散材料				
锅炉渣	1 000	0.29	4.40	920
膨胀珍珠岩	120	0.07	0.84	1 176
木屑	250	0.093	1.84	2 000
卷材、沥青材料				
沥青油毡、油毡纸	600	0.17	3.33	1 471

附表 2-3　常用围护结构的传热系数 K 值　　　W·(m²·℃)⁻¹

类型	K	类型	K
A　门		金属框　单层	6.40
实体木制外门　单层	4.65	双层	3.26
双层	2.33	单框二层玻璃窗	3.49
带玻璃的阳台外门　单层（木框）	5.82	商店橱窗	4.65
双层（木框）	6.28	C　外墙	
单层（金属框）	6.40		
双层（金属框）	3.26	内表面抹灰砖墙　24 砖墙	2.08
单层内门	2.91	37 砖墙	1.57
B　外窗及天窗		49 砖墙	1.27
木框　单层	5.82	D　内墙（双面抹灰）12 砖墙	2.31
双层	2.68	24 砖墙	1.72

附表 2-4　按各主要城市区分的朝向修正率　　　　　　　　　%

序号	地名	南	西南，东南	西，东	北，西北，东北	计算条件
1	哈尔滨	−17	−9	+5	+12	供暖房间的外维护物是双层木窗、两砖墙
2	沈阳	−19	−10	+5	+13	
3	长春	−25	−16	−1	+8	
4	乌鲁木齐	−20	−12	+2	+8	
5	呼和浩特	−27	−18	−2	+8	
6	佳木斯	−19	−10	+3	+10	
7	银川	−27	−16	+2	+13	单层木窗，一砖墙
8	格尔木	−26	−16	+1	+13	
9	西宁	−28	−18	−1	+10	
10	太原	−26	−15	+1	+11	
11	喀什	−18	−11	+1	+6	
12	兰州	−17	−10	0	+6	
13	和田	−22	−11	+2	+9	
14	北京	−30	−17	+2	+12	
15	天津	−27	−16	+1	+11	
16	济南	−27	−14	+5	+16	
17	西安	−17	−10	0	+5	
18	郑州	−23	−13	+2	+10	
19	敦煌	−26	−14	+4	+15	
20	哈密	−24	−13	+4	+14	

注：1. 此表用于不具有分朝向调节能力的供暖系统；
　　2. 若所有条件与表列计算条件不符，可用下式修正：

对序号 1～6：$\sigma' = 1.491 \dfrac{\sigma}{f'_c K'_c + f'_q K'_q}$；

对序号 7～20：$\sigma' = 2.849 \dfrac{\sigma}{f'_c K'_c + f'_q K'_q}$。

式中　f'_c，f'_q——单位维护面积下的窗、墙所占百分比；
　　　K'_c，K'_q——所用条件下的窗、墙传热系数

附表 2-5　渗透空气量的朝向修正系数 n 值

地点	北	东北	东	东南	南	西南	西	西北
哈尔滨	0.30	0.15	0.20	0.70	1.00	0.85	0.70	0.60
沈阳	1.00	0.70	0.30	0.30	0.40	0.35	0.30	0.70
北京	1.00	0.50	0.15	0.10	0.15	0.15	0.40	1.00
天津	1.00	0.40	0.20	0.10	0.15	0.20	0.40	1.00
西安	0.70	1.00	0.70	0.25	0.40	0.50	0.35	0.25
太原	0.90	0.40	0.15	0.20	0.30	0.20	0.70	1.00
兰州	1.00	1.00	1.00	0.70	0.50	0.20	0.15	0.50
乌鲁木齐	0.35	0.35	0.55	0.75	1.00	0.70	0.25	0.35

注：本表摘自《民建暖通空调规范》(部分城市)

附表 3-1　散热器组装片数修正系数 β_1

散热器类型	各种铸铁及钢制柱形				钢制板形及扁管形		
每组片数或长度	<6	6～10	11～20	>20	≤600 mm	800 mm	≥1 000 mm
β_1	0.95	1.00	1.05	1.10	0.95	0.92	1.00

附表 3-2　散热器连接形式修正系数 β_2

连接形式	同侧上进下出	异侧上进下出	异侧下进下出	异侧下进上出	同侧下进下出
四柱813型	1.0	1.004	1.239	1.422	1.426
M-132型	1.0	1.009	1.251	1.386	1.396

注：1. 本表数值由原哈尔滨建筑工程学院供热研究室提供。该值是在标准状态下测定的。
2. 其他散热器可近似套用上表数据

附表 3-3　散热器安装形式修正系数 β_3

装置示意	装置说明	系数 β_3
	散热器安装在墙上加盖板	当 $A=40$ mm，$\beta_3=1.05$ $A=80$ mm，$\beta_3=1.03$ $A=100$ mm，$\beta_3=1.02$
	散热器安装在墙龛内	当 $A=40$ mm，$\beta_3=1.11$ $A=80$ mm，$\beta_3=1.07$ $A=100$ mm，$\beta_3=1.06$
	散热器安装在墙面，外面有罩，罩子上面及前面之下端有空气流通孔	当 $A=260$ mm，$\beta_3=1.12$ $A=220$ mm，$\beta_3=1.13$ $A=180$ mm，$\beta_3=1.19$ $A=150$ mm，$\beta_3=1.25$

续表

装置示意	装置说明	系数 β_3
(图：罩子前面上下两端开孔，标注 A)	散热器安装形式相同前，但空气流通孔开在罩子前面上、下两端	当 A=130 mm，孔口敞开 β_3=1.2 孔口有格栅式网状物盖着 β_3=1.4
(图：罩子上部开孔宽度 C，标注 C)	安装形式同前，但罩子上面空气流通孔宽度 C 不小于散热器的宽度，罩子前面下端的孔口高度不小于 100 mm，其他部分为格栅	当 A=100 mm，β_3=1.15
(图：标注 A, 1.5A, 0.8A)	安装形式同前，空气流通孔口开在罩子前面上、下两端，其宽度如图	β_3=1.0
(图：标注 A, 0.8A)	散热器用挡板挡住，挡板下端留有空气流通孔，其高度为 0.8A	β_3=0.9

注：散热器明装，敞开布置，β_3=1.0。

附表 3-4 铸铁散热器规格及其传热系数 K 值

型号	散热面积/ (m²·片⁻¹)	水容量/ (L·片⁻¹)	质量/ (kg·片⁻¹)	工作压力/ MPa	传热系数计算公式/[kW·(m²·℃)⁻¹]	热水热媒当量 Δt=64.5 ℃ 时的 K 值/[W·(m²·℃)⁻¹]	不同蒸汽表压力(MPa)下的 K 值/[W·(m²·℃)⁻¹] 0.03	0.07	≥0.1
TG0.28/5-4, 长翼形(大60)	1.16	8	28	0.4	$K=1.743\Delta t^{0.23}$	5.59	6.12	6.27	6.36
TZ2-5-5，(M-132 型)	0.24	1.32	7	0.5	$K=2.426\Delta t^{0.286}$	7.99	8.75	8.97	9.10
TZ4-6-5(四柱 760 型)	0.235	1.16	6.6	0.5	$K=2.503\Delta t^{0.203}$	8.49	9.31	9.55	9.69
TZ4-5-5(四柱 640 型)	0.20	1.03	5.7	0.5	$K=3.663\Delta t^{0.16}$	7.13	7.51	7.61	7.67
TZ2-5-5 (二柱 700 型，带腿)	0.24	1.35	6	0.5	$K=2.02\Delta t^{0.271}$	6.25	6.81	6.97	7.07
四柱 813 型(带腿)	0.28	1.4	8	0.5	$K=2.237\Delta t^{0.302}$	7.87	8.66	8.89	9.03
圆翼型	1.8	4.42	38.2	0.5					

续表

型号	散热面积/(m²·片⁻¹)	水容量/(L·片⁻¹)	质量/(kg·片⁻¹)	工作压力/MPa	传热系数计算公式/[kW·(m²·℃)⁻¹]	热水热媒当量 Δt=64.5℃时的 K 值/[W·(m²·℃)⁻¹]	不同蒸汽表压力(MPa)下的 K 值/[W·(m²·℃)⁻¹]		
							0.03	0.07	≥0.1
单排						5.81	6.97	6.97	7.79
双排						5.08	5.81	5.81	6.51
三排						4.65	5.23	5.23	5.81

注：1. 本表前四项由原哈尔滨建筑工程学院测试，其余由清华大学 ISO 散热器试验台测试。
2. 散热器表面喷银粉漆、明装、同侧连接上进下出；
3. 圆翼型散热点因无实验公式，暂按以前一些手册数据采用；
4. 此为密闭实验台测试数据，在实际情况下，散热器的 K 和 Q 值，比表中数值增大 10% 左右

附表 3-5　钢制散热器规格及其传热系数 K

型号	散热面积/(m²·片⁻¹)	水容量/(L·片⁻¹)	质量/(kg·片⁻¹)	工作压力/MPa	传热系数计算公式 K/[W·(m²·℃)⁻¹]	热水热媒当量 Δt=64.5℃时的 K 值/[W·(m²·℃)⁻¹]	备注
钢制柱式散热器 600 mm×120 mm	0.15	1	2.2	0.8	$K=2.489\Delta t^{0.3060}$	8.94	钢板厚 1.5 mm，表面涂调和漆
钢制板式散热器 600 mm×1 000 mm	2.75	4.6	18.4	0.8	$K=2.5\Delta t^{0.289}$	6.76	钢板厚 1.5 mm，表面涂调和漆
钢制扁管散热器							
单板	1.151	4，71	15.1	0.6	$K=3.53\Delta t^{0.235}$	9.4	钢板厚 1.5 mm，表面涂调和漆
单板带对流片	5.55	5.49	27.4	0.6	$K=1.23\Delta t^{0.246}$	3.4	钢板厚 1.5 mm，表面涂调和漆
闭式钢串片散热器	m²/m	L/m	kg/m				
150 mm×80 mm	3.15	1.05	10.5	1.0	$K=2.07\Delta t^{0.11}$	3.71	相应流量 G=50 kg/h 时的工况
240 mm×100 mm	5.72	1.47	17.4	1.0	$K=1.30\Delta t^{0.18}$	2.75	相应流量 G=50 kg/h 时的工况
500 mm×90 mm	7.44	2.50	30.5	1.0	$K=1.88\Delta t^{0.11}$	2.97	相应流量 G=50 kg/h 时的工况

附表 4-1 在自然循环热水供暖上供下回双管系统中，水在管路内冷却所产生的附加压力 Pa

系统的水平距离/m	锅炉到散热器的高度/m	总立管到计算立管之间的水平距离/m					
		<10	10~20	20~30	30~50	50~75	75~100
1	2	3	4	5	6	7	8
未保温的明装立管 (1)1 层或 2 层的房屋							
25 以下	7 以下	100	100	150	—	—	—
25~50	7 以下	100	100	150	200	—	—
50~75	7 以下	100	100	150	150	200	—
75~100	7 以下	100	100	150	150	200	250
(2)3 层或 4 层的房屋							
25 以下	15 以下	250	250	250	—	—	—
25~50	15 以下	250	250	300	350	—	—
50~75	15 以下	250	250	250	300	350	—
75~100	15 以下	250	250	250	300	350	400
(3)高于 4 层的房屋							
25 以下	7 以下	450	500	550	—	—	—
25 以下	大于 7	300	350	450	—	—	—
25~50	7 以下	550	600	650	750	—	—
25~50	大于 7	400	450	500	550	—	—
50~75	7 以下	550	550	600	650	750	—
50~75	大于 7	400	400	450	500	550	—
75~100	7 以下	550	550	550	600	650	700
75~100	大于 7	400	400	400	450	500	650
未保温的暗装立管 (1)1 层或 2 层的房屋							
25 以下	7 以下	80	100	130	—	—	—
25~50	7 以下	80	80	130	150	—	—
50~75	7 以下	80	80	100	130	180	—
75~100	7 以下	80	80	80	130	180	230
(2)3 层或 4 层的房屋							
25 以下	15 以下	180	200	280	—	—	—
25~50	15 以下	180	200	250	300	—	—
50~75	15 以下	150	180	200	250	300	—
75~100	15 以下	150	150	180	230	280	330
(3)高于 4 层的房屋							
25 以下	7 以下	300	350	380	—	—	—
25 以下	大于 7	200	250	300	—	—	—

续表

系统的水平距离/m	锅炉到散热器的高度/m	总立管到计算立管之间的水平距离/m					
		<10	10~20	20~30	30~50	50~75	75~100
1	2	3	4	5	6	7	8
25~50	7以下	350	400	430	530	—	—
25~50	大于7	250	300	330	380	—	—
50~75	7以下	350	350	400	430	530	—
50~75	大于7	250	250	300	330	380	—
75~100	7以下	350	350	380	400	480	530
75~100	大于7	250	260	280	300	350	450

注：1. 在下供下回式系统中，不计算水在管路中冷却产生的附加作用压力值。
　　2. 在单管式系统中，附加值采用本附表所示的相应值的50%

附表 4-2　热水供暖系统管道水利计算表(t_o=95 ℃，t_h=70 ℃，K=0.2)

公称直径/mm	15		20		25		32		40		50		70	
内径/mm	15.75		21.25		27.00		35.75		41.00		53.00		68.00	
G	R	v	R	v	R	v	R	v	R	v	R	v	R	v
30	2.64	0.04												
34	2.99	0.05												
40	3.52	0.06												
42	6.78	0.06												
48	8.60	0.07												
50	9.25	0.07	1.33	0.04										
52	9.92	0.08	1.38	0.04										
54	10.62	0.08	1.43	0.04										
56	11.34	0.08	1.49	0.04										
60	12.84	0.09	2.93	0.05										
70	16.99	0.10	3.85	0.06										
80	21.68	0.12	4.88	0.06										
82	22.69	0.12	5.10	0.07										
84	23.71	0.12	5.33	0.07										
90	26.93	0.13	6.03	0.07										
100	32.72	0.15	7.29	0.08	2.24	0.05								
105	35.82	0.15	7.96	0.08	2.45	0.05								
110	39.05	0.16	8.66	0.09	2.66	0.05								
120	45.93	0.17	10.15	0.10	3.10	0.06								

续表

G	R	v	R	v	R	v	R	v	R	v	R	v	R	v
125	49.57	0.18	10.93	0.10	3.34	0.06								
130	53.35	0.19	11.74	0.10	3.58	0.06								
135	57.27	0.20	12.58	0.11	3.83	0.07								
140	61.32	0.20	13.45	0.11	4.09	0.07	1.04	0.04						
160	78.87	0.23	17.19	0.13	5.20	0.08	1.31	0.05						
180	98.59	0.26	21.38	0.14	6.44	0.09	1.61	0.05						
200	120.48	0.29	26.01	0.16	7.80	0.10	1.95	0.06						
220	144.52	0.32	31.08	0.18	9.29	0.11	2.31	0.06						
240	170.73	0.35	36.58	0.19	10.90	0.12	2.70	0.07						
260	199.09	0.38	42.52	0.21	12.64	0.13	3.12	0.07						
270	214.08	0.39	45.66	0.22	13.55	0.13	3.34	0.08						
280	229.61	0.41	48.91	0.22	14.50	0.14	3.57	0.08	1.82	0.06				
300	262.29	0.44	55.72	0.24	16.48	0.15	4.05	0.08	2.06	0.06				
400	458.07	0.58	96.37	0.32	28.23	0.20	6.85	0.11	3.46	0.09				
500			147.91	0.40	43.03	0.25	10.35	0.14	5.12	0.11				
520			159.33	0.41	46.36	0.26	11.13	0.15	5.60	0.11	1.57	0.07		
560			184.07	0.45	53.38	0.28	12.78	0.16	6.42	0.12	1.79	0.07		
600			210.35	0.48	60.89	0.30	14.54	0.17	7.29	0.13	2.03	0.08		
700			283.67	0.56	81.79	0.35	19.43	0.20	9.71	0.15	2.69	0.09		
760			332.89	0.61	95.79	0.38	22.69	0.21	11.33	0.16	3.13	0.10		
780			350.17	0.62	100.71	0.38	23.83	0.22	11.89	0.17	3.28	0.10		
800			367.88	0.64	105.74	0.39	25.00	0.23	12.47	0.17	3.44	0.10		
900			462.97	0.72	132.72	0.44	31.25	0.25	15.56	0.19	4.27	0.12	1.24	0.07
1 000			568.94	0.80	162.75	0.49	38.20	0.28	18.98	0.21	5.19	0.13	1.50	0.08
1 050			626.01	0.84	178.90	0.52	41.93	0.30	20.81	0.22	5.69	0.13	1.64	0.08
1 100			685.79	0.88	195.81	0.54	45.83	0.31	22.73	0.24	6.20	0.14	1.79	0.09
1 200			813.52	0.96	231.92	0.59	54.14	0.34	26.81	0.26	7.29	0.15	2.10	0.09
1 250			881.47	1.00	251.11	0.62	58.55	0.35	28.98	0.27	7.87	0.16	2.26	0.10
1 300					271.06	0.64	63.14	0.37	31.23	0.28	8.47	0.17	2.43	0.10
1 400					313.24	0.69	72.82	0.39	35.98	0.30	9.74	0.18	2.79	0.11
1 600					406.71	0.79	94.24	0.45	46.47	0.34	12.52	0.20	3.57	0.12
1 800					512.34	0.89	118.39	0.51	52.28	0.39	15.65	0.23	4.44	0.14
2 000					630.11	0.99	145.28	0.56	71.42	0.43	19.12	0.26	5.41	0.16
2 200							174.91	0.62	85.88	0.47	22.92	0.28	6.47	0.17
2 400							207.26	0.68	101.66	0.51	27.07	0.31	7.62	0.19
2 500							224.47	0.70	110.04	0.53	29.28	0.32	8.23	0.19

续表

G	R	v	R	v	R	v	R	v	R	v	R	v	R	v
2 600							242.35	0.73	118.76	0.56	31.56	0.33	8.86	0.20
2 800							280.18	0.79	137.19	0.60	36.39	0.36	10.20	0.22

注：1. 本表按供暖季平均水温 $t \approx 60\ ℃$，相应的密度 $\rho = 983.248\ kg/m^3$；

2. 摩擦阻力系数 λ 值按下述原则确定：层流区中，按式 $\lambda = \dfrac{64}{Re}$ 计算；紊流区中，按式 $\dfrac{1}{\sqrt{\lambda}} = -2 \lg \left(\dfrac{2.51}{Re\sqrt{\lambda}} + \dfrac{K/d}{3.72} \right)$ 计算；

3. 表中符号：G——管段热水流量(kg/h)；R——比摩阻(Pa/m)；v——水流速(m/s)。

附表 4-3 热水及蒸汽供暖系统局部阻力系数 ξ

局部阻力名称	ξ	说明	局部阻力系数	15	20	25	32	40	≥50
双柱散热器	2.0	以热媒在导管中的流速计算局部阻力	截止阀	16.0	10.0	9.0	9.0	8.0	7.0
铸铁锅炉	2.5		旋塞	4.0	2.0	2.0	2.0		
钢制锅炉	2.0		斜杆截止阀	3.0	3.0	3.0	2.5	2.5	2.0
突然扩大	1.0	以其较大的流速计算局部阻力	闸阀	1.5	0.5	0.5	0.5	0.5	0.5
突然缩小	0.5		弯头	2.0	2.0	1.5	1.5	1.0	1.0
直流三通(图①)	1.0		90°摵弯及乙字管	1.5	1.5	1.0	1.0	0.5	0.5
旁流三通(图②)	1.5		括弯(图⑥)	3.0	2.0	2.0	2.0	2.0	2.0
合流三通	(图③)		急弯双弯头	2.0	2.0	2.0	2.0	2.0	2.0
分流三通			缓弯双弯头	1.0	1.0	1.0	1.0	1.0	1.0
直流四通(图④)	2.0								
分流三通(图⑤)	3.0								
方形补偿器	2.0								
套管补偿器	0.5								

附表 4-4 热水供暖系统局部阻力系数 ξ＝1 的局部损失(动压头)值 $\Delta p_d = \rho v^2/2$ Pa

v	Δp_d	v	Δp_d	v	Δp_d	v	Δp_d	v	Δp_d	v	Δp_d
0.01	0.05	0.13	8.31	0.25	30.73	0.37	67.30	0.49	118.04	0.61	182.93
0.02	0.2	0.14	9.64	0.26	33.23	0.38	70.99	0.50	122.91	0.62	188.98
0.03	0.44	0.15	11.06	0.27	35.84	0.39	74.78	0.51	127.87	0.65	207.71
0.04	0.79	0.16	12.59	0.28	38.54	0.40	78.66	0.52	132.94	0.68	227.33
0.05	1.23	0.17	14.21	0.29	41.35	0.41	82.64	0.53	138.10	0.71	247.83
0.06	1.77	0.18	15.93	0.30	44.25	0.42	86.72	0.54	143.36	0.74	269.21
0.07	2.41	0.19	17.75	0.31	47.25	0.43	90.90	0.55	148.72	0.77	291.48
0.08	3.15	0.20	19.66	0.32	50.34	0.44	95.18	0.56	154.17	0.80	314.64
0.09	3.98	0.21	21.68	0.33	53.54	0.45	99.55	0.57	159.73	0.85	355.20
0.10	4.92	0.22	23.79	0.34	56.83	0.46	104.03	0.58	165.38	0.90	398.22
0.11	5.95	0.23	26.01	0.35	60.22	0.47	108.6	0.59	171.13	0.95	443.70
0.12	7.08	0.24	28.32	0.36	63,71	0.48	113.27	0.60	176.98	1.00	491.62

注：本表 $t_g\ ℃$、$t_h\ ℃$，整个供暖季的平均水温 $t \approx 60\ ℃$，相应的水密度 $\rho = 983.248\ kg/m^3$ 编制的

附表 4-5　一些管径的 λ/d 值和 A 值

公称直径/mm	15	20	25	32	40	50	70	89×3.5	108×4
内径/mm	21.25	26.75	33.5	42.25	48	60	75.5	89	108
外径/mm	15.75	21.25	27	35.75	41	53	68	82	100
λ/d 值/m^{-1}	2.6	1.8	1.3	0.9	0.76	0.54	0.4	0.31	0.24
A 值 /[Pa·(kg·h)$^{-2}$]	1.03×10^{-3}	3.12×10^{-4}	1.2×10^{-4}	3.89×10^{-5}	2.25×10^{-5}	8.06×10^{-6}	2.97×10^{-7}	1.41×10^{-7}	6.36×10^{-7}

注：本表是按 t_g=95 ℃，t_h=70 ℃，整个供暖季的平均水温 t≈60 ℃，相应的水密度 ρ=983.248 kg/m³ 编制的。

附表 4-6　按 ξ_{zh}=1 确定热水供暖系统管段压力损失的管径计算表

项目	公称直径 15	20	25	32	40	50	70	80	100	流速 v/(m·s^{-1})	压力损失 Δp/Pa
水流量 G/(kg·h^{-1})	76	138	223	391	514	859	1 415	2 054	3 059	0.11	5.95
	83	151	243	427	561	937	1 544	2 241	3 336	0.12	7.08
	90	163	263	462	608	1 015	1 628	2 428	3 615	0.13	8.31
	97	176	283	498	655	1 094	1 802	2 615	3 893	0.14	9.64
	104	188	304	533	701	1 171	1 930	2 801	4 170	0.15	11.06
	111	201	324	569	748	1250	2 059	2 988	4 449	0.16	12.59
	117	213	344	604	795	1 328	2 187	3 175	4 727	0.17	14.21
	124	226	364	640	841	1 406	2 316	3 361	5 005	0.18	15.93
	131	239	385	675	888	1 484	2 445	3 548	5 283	0.19	17.75
	138	251	405	711	935	1 562	2 573	3 747	5 560	0.20	19.66
	145	264	425	747	982	1 640	2 702	3 921	5 838	0.21	21.68
	152	276	445	782	1 028	1 718	2 830	4 108	6 116	0.22	23.79
	159	289	466	818	1 075	1 796	2 959	4 295	6 395	0.23	26.01
	166	301	486	853	1 122	1 874	3 088	4 482	6 673	0.24	28.32
	173	314	506	889	1 169	1 953	3 217	4 668	6 951	0.25	30.73
	180	326	526	924	1 215	2 030	3 345	4 855	7 228	0.26	33.23
	187	339	547	960	1 262	2 109	3 474	5 042	7 507	0.27	35.84
	193	351	567	995	1 309	2 187	3 602	5 228	7 784	0.28	38.54
	200	364	587	1031	1 356	2 265	3 731	5 415	8 063	0.29	41.35
	207	377	607	1 067	1 402	2 343	3 860	5 602	8 341	0.30	44.25
	214	389	627	1 102	1 449	2 421	3 989	5 789	8 619	0.31	47.25
	221	402	648	1 138	1 496	2 499	4 117	5 975	8 897	0.32	50.34
	228	414	668	1 173	1 543	2 577	4 246	6 162	9 175	0.33	53.54
	235	427	688	1 209	1 589	2 655	4 374	6 349	9 453	0.34	56.83
	242	439	708	1 244	1 636	2 733	4 503	6 535	9 731	0.35	60.22
	249	453	729	1 280	1 683	2 811	4 632	6 722	10 009	0.36	63.71

续表

项目	公称直径									流速 v /(m·s^{-1})	压力损失 Δp /Pa
	15	20	25	32	40	50	70	80	100		
水流量 G/ (kg·h^{-1})	256	464	749	1 315	1 729	2 890	4 760	6 909	10 287	0.37	67.30
	263	477	769	1 351	1 766	2 968	4 889	7 096	10 565	0.38	70.99
	276	502	810	1 422	1 870	3 124	5 146	7 469	11 121	0.40	78.66
	290	527	850	1 493	1 963	3 280	5 404	7 842	11 677	0.42	86.72
	304	552	891	1 546	2 057	3 436	5 661	8 216	12 233	0.44	95.18
	318	577	931	1 635	2 150	3 593	5 918	8 590	12 789	0.46	104.03
	332	603	972	1 706	2 244	3 749	6 176	8 963	13 345	0.48	113.27
	345	628	1 012	1 778	2 337	3 905	6 433	9 336	13 902	0.50	122.91
	380	690	1 113	1 955	2 571	4 296	7 076	10 270	15 292	0.55	148.72
	415	753	1 214	2 133	2 805	4 686	7 719	11 203	16 681	0.60	176.98
	449	816	1 316	2 311	3 038	5 076	8 363	12 137	18 072	0.65	207.71
	484	879	1 417	2 489	3 272	5 467	9 006	13 071	19 462	0.70	240.90
		1 004	1 619	2 844	3 740	6 248	1 0293	14 938	22 242	0.80	314.64
				3 200	4 207	7 029	11 579	16 806	25 023	0.90	398.22
						7 810	12 866	18 673	27 803	1.00	491.62
								22 407	33 363	1.20	707.94

注：按公式 $G=(\Delta p/A)^{0.5}$ 计算，其中 Δp 按附表 4-4 计算，A 值按附表 4-5 计算

附表 4-7　单管顺流式热水供暖系统立管组合部件的 ξ_{zh} 值

组合部件 名称		图式	ξ_{zh}	管　径/mm			
				15	20	25	32
立管	回水干管 在地沟内		$\xi_{zh·z}$	15.6	12.9	10.5	10.2
			$\xi_{zh·j}$	44.6	31.9	27.5	27.2
	无地沟，散热 器单侧连接		$\xi_{zh·z}$	7.5	5.5	5.0	5.0
			$\xi_{zh·j}$	36.5	24.5	22.0	22.0
	无地沟，散热 器双侧连接		$\xi_{zh·z}$	12.4	10.1	8.5	8.3
			$\xi_{zh·j}$	41.4	29.1	25.5	25.3
散热器单侧连接			ξ_{zh}	14.2	12.6	9.6	8.8

续表

组合部件名称	图式	ξ_{zh}	管径/mm			
			15	20	25	32
散热器双侧连接	(图)	ξ_{zh}	管径 $d_1 \times d_2$/(mm×mm)			
			15×15	20×15	20×20	25×15 / 25×20 / 25×25 / 32×20 / 32×25
			4.7	15.7	4.1	40.6 / 10.7 / 3.5 / 32.8 / 10.7

注：1. $\xi_{zh\cdot z}$——代表立管两端安装闸阀；
　　　$\xi_{zh\cdot j}$——代表立管两端安装截止阀。
2. 编制本表的条件：
(1)散热器及其支管连接：散热器支管长度，单侧连接 $l_z=1.0$ m；双侧连接 $l_z=1.5$ m。每组散热器支管均装有乙字弯。
(2)立管与水平干管的几种连接方式见图示。立管上装设两个闸阀或截止阀。
首先计算通过散热器及其支管这一组合部件的折算阻力系数 ξ_{zh}：

$$\xi_{zh} = \lambda l_z/d + \Sigma\xi = 2.6\times1.5\times2+11.0 = 18.8$$

其中，λ/d 值查附表 4-5；支管上局部阻力包括：分流三通 1 个、合流三通 1 个、乙字管 2 个及散热器，查附表 4-3，可得 $\Sigma\xi = 3.0+3.0+2\times1.5+2.0 = 11.0$。
设进入散热器的进流系数 $a=G_z/G_1=0.5$，则按下式可求出该组合部件的当量阻力系数 ξ_0（以立管流速的动压头为基准的 ξ）：

$$\xi_0 = \frac{d_1^4}{d_2^4}a^2\xi_z = \left(\frac{21.25}{15.72}\right)^4 \times 0.5^4 \times 18.8 = 15.7$$

附表 4-8　单管顺流式热水供暖系统立管的 ξ_{zh} 值

层数	单向连接立管直径/mm				双向连接立管直径/mm							
					15		20		25			32	
					散热器支管直径/mm								
	15	20	25	32	15	15	20	15	20	25	20	32
（一）整根立管的折算阻力系数 ξ_{zh} 值（立管两端安装闸阀）												
3	77	63.7	48.7	43.1	48.4	72.7	38.2	141.7	52.0	30.4	115.1	48.8
4	97.4	80.6	61.4	54.1	59.3	92.6	46.6	185.4	65.8	37.0	150.1	61.7
5	117.9	97.5	74.1	65.0	70.3	112.5	55.0	229.1	79.6	43.6	185.0	74.5
6	138.3	114.5	86.9	76.0	81.2	132.5	63.5	272.9	93.5	50.3	220.0	87.4
7	158.8	131.4	99.6	86.9	92.2	152.4	71.9	316.6	207.3	56.9	254.9	100.2
8	179.2	148.3	112.3	97.9	103.1	172.3	80.3	360.3	121.1	63.5	290.0	113.1
（二）整根立管的折算阻力系数 ξ_{zh} 值（立管两端安装截止阀）												
3	106	82.7	65.7	60.1	77.4	91.7	57.2	158.7	69.0	47.4	132.1	65.8
4	126.4	99.6	78.4	71.1	88.3	111.6	65.6	202.4	82.8	54	167.1	78.7
5	146.9	116.5	91.1	82.0	99.3	131.5	74.0	246.1	96.6	60.6	202	91.5
6	167.3	133.5	103.9	93.0	110.2	151.5	82.5	289.9	110.5	67.3	237	104.4
7	187.8	150.4	116.5	103.9	121.2	171.4	90.9	333.6	124.3	73.9	271.9	117.2

续表

层数	单向连接立管直径/mm				双向连接立管直径/mm							
					15	20			25			32	
					散热器支管直径/mm								
	15	20	25	32	15	15	20	15	20	25	20	32
(二)整根立管的折算阻力系数 ξ_{zh} 值(立管两端安装截止阀)												
8	208.2	167.3	129.3	114.9	132.1	191.3	99.3	377.3	138.1	80.5	307	130.1

注：1. 编制本表条件：建筑物层高为3m，回水干管敷设在地沟内(附表4-6图示)。
2. 计算举例：如以三层楼 $d_1 \times d_2 = 20 \times 15$ 为例。
层立管之间长度为3.0−0.6=2.4(m)，则层立管的当量阻力系数 $\xi_{0.1} = \lambda_1 l_1 / d_1 + \sum \xi_1 = 1.8 \times 2.4 + 0 = 4.32$。设 n 为建筑物层数，ξ_0 代表散热器及其支管的当量阻力系数，ξ_0' 代表立管与供、回水干管连接部分的当量阻力系数，则整根立管的折算阻力系数 ξ_{zh} 为
$$\xi_{zh} = n\xi_0 + n\xi_{0.1} + \xi_0' = 3 \times 15.6 + 3 \times 4.32 + 12.9 = 72.7$$

附表4-9 供暖系统中沿程损失与局部损失的概略分配比例 α   %

供暖系统形式	摩擦损失	局部损失	供暖系统形式	摩擦损失	局部损失
重力循环热水供暖系统	50	50	高压蒸汽供暖系统	80	20
机械循环热水供暖系统	50	50	室内高压凝水管路系统	80	20
低压蒸汽供暖系统	60	40			

附表4-10 塑料管材水力计算表

流量	计算内径(计算外径)/mm					
	12(16)		16(20)		20(25)	
L/h	m/s	Pa/m	m/s	Pa/m	m/s	Pa/m
90	0.22	91.04				
108	0.27	125.76				
126	0.31	165.30				
144	0.35	209.44	0.20	53.07		
162	0.40	258.20	0.22	65.33		
180	0.44	311.17	0.25	78.77		
198	0.49	368.56	0.27	93.29		
216	0.53	430.07	0.30	108.89		
236	0.57	495.70	0.32	125.57		
252	0.62	565.35	0.35	143.13	0.22	46.70
270	0.66	638.93	0.37	161.77	0.24	55.62
288	0.71	716.42	0.40	181.39	0.25	62.39
306	0.75	797.75	0.42	201.99	0.27	69.55
324	0.80	882.90	0.45	223.57	0.29	77.01
342	0.84	971.78	0.47	246.13	0.30	84.86

续表

流量 L/h	计算内径(计算外径)/mm					
	12(16)		16(20)		20(25)	
	m/s	Pa/m	m/s	Pa/m	m/s	Pa/m
360	0.88	1 069.3	0.50	269.58	0.31	92.80
396	0.97	1 255.7	0.55	319.21	0.35	109.97
432	1.06	1 471.5	0.60	372.49	0.39	128.31
468	1.15	1 697.1	0.65	429.28	0.41	147.93
504	1.24	1 932.6	0.70	489.62	0.45	168.63

注：1. 本表按《建筑给排水设计手册》经整理和简化所得，计算水温条件为 10 ℃。
2. 计算阻力的水温修正系数

计算水温/℃	10	20	30	40	50	60	70
阻力修正系数	1.00	0.96	0.91	0.88	0.84	0.81	0.80

3. 当壁厚与上表不符时，应计算实际壁厚条件下的内径，并计算下列比值：

$$K = \frac{水力计算表的计算内径}{实际壁厚条件下的内径}$$

实际流速＝水利计算表的流速×K^2

实际阻力＝水里计算表的阻力×$K^{4.774}$

附表 5-1　地板供暖地板向房间的有效散热量表(一)

平均水温 /℃	计算室温 /℃	下列供热管道间距(mm)条件下的地板散热量/(W·m^{-2})						
		300	250	225	200	175	150	125	100
35	15	83	92	97	102	107	112	117	121
	18	70	78	82	86	90	94	98	102
	20	62	68	72	75	79	83	86	90
	22	53	59	62	65	66	71	74	77
	24	45	49	52	54	57	60	62	65
40	15	105	116	122	128	135	141	147	153
	18	92	102	107	112	118	123	129	134
	20	83	92	97	102	107	112	117	121
	22	75	82	87	91	95	100	104	109
	24	66	73	76	80	84	88	92	95
45	15	127	140	148	155	163	171	178	186
	18	114	126	134	139	146	153	160	166
	20	105	116	122	128	135	141	147	153
	22	96	106	112	117	123	129	135	140
	24	87	96	101	107	111	117	122	128

续表

平均水温/℃	计算室温/℃	\multicolumn{8}{c}{下列供热管道间距(mm)条件下的地板散热量/(W·m^{-2})}
		300	250	225	200	175	150	125	100
50	15	149	165	173	182	191	200	209	218
	18	136	150	158	166	174	182	191	199
	20	127	140	148	155	163	171	178	186
	22	118	130	137	144	151	159	166	173
	24	109	121	126	133	140	147	153	160
55	15	171	189	199	209	220	230	241	251
	18	158	174	184	193	203	212	222	231
	20	149	165	173	182	191	200	209	218
	22	140	155	163	171	180	188	197	205
	24	131	145	152	160	168	176	184	192

注：本表适用于低温热水地板辐射供暖系统，当地面层为水泥、陶瓷砖、水磨石或石料[地面层热阻 $R=0.02(m^2·K/W)$]，塑料管材公称外径为 20 mm(内径为 16 mm)时，地板向房间的有效散热量

附表 5-1　地板供暖地板向房间的有效散热量表(二)

平均水温/℃	计算室温/℃	\multicolumn{8}{c}{下列供热管道间距(mm)条件下的地板散热量/(W·m^{-2})}
		300	250	225	200	175	150	125	100
35	15	66	72	75	78	81	84	87	90
	18	56	61	64	66	69	71	74	76
	20	49	54	56	58	60	63	65	67
	22	42	46	48	50	52	54	56	58
	24	36	39	40	42	44	45	47	48
40	15	83	91	94	98	102	106	110	113
	18	73	80	83	86	90	93	96	99
	20	66	72	75	78	81	84	87	90
	22	59	65	67	70	73	75	78	81
	24	52	57	59	62	64	67	69	71
45	15	100	109	114	119	123	128	132	137
	18	90	98	102	106	111	115	119	123
	20	83	91	94	98	102	106	110	113
	22	76	83	87	90	94	97	101	104
	24	69	75	79	82	85	88	91	94
50	15	118	128	134	139	145	150	155	160
	18	107	117	122	127	132	137	142	146
	20	100	109	114	119	123	128	132	137
	22	93	102	106	110	115	119	123	127
	24	86	94	98	102	106	110	114	118

续表

平均水温/℃	计算室温/℃	\multicolumn{7}{c}{下列供热管道间距(mm)条件下的地板散热量/(W·m^{-2})}
		300	250	225	200	175	150	125	100
55	15	135	147	153	160	166	172	178	184
	18	125	136	141	147	153	159	164	170
	20	118	128	134	139	145	150	155	160
	22	111	120	126	131	136	141	146	151
	24	103	113	118	122	127	132	137	141

注：本表适用于低温热水地板辐射供暖系统，当地面层为塑料类材料[地面层热阻$R=0.075(m^2·K/W)$]，塑料管材公称外径为20 mm(内径为16 mm)时，地板向房间的有效散热量

附表5-1 地板供暖地板向房间的有效散热量表(三)

平均水温/℃	计算室温/℃	\multicolumn{7}{c}{下列供热管道间距(mm)条件下的地板散热量/(W·m^{-2})}
		300	250	225	200	175	150	125	100
35	15	61	66	68	71	73	76	78	80
	18	51	56	58	60	62	64	66	68
	20	45	49	51	53	55	56	58	60
	22	39	42	44	45	47	49	50	52
	24	35	35	35	37	38	40	42	43
40	15	76	83	86	89	92	95	98	101
	18	67	72	75	78	81	84	86	89
	20	61	66	68	71	73	76	78	80
	22	54	59	61	63	66	68	70	72
	24	48	52	54	56	58	60	62	64
45	15	92	99	103	107	111	115	119	122
	18	82	89	93	96	100	103	106	110
	20	76	83	86	89	92	95	98	101
	22	70	76	79	82	84	87	90	93
	24	63	69	71	74	77	79	82	84
50	15	108	116	121	126	130	135	139	143
	18	98	106	110	115	119	123	127	131
	20	92	99	103	107	111	115	119	122
	22	85	93	96	100	103	107	110	114
	24	79	86	89	92	96	99	102	105
55	15	123	134	139	144	149	155	160	164
	18	114	123	128	133	138	143	147	152
	20	108	116	121	126	130	135	139	143
	22	101	109	114	118	122	127	131	135
	24	95	103	107	111	115	119	123	126

注：本表适用于低温热水地板辐射供暖系统，当地面层为木地板[地面层热阻$R=0.1(m^2·K/W)$]，塑料管材公称外径为20 mm(内径为16 mm)时，地板向房间的有效散热量

附表5-1 地板供暖地板向房间的有效散热量表(四)

平均水温/℃	计算室温/℃	下列供热管道间距(mm)条件下的地板散热量/(W·m⁻²)							
		300	250	225	200	175	150	125	100
35	15	52	56	58	60	61	63	65	67
	18	44	47	49	51	52	54	55	56
	20	39	42	43	44	46	47	48	50
	22	35	36	37	38	40	41	42	43
	24	35	35	35	35	35	35	35	36
40	15	65	70	72	75	77	79	82	84
	18	57	61	64	66	68	70	72	73
	20	52	56	58	60	61	63	65	67
	22	47	50	52	53	55	57	58	60
	24	41	44	46	47	49	50	52	53
45	15	79	84	87	90	93	96	98	101
	18	71	76	78	81	83	86	88	91
	20	65	70	72	75	77	79	82	84
	22	60	64	66	69	71	73	75	77
	24	54	58	60	62	64	66	68	70
50	15	92	99	102	105	109	112	115	118
	18	84	90	93	96	99	102	105	108
	20	79	84	87	90	93	96	98	101
	22	73	78	81	84	87	89	92	94
	24	68	73	75	78	80	83	85	87
55	15	105	113	117	121	125	128	132	135
	18	97	104	108	112	115	119	122	125
	20	92	99	102	105	109	112	115	118
	22	86	93	96	99	102	105	108	111
	24	81	87	90	93	96	99	102	104

注:本表适用于低温热水地板辐射供暖系统,当地面层以上铺地毯[地面层热阻$R=0.15(m^2·K/W)$],塑料管材公称外径为20 mm(内径为16 mm)时,地板向房间的有效散热量。

附表6-1 采暖热指标推荐值 q_h W/m²

建筑物类型	住宅	居住区综合	学校办公	医院托幼	旅馆	商店	食堂餐厅	影剧院展览馆	大礼堂体育馆
未采取节能措施	58~64	60~67	60~80	65~80	60~70	65~80	115~140	95~115	115~165
采取节能措施	40~45	45~55	50~70	55~70	50~60	55~70	100~130	80~105	100~150

附表6-2 空调热指标 q_a、冷指标 q_c 推荐值   W/m²

建筑物类型	办公	医院	旅馆、宾馆	商店、展览馆	影剧院	体育馆
热指标	80~100	90~120	90~120	100~120	115~140	130~190
冷指标	80~110	70~100	80~110	125~180	150~200	140~200

附表 8-1　热水网路水力计算表

($K=0.5$ mm, $t=100$ ℃, $\rho=958.38$ kg/m³, $v=0.295\times 9^{-6}$ m²/s)

水流量 G(t·h⁻¹); 流速 v(m·s⁻¹); 比摩阻 R(Pa·m⁻¹)

公称直径/mm	25		32		40		50		70		80		100		125		150	
外径×壁厚/(mm×mm)	32×2.5		38×2.5		45×2.5		57×3.5		76×3.5		89×3.5		108×4		133×4		159×4.5	
G	v	R	v	R	v	R	v	R	v	R	v	R	v	R	v	R	v	R
0.6	0.3	77	0.2	27.5	0.14	9												
0.8	0.41	137.3	0.27	47.7	0.18	15.8	0.12	5.6										
1.0	0.51	214.8	0.34	73.1	0.23	24.4	0.15	8.6										
1.4	0.71	420.7	0.47	143.2	0.32	47.4	0.21	19.8	0.11	3.0								
1.8	0.91	695.3	0.61	236.3	0.42	84.2	0.27	26.1	0.14	5								
2.0	1.01	858.1	0.68	292.2	0.46	104	0.3	31.9	0.16	6.1								
2.2	1.11	1038.5	0.75	353	0.51	125.5	0.33	36.2	0.17	7.4								
2.6			0.88	493.3	0.6	175.5	0.38	53.4	0.2	10.1								
3.0			1.02	657	0.69	234.4	0.44	71.2	0.23	13.2								
3.4			1.15	844.4	0.78	301.1	0.5	91.4	0.26	17								
4.0					0.92	415.8	0.59	126.5	0.31	22.8	0.22	9						
4.8					1.11	599.2	0.71	182.4	0.37	32.8	0.26	12.9						
6							0.83	252	0.43	44.5	0.31	17.5	0.21	6.4				
6.2							0.92	304	0.48	54.6	0.34	21.8	0.23	7.8	0.15	2.5		
7.0							1.03	387.4	0.54	69.6	0.38	27.9	0.26	9.9	0.17	3.1		
8.0							1.18	506	0.62	90.9	0.44	36.3	0.3	12.7	0.19	4.1		
9.0							1.33	640.4	0.7	114.7	0.49	46	0.33	16.1	0.21	5.1		
10.0							1.48	790.4	0.78	142.2	0.55	56.8	0.37	19.8	0.24	6.3		
11.0							1.63	957.1	0.85	171.6	0.6	68.6	0.41	23.9	0.26	7.6		
12.0									0.93	205	0.66	81.7	0.44	28.5	0.28	8.8	0.2	3.5
14.0									1.09	278.5	0.77	110.8	0.52	38.8	0.33	11.9	0.23	4.7
15.0									1.16	319.7	0.82	127.5	0.55	44.5	0.35	13.6	0.25	5.4
16.0									1.24	363.8	0.88	145.1	0.59	50.7	0.38	15.5	0.26	6.1
18.0									1.4	459.9	0.99	184.4	0.66	64.1	0.43	19.7	0.3	7
20.0									1.55	568.8	1.1	227.5	0.74	79.2	0.47	24.3	0.33	9.3
22.0									1.71	687.4	1.21	274.6	0.81	95.8	0.52	29.4	0.36	11.2
24.0									1.86	818.9	1.32	326.6	0.89	113.8	0.57	35	0.39	13.3
26.0									2.02	961.7	1.43	383.4	0.96	133.4	0.62	41.1	0.43	16.7
28.0											1.54	445.2	1.03	154.9	0.66	47.6	0.46	18.1
30.0											1.65	510.9	1.11	178.5	0.71	54.6	0.49	20.8
32.0											1.76	581.5	1.18	203	0.76	62.2	0.53	23.7
34.0											1.87	656.1	1.26	228.5	0.8	70.2	0.56	26.8
36.0											1.98	735.5	1.33	256.9	0.85	78.6	0.59	30
38.0											2.09	819.8	1.4	286.4	0.9	87.7	0.62	33.4

续表

公称直径/mm	100		125		150		200		250		300	
外径×壁厚/(mm×mm)	108×4		133×4		159×4.5		219×6		273×8		325×8	
G	v	R	v	R	v	R	v	R	v	R	v	R
40	1.48	316.8	0.95	97.2	0.66	37.1	0.35	6.80	0.22	2.3		
42	1.55	349.1	0.99	106.9	0.63	40.8	0.36	7.50	0.23	2.5		
44	1.63	383.4	1.04	117.7	0.72	44.8	0.38	8.10	0.25	2.7		
45	1.66	401.1	1.06	122.6	0.74	46.9	0.39	8.50	0.25	2.8		
48	1.77	456.0	1.13	140.2	0.79	53.3	0.41	9.70	0.27	3.2		
50	1.85	495.2	1.18	152.0	0.82	57.8	0.43	10.6	0.28	3.5		
54	1.99	577.6	1.28	177.5	0.89	67.5	0.47	12.4	0.30	4.0		
58	2.14	665.9	1.37	204.0	0.95	77.9	0.50	14.2	0.32	4.5		
62	2.29	761.0	1.47	233.4	1.02	88.9	0.53	16.3	0.35	5.0		
66	2.44	862.0	1.56	264.8	1.08	101.0	0.57	18.4	0.37	5.7		
70	2.59	969.9	1.65	297.1	1.15	113.8	0.60	20.7	0.39	6.4		
74			1.75	332.4	1.21	126.5	0.64	23.1	0.41	7.1		
78			1.84	369.7	1.28	141.2	0.67	25.7	0.44	8.2		
80			1.89	388.3	1.31	148.1	0.69	27.1	0.45	8.6		
90			2.13	491.3	1.48	187.3	0.78	34.2	0.50	11.0		
100			2.36	607.0	1.64	231.4	0.86	42.3	0.56	13.5	0.3	5.1
120			2.84	873.8	1.97	333.4	1.03	60.9	0.67	19.5	0.46	7.4
140					2.30	454.0	1.21	82.9	0.78	26.5	0.54	10.1
160					2.63	592.3	1.38	107.9	0.89	34.6	0.62	13.1
180							1.55	137.3	1.01	43.8	0.70	16.6
200							1.72	168.7	1.12	54.1	0.77	20.5
220							1.90	205.0	1.23	65.4	0.85	24.7
240							2.07	243.2	1.34	77.9	0.93	29.5
260							2.24	285.4	1.45	91.4	1.01	34.7
280							2.41	331.5	1.57	105.9	1.08	40.2
300							2.59	380.5	1.68	121.6	1.16	46.2
340							2.93	488.4	1.90	155.9	1.32	55,9
380							3.28	611.0	2.13	195.2	1.47	74.0
420							3.62	745.3	2.35	238.3	1.62	90.5
460									2.57	286.4	1.78	108.9
500									2.80	348.1	1.93	128.5

附表8-2 热水网路局部阻力当量长度($K=0.5$ mm)(用于蒸汽管网 $K=0.2$ mm,乘修正系数 $\beta=1.26$ 的情况)

名称 \ 公称直径/mm \ 当量长度/m	局部阻力系数 ζ	32	40	50	70	80	100	125	150	175	200	250	300	350	400	450	500	600	700	800
截止阀	4~9	6	7.8	8.4	9.6	10.2	13.5	18.5	24.6	39.5	—	—	—	—	—	—	—	—	—	—
闸阀	0.5~1	—	—	0.65	1	1.28	1.65	2.2	2.24	2.9	3.36	3.73	4.17	4.3	4.5	4.7	5.3	5.7	6	6.4
旋启式止回阀	1.5~3	0.98	1.26	1.7	2.8	3.6	4.95	7	9.52	13	16	22.2	29.2	33.9	46	56	66	89.5	112	133
升降式止回阀	7	5.25	6.8	9.16	14	17.9	23	30.8	39.2	50.6	58.8	—	—	—	—	—	—	—	—	—
套筒补偿器(单向)	0.2~0.7	—	—	—	—	—	0.66	0.88	1.68	2.17	2.52	3.33	4.17	5	10	11.7	13.1	16.5	19.4	22.8
套筒补偿器(双向)	0.6	—	—	—	—	—	1.98	2.64	3.36	4.34	5.04	6.66	8.34	10.1	12	14	15.8	19.9	23.3	27.4
波纹管补偿器(无内套)	1.7~1	—	—	—	—	—	5.57	7.5	8.4	10.1	10.9	13.3	13.9	15.1	16	—	—	—	—	—
波纹管补偿器(有内套)	0.1	—	—	—	—	—	0.38	0.44	0.56	0.72	0.84	1.1	1.4	1.68	2	—	—	—	—	—
方形补偿器																				
三缝焊弯 $R=1.5d$	2.7	—	—	—	—	—	—	—	17.6	22.1	24.8	33	40	47	55	67	76	94	110	128
锻压弯头 $R=(1.5~2)d$	2.3~3	3.5	4	5.2	6.8	7.9	9.8	12.5	15.4	19	23.4	28	34	40	47	60	68	83	95	110
焊弯 $R \geq 4d$	1.16	1.8	2	2.4	3.2	3.5	3.8	5.6	6.5	8.4	9.3	11.2	11.5	16	20	—	—	—	—	—
弯头																				
45°单缝焊接弯头	0.3	—	—	—	—	—	—	—	1.68	2.17	2.52	3.33	4.17	5	6	7	7.9	9.9	11.7	13.7
60°单缝焊接弯头	0.7	—	—	—	1	1.28	1.65	2.2	3.92	5.06	5.9	7.8	9.7	11.8	14	16.3	18.4	23.2	27.2	32
锻压弯头 $R=(1.5~2)d$	0.5	0.38	0.48	0.65	0.6	0.76	0.98	1.32	1.68	2.17	2.52	3.3	4.17	8.4	10	11.7	13.1	16.5	19.4	22.8
撅弯 $R=4d$	0.3	0.22	0.29	0.4	—	—	—	—	—	—	—	—	—	5	6	—	—	—	—	—
除污器	10	—	—	—	—	—	—	—	56	72.4	84	111	139	168	200	233	262	331	388	456

· 200 ·

续表

名称	局部阻力系数 ζ	公称直径/mm 当量长度/m	32	40	50	70	80	100	125	150	175	200	250	300	350	400	450	500	600	700	800
分流三通:																					
直通管	1		0.75	0.97	1.3	2	2.55	3.3	4.4	5.6	7.24	3.4	11.1	13.9	16.8	20	23.3	26.3	33.1	38.8	45.7
分支管	1.5		1.13	1.45	1.96	3	3.82	4.95	6.6	8.4	10.9	12.6	16.7	20.8	25.2	30	35	39.4	49.6	58.2	68.6
合流三通:																					
直通管	1.5		1.13	1.45	1.96	3	3.82	4.95	6.6	8.4	10.9	12.6	16.7	20.8	25.2	30	35	39.4	49.6	58.2	68.6
分支管	2		1.5	1.94	2.62	4	5.1	6.6	8.8	11.2	14.5	16.8	22.2	27.8	33.6	40	46.6	52.5	66.2	77.6	91.5
焊接异径接头（按小管径计算）																					
$F_1/F_0=2$	0.1		—	0.1	0.13	0.2	0.26	0.33	0.44	0.56	0.72	0.84	1.1	1.4	1.68	2	2.4	2.6	3.3	3.9	4.6
$F_1/F_0=3$	0.2~0.3		—	0.14	0.2	0.3	38	0.98	1.32	1.68	2.17	2.52	8.3	4.17	5	5.7	5.9	6	6.6	7.8	9.2
$F_1/F_0=4$	0.3~0.49		—	0.19	0.26	0.4	0.51	1.6	2.2	2.8	3.62	4.2	5.55	6.85	7.4	7.8	8	8.9	9.9	11.6	13.7

参 考 文 献

[1] 贺平，孙刚，吴华新，等．供热工程[M]．5 版．北京：中国建筑工业出版社，2021．
[2] 李德英．供热工程[M]．2 版．北京：中国建筑工业出版社，2018．
[3] 陆亚俊．暖通空调[M]．3 版．北京：中国建筑工业出版社，2015．
[4] 李向东．现代住宅暖通空调设计[M]．北京：中国建筑工业出版社，2003．
[5] 涂光备，等．供热计量技术[M]．北京：中国建筑工业出版社，2003．
[6] 余宁．流体与热工基础[M]．北京：中国建筑工业出版社，2009．
[7] 陈宏振．采暖系统安装[M]．北京：中国建筑工业出版社，2008．
[8] 蒋志良．供热工程[M]．3 版．北京：中国建筑工业出版社，2015．
[9] 吴耀伟．暖通施工技术[M]．北京：中国建筑工业出版社，2005．
[10] 陆家才．室内供暖与室外管网[M]．北京：中国电力出版社，2007．
[11] 张金和．图解供热系统安装[M]．北京：中国电力出版社，2007．
[12] 魏恩宗．锅炉与供热[M]．北京：机械工业出版社，2003．
[13] 卜一德．地板采暖与分户热计量技术[M]．北京：中国建筑工业出版社，2007．
[14] 王志勇，王雷霆，罗炳忠．给排水与采暖工程技术手册[M]．北京：中国建材工业出版社，2009．
[15] 李先瑞．供热空调系统运行管理、节能、诊断技术指南[M]．北京：中国电力出版社，2004．
[16] 马志彪．供热系统调试与运行[M]．北京：中国建筑工业出版社，2005．
[17] 石兆玉．供热系统运行调节与控制[M]．北京：清华大学出版社，1994．
[18] 陆耀庆．实用供热空调设计手册[M]．北京：中国建筑工业出版社，2008．
[19] 李岱森．简明供热设计手册[M]．北京：中国建筑工业出版社，1998．
[20] 中华人民共和国住房和城乡建设部．GB 50736—2012 民用建筑供暖通风与空气调节设计规范[S]．北京：中国建筑工业出版，2012．
[21] 中华人民共和国建设部．GB 50242—2002 建筑给水排水及采暖工程施工质量验收规范[S]．北京：中国标准出版社，2002．
[22] 冯秋良．实用管道工程安装技术手册[M]．北京：中国电力出版社，2006．
[23] 赵培森，田会杰．简明给水、排水、采暖工程安装手册[M]．北京：中国环境科学出版社，2005．
[24] 中华人民共和国住房和城乡建设部．CJJ 28—2014 城镇供热管网工程施工及验收规范[S]．北京：中国建筑工业出版社，2014．
[25] 中国安装协会．管道施工实用手册[M]．北京：中国建筑工业出版社，1998．
[26] 李善化，康慧，等．实用集中供热手册[M]．北京：中国电力出版社，2006．
[27] 叶欣．燃气热力工程施工便携手册[M]．北京：中国电力出版社，2006．
[28] 中华人民共和国住房和城乡建设部，中华人民共和国国家质量监督检验检疫总局．GB/T 50114—2010 暖通空调制图标准[S]．北京：中国建筑工业出版社，2011．